THE TETRIS EFFECT
THE GAME THAT HYPNOTIZED THE WORLD

DAN ACKERMAN

テトリス・エフェクト
世界を惑わせたゲーム

ダン・アッカーマン　小林啓倫［訳］

白揚社

テトリス・エフェクト

目次

Part 1

1 グレイト・レース 9
2 アレクセイ・レオニードビッチ・パジトノフ 25
3 アメリカへ 37
4 最初のブロック 49
5 ザ・ブラックオニキス 61
6 広がるクチコミ 83
BONUS LEVEL 1 これがテトリスをやっているときのあなたの脳だ 111

Part 2

7 鉄のカーテンの向こうから 131

8 ミラーソフトへ 147

9 ロシア人がやってくる 161

10 「悪魔の罠」 179

11 ELORGへようこそ 187

12 テトリス、ラスベガスをのみこむ 199

BONUS LEVEL 2 テトリスは永遠に 215

Part 3

13 防弾《バレットプルーフ》の契約 233

14 秘密のプラン 239

15 迫りくる嵐 253

16　大きな賭け　259
17　詰め寄るライバルたち　275
18　チキンで会いましょう　289
19　ふたつのテトリスの物語　309
BONUS LEVEL 3　認知ワクチン　331
エピローグ　最後のブロック　341
謝辞　352
訳者あとがき　354

・〔　〕で示した個所は訳者による補足です。

Part

1

1　グレイト・レース

飛行機が大きく傾きながら、モスクワ空港に向けて最終着陸態勢に入ると、ヘンク・ロジャースは擦り切れたひじ掛けを握りしめた。ここ数年、ビジネスチャンスと新しいテクノロジーを追い求めて飛びまわってきた彼は、自分が世界を股にかける地球市民であると感じるようになっていた。しかしこの旅は、何から何までふだんとはちがっていた。

ロジャースは恐れおののきながら、激しく揺れるキャビンを見渡した。この11時間というもの、日本航空とアエロフロート（悪名高いソ連の国営航空会社で、太平洋を越えて多くの人々をロシアに運んできた会社だ）による共同運航便に乗っていたのである。

彼は目の前の座席を見つめながら、いったいどちらの状況を憂慮すべきだろうかと考えた。わけもわからぬまま、言葉のちがう見知らぬ国の、見知らぬ町を訪れようとしていることだろうか。それとも偽りの口実を設けて、国際的な紛争の火種となっている地域に入ろうとしていることだろうか。

ジャケットの内ポケットに入っている、観光ビザの書類がずしりと重く感じられる。ソ連を訪れる理由を偽っていることがばれて捕まったら、資金を提供している有力企業が即座に自分を切り捨てるのはまちがいなかった。彼らは合意のなかに、さまざまな拒否権を盛りこんでいる。ロジャースはビジネスチャンスを追い求める日和見主義者で、人民を犠牲にしてソ連からカネを巻き上げようとしている人物として受け取られてしまうにちがいない。

たんにソフトウェアのライセンス契約を結ぶだけの話だったはずだ。それがなぜ、何年も住んでいた日本を離れてソ連へ向かい、どんな手段を使っても獲物を横取りしてやろうとする2つのライバル企業が放った刺客の追撃をかわしつつ、ソ連政府内の謎の組織を探しまわることになってしまったのだろうか？　自分でも不思議でしかたなかった。

1980年代後半にソ連の心臓部を訪れようとするのは、いわゆる「鉄のカーテン」、つまり2億8000万人の市民を西側諸国から隔てるために設けられた政治的・心理的障壁の向こう側に飛びこみ、なんの保障もない状況へと一歩踏み出すことを意味していた。冷戦終結間際《まぎわ》の時期にあっても、モスクワではいたるところに秘密警察がひそみ、盗聴活動をつづけていた。外国からの観光客、ビジネスマン、そしてジャーナリストまでも監視の対象となり、電話やホテルの部屋が盗聴されても不思議はなかった。さらに、ダークスーツを着こんだ政府関係者ご用達のラーダのセダンに、町中尾行されることまであったのである。

とはいえ、東西対立という長年にわたる緊張関係が解ける兆しも見えていた。グラスノスチ（情報公開）が共産党の正式な政策として掲げられ、それとともにもたらされたあるものが、期待と不安をもって迎えられていた。そのあるものとは、外貨である。

この高揚した状況のなか、ヘンク・ロジャースは1989年2月21日、モスクワに降り立った。彼は同じ時期にモスクワを訪れた、西側諸国の3人の人間の1人だった。彼らはみな同じ獲物を追っていたのだが、それは政府の管理下にあるテクノロジーで、すでに世界中の人々に途方もない影響を与えている代物だった。

このテクノロジーは、ソ連の歴史上、最も偉大な文化輸出品と言えるだろう。その名は「テトリス」である。この一見するとシンプルなパズルゲームは、いくつものバージョンが作られ、何度も世界を席巻した。そしてソ連政府も、それが冷戦において東側の文化が勝利を収めた稀《まれ》な例であるだけでなく、彼らが喉から手が出るほど欲しかった、現金収入をもたらす手つかずの源泉であることに気づいたのである。

ロジャースはドモジェドヴォ国際空港でタクシーに乗り、モスクワ中心部へ向かった。いくつもの通りを過ぎても、見えてくるのはどれも同じような姿をした灰色のビルばかりだ。ほんとうにここが、恐るべきソビエト帝国の中核なのだろうか？　するとそのうち、セント・バジル大聖堂や凱旋門《がいせんもん》など、壮麗な建造物がコンクリートの高層ビルのあいだに現れるようになった。それは、かつて芸術、建築、商業の拠点として輝いていたモスクワの名残だ。

そして商業こそ、ロジャースがこの地へとやってきた理由だった。しかし彼が手にしているのは観光ビザである。もしソ連政府にその法的地位を問題にされたら、ポケットにある小切手帳と、彼の非公式なスポンサー企業から振りこまれる多額の資金に頼るしかなかった。

世界で最も閉ざされた社会に入りこみ、オーウェル的な官僚機構をそそのかして、彼らがいま強固な関係を築いているパートナーとは手を切り、招かれてもいないゲストと提携するよう説得する――これ以上難しい使命があるだろうか？　しかし、自分が名乗りを上げようとしているこの取引こそ、ロシア人から突きつけられる「ノー」の壁を崩すための武器になるのではないだろうか。ロジャースにはそう思えた。

威圧的な軍事パレードや、大本営発表を繰り返す国有メディアの裏側で、ソビエト帝国は危機に瀕していた。１９７０年代後半から80年代初頭にかけては、政府が生み出した繁栄を謳歌《おうか》していたが、それも終わってしまった。街には配給を待つ人の列が並び、市民にはお金がなく、それを使うところはさらに少ないというありさまだったのである。

さびついた鉄のカーテンの裏側では、官僚機構の半分が外貨獲得を任務として与えられていた。しかし残りの半分は、どんな手段を使ってでも既存の権力構造を守ろうと必死になっていた。まるで庭先に「ビジネス歓迎」の看板を出しておきながら、その下に「あっちに行け！」と殴り書きされているようなものだ。

このあとソ連は、3年もたたないうちに、8代目の（そして最後の）最高指導者であるミハイル・ゴルバチョフの手によって解体される。しかし冷戦時代の慣行であったスパイ行為は、ソ連が解体されても生き残った。そればかりか、国際的商取引という資本主義の熾烈《しれつ》な競争によって徐々に息を吹き返し、控えめに言っても勢いを増した。知的財産が国家機密に取って代わり、その無形の製品をめぐって争いや買収、さらには盗難までもが起きるようになったのだ。

怪しいエンジン音を立てるタクシーに乗ってホテルへと向かう道すがら、ロジャースは手書きのメモをパラパラとめくっていた。ホテルの部屋を確保するだけでも、ちょっとした勝利に匹敵する経験だった。「顧客サービス」などというものは、ロシアではまだ新しい概念だったのである（その後25年が経過しても、状況はほとんど変わっていないと言う人もいる）。

しかし彼の頭は、もっと重要な問題のことでいっぱいだった。ロジャースのノートは片言のロシア語で埋めつくされていた。その多くは簡単な質問や、売り上げやロイヤリティー（権利使用料）に関する単純な計算だが、そのなかにはひとつだけ人の名前が紛れこんでいる。丸で囲まれ強調されたその名前は、アレクセイ・パジトノフ。

このパジトノフなる謎の人物について、ロジャースはほとんど知らなかった。しかしこの男を見つけ出すことこそ、ライバルの手から数百万ドルの契約をかすめ取るうえでの肝だった。

彼のライバルの1人だったのが、イギリスのメディア王の息子、ケヴィン・マクスウェルである。マクスウェルと、強力なコネを持つ彼の父親ロバートに挑戦した者はだれもが、「インクを樽《たる》で買う連中〔メディアの有力者〕とは争うな」ということわざを思い知ることになる――そんな人物だった。

そしてもう1人のライバルだったのが、闇取引の才を武器にソフトウェア業界を独力でのし上がってきたロバート・スタインである。スタインを「たまたまツイていただけのセールスマン」と揶揄《やゆ》する者もいたが、ロジャースは彼が運だけで生きてきた人間ではないことを感じ取っていた。

1989年2月最後の週、3人の男たちはモスクワに急行し、ライバルを出し抜いて数百万ドルの価値を持つ契約を結ぼうとしていた。契約の相手は、思いもよらぬお宝を手にした、偏執的なソ連政府である。そのお宝であるテトリスは、ソ連から登場したテクノロジーのなかで、スプートニク以来と言えるほど重要な存在だった。

テトリスは世界にすさまじい衝撃を与えていた。1984年、ロシア科学アカデミーのコンピューター科学者が、休憩時間と時代遅れのマシンを使ってひとりで作り上げたのがテトリスである。幾何学図形が滝のように流れてきてトランス状態を引き起こすゲーム、テトリスが登場するまで、コンピューターゲームは10歳前後の子供が暇つぶしに遊ぶようなものだった。「パックマン」や「スーパーマリオブラザーズ」、その他のマンガ風のキャラクターが登場するゲームである。

しかしテトリスはちがった。粗いドットで描かれたマンガ風キャラクターに頼っていないだけでなく、他の何も模していなかったのである。テトリスはきわめて抽象的で、幾何学的だった。それはたんなるゲームを超え、プレイするのが母親だろうが、数学者だろうが、だれもが楽しめる難攻不落のパズルとなったのである。

テトリスは現在、ビデオゲームの殿堂のなかで揺るぎない地位を築いている。しかし1989年の時点では、その未来ははっきりしていなかった。ヘンク・ロジャースが勝ち取ろうとしていたテトリスはカルト的な人気を誇り、大手のソフトウェア発売元に売り上げをもたらすようになっていた。しかしサブカル的な流行の例にもれず、テトリスの人気も下火になる可能性があったのである。

当時はまだ、テトリスの完璧な相棒となるテクノロジーは登場していなかった。テトリスに並ぶほど革命的だと評されるようになるそのテクノロジーとは、任天堂のゲームボーイである。この時点では、ゲームボーイは日本の研究室のなかでひそかに進められていたプロジェクトの状態だった。しかしその後、ゲームボーイはテトリスと強力なタッグを組むことになる。そしてこの携帯型ゲーム機とパズルゲームはセットになり、世界中で数千万台を売り上げるヒットを飛ばした。

このゲームボーイ版テトリスこそ、人々が子供のころから親しみ、楽しんだバージョンである。そして誕生から30年が経過したいま、テトリスはタブレットやスマートフォン、ラップトップ、ゲーム機など、さまざまな端末で楽しむことができるようになっている。テトリスには公式版だけで数十ものバージョンがあり、それらの売り上げの合計は10億ドル以上と推定されている。そしてその伝説は、「ビジュエルド」から「キャンディークラッシュ」に至るまで、大金を稼ぎ出す多くのゲームに影響を与えた。

しかし１９８９年の時点では、テトリスがこうした大成功を収めるなど、ヘンク・ロジャースは想像していなかった。彼は共産主義者《コミュニスト》の世界での交渉という、怪しげな領域を手探りで進みながら、完全武装したライバルを出し抜き、西と東、そして極東の垣根を越える、過去に類を見ない創造的パートナーシップを結ぶことに専念していたのである。テトリスの未来は、ヘンク・ロジャースの巧みな情報収集力と、舞台裏での交渉力にかかっていた。彼が少しでもへまをしていたら、このゲームは80年代の風変わりな遺産としてホコリをかぶっていただろう。

しかし契約を勝ち取るのは楽ではない。テトリスはまるで重要な国家機密であるかのように扱われており、ソビエト帝国最後の成果にして秘密官僚体制の新組織「ＥＬＯＲＧ」によって守られていた。

ＥＬＯＲＧの任務は、核開発の極秘情報を手に入れることでも、領事館員を二重スパイに仕立て上げることでもなかった。公式には、それはソビエト連邦外国貿易省の一部で、ソ連の巨大な傘の下で開発された、ソフトウェアなどのテクノロジーに関する知的所有権を保護し、ライセンスを供与するという新しい概念を扱う組織だった。

そのELORGを突破するカギを握るのが、5年前にテトリスのオリジナル版をみずからプログラミングした、アレクセイ・パジトノフだった。パジトノフとは顔を合わせたことも、話をしたこともなかったが、彼とは共通するところがいくつもあるはずだとロジャースは感じていた。

2人とも、根っからのプログラマーだった。そして、アウトサイダーでありながら巨大な組織のために働く身であり、クリエーターでありながら、クリエーターとしてのひらめきがほとんど評価されることのない世界に生きる身だった。ロジャースは世界最大級のエンターテインメント企業のために働いており、一方でパジトノフと彼のゲームは、完全にソビエト連邦の管理下にあったのである。

ロジャースはテトリスをめぐるひどい内部事情を十分すぎるほど耳にしており、それがパジトノフをこちらの味方に引き入れるのに役立つと考えていた。ソ連の複雑きわまりない官僚体制と衰退（まだ強権的な態度に出られるほどの力を残しているが）、そして「所有権は国家にある」という考え方のために、パジトノフはテトリスの将来について公式な発言をいっさいしておらず、1ルーブルの利益も手にする権利はなかった。しかしテトリスの製作者から信任の一票を獲得できれば、テクノロジーに明るくないELORGの交渉者の心をいくらかこちら側に傾けられるだろう。それで十分、契約締結にまで持ちこめるのではないか。そう、ロジャースは期待していた。

そんなことを考えているうちに、ロジャースはレンガ造りの壁が延々とつづく場所までやってきていた。彼は生粋のビデオゲーム業界人ながら、3者が争い合うという今回のレースのなかでは明らかに場違いな存在だった。ロバート・スタインとケヴィン・マクスウェルはすでにソ連と契約を結んだ経験があり、その不透明なやり方については一枚上手だった。そこへ持ってきてロジャースはと言えば、ロシアに来るのもはじめてなら、招かれてもいないという状態だったのである。

ライバルたちは、今回の交渉の中心人物であるELORGの副議長、ニコライ・ベリコフに会うために、モスクワにあるオフィスへ向かっていた。それはロジャースも承知の上だ。ベリコフは胸板の厚い、典型的なロシア官僚というタイプで、ロシア流の温かいもてなしを見せていたかと思えば、次の瞬間にはソ連軍の冷酷な侵攻を思わせる攻撃に転じているという人物だった。ライバルたちの目標は、ベリコフ率いるELORGから、テトリスの新バージョンを開発・販売する権利を勝ち取ることである。テトリスはわずか5年のうちに、歴史上最大クラスの利用者数を誇るソフトウェアになっていた。しかしベリコフらには、その大部分がライセンス供与を受けたものではなく、したがってそうした世界の大手テクノロジー企業は、意図せずとはいえソ連に対する犯罪行為に加担しているのではないかという懸念があった。

ロジャースの目標もライバルたちといっしょだった。しかし彼は、テトリスに関する交渉に加わってくれという正式な依頼を、ELORGやベリコフから受けてはいなかった。広大なモスクワという都市のいったいどこに、秘密組織ELORGの本部があるのかすら知らなかったのである。

モスクワに来るのがはじめてで、しかも偽りの観光ビザしか持っていない者にとって、これは幸先の良いスタートとは言えない。しかし未知の世界に飛びこむという意欲を持っていたことで、ヘルメットのような黒髪に、トム・セレックのような濃い口ひげをたくわえた36歳のロジャースに、この困難な任務が与えられたのである。

モスクワを理解するのは、ゲームのプログラミングほど楽ではないとロジャースは感じはじめていた。ホテルの部屋にあるテレビには、2つのモードしか用意されていないようだった──電源コードから火花が散っている状態か、あるいはコードが抜かれている状態か。食事を取ることさえひと苦労だ。レストランは24時間前に予約が必要で、ルームサービスに至っては、ロジャースの営業スマイルと同じくらい、モスクワ人にはなじみのない概念であるらしかった。

ELORGについて何か知らないかと、ロジャースはホテルの従業員に尋ねてみた。すると相手は怖れの色を浮かべた目であらぬ方を見つめ、その態度はロジャースが知るべきことをはっきりと伝えていた。何かを尋ねるというのは（とくに1980年代のモスクワで政府機関について探るのは）、疑わしい行為なのだ。なんであれ、それを知らないのなら、おまえは知るべき人間なのではない──地元の人々はそう考えていたのである。

しかしロジャースは、かつて仕事の上で日本企業の経営陣を説得するという経験を何度かしたことがあった。ある意味で日本というのは、ソ連以上になかに入りこむのが難しい社会だ。彼らのビジネス文化は、慎重に構築された社会規範の上に成り立っているのである。そうした経験から、ロジャースはちょっとやそっとでは折れない心を持つようになった。日本で求められたのは、礼節を重んじるという厳格なルールを学ぶことだった。しかしここロシアでロジャースに求められているのは、ルールを曲げるのをいとわない相手を探し出すことであるようだ。

目の前に広げられたパズルを考えれば考えるほど、2つの文化は共通する分母が存在するようだった。片方の文化を理解するカギは、もう片方の文化を理解するカギになりうる。この秘密に気づいているのは、ごく少数の選りすぐりの人間だけではないか。

　伝説的な人物である、任天堂の山内溥《やまうちひろし》社長とのはじめての会談になんとかこぎ着けたときのことを、ロジャースは思い出した。1985年のことで、みずからが手掛けた最初のゲーム「ザ・ブラックオニキス」の成功で意気揚々としていたロジャースにとって、次のプロジェクトの舞台は、一世《いっせい》を風靡《ふうび》する家庭用ゲーム機「ファミコン」（アメリカではニンテンドー・エンターテインメント・システム「NES」として知られる）以外に考えられなかった。

　だが弱小のソフトウェアメーカーで、日本人でもないロジャースにとって、山内のような大物とは一目会うことさえ不可能に近かった。ところがロジャースは、任天堂の社長が伝統的なボードゲームの囲碁を趣味にしているという雑誌記事を読み、すぐに山内のオフィスに送るファックスを書きはじめた。囲碁は白と黒の石を使って碁盤上の相手の陣地を囲い合う、古代中国を起源とする戦略ゲームだ。ファックスで彼は、ファミコン用の囲碁ソフトを開発することを提案したのである。それは複雑な人工知能を開発することを意味し、小さな家庭用ゲーム機の能力を超えていると考えられていた。メッセージを送ってから48時間もたたないうちに、ロジャースは山内と面会し、完成できるかどうかもわからないゲームソフトを売りこんでいた。

　山内は話し好きなタイプではないことで有名で、自分の信頼する少数の内部の人々以外に対してはそれは言うまでもなかった。しかしNES上で囲碁ソフトを発表するというアイデアに、彼は興味を惹《ひ》かれたのである。とはいえ、山内の態度は厳しいままだった。「きみにプログラマーを貸すことはできない」

「必要ありません」というのがロジャースの答えだった。「欲しいのはお金です」。多額の前払い金を手に入れることが、囲碁ゲームを実現するのに必要な開発者を確保する唯一の道だった。

「いくら欲しいんだ?」

「3000万円いただけないでしょうか」。ロジャースが答えた金額には、なんの根拠もなかった。自分をメジャープレイヤーだと思わせるほどの高さで、とはいえ相手を怒らせない程度に抑えた金額を口にしたのである。

山内はひと言も答えなかった。ただテーブル越しに手を差し伸べ、ロジャースと握手しただけだった。たった数分で契約が結ばれ、ロジャースはPC用ゲームのプログラマーというニッチな存在から、世界最大のビデオゲーム会社の認定パブリッシャーに生まれ変わるという、不可能を成し遂げたのである。

囲碁が山内との契約を勝ち取るカギとなったのであれば、それはアレクセイ・パジトノフとELORGへの扉を開くカギにもなるのではないだろうか。囲碁の起源は中国で、とくに人気があるのは日本と韓国ではあったが、囲碁のファンは世界中にいた。そしてロシアでの人気はとりわけ高かった。またチェスと同様に、囲碁は言葉の壁を越えて交流する手段として広く用いられている。きっとロシア囲碁協会なるものがあり、囲碁プレイヤーもいるはずだ。そしてそのなかにゲーム好きのパジトノフがいるか、少なくとも彼を知る人物がいるにちがいない。ロジャースはそんな結論に至った。

最悪の場合でも、仲介人かガイド役を果たしてくれる親切なモスクワっ子が見つかるだろう。政府機関の住所を尋ねるのはNGだったようだが、モスクワの囲碁プレイヤーが集まる場所はいとも簡単に調べることができた。それから1日と半日で、ロジャースは「ソ連第3位の囲碁プレイヤー」と自称する男との親善試合に挑んでいた。

予想どおり、試合は地元選手の勝利で終わった。しかし試合に挑戦しただけで、他のプレイヤーたちはロジャースのことが気に入ったようだ。彼の新しい友人たちは英語が話せなかったが、非友好的なモスクワ社会の堅い守りに亀裂を入れられたような気がした。ロジャースはすぐに、隠れて通訳兼ガイドとして働いているという若い女性と知り合いになった。しかも彼女は、ロジャースが行きたいと思っていた場所のすべての所在地がわかるというではないか。

彼女の行動は慎重だった。外国人を非公式に助けるなど、まちがいなく当局の注意を惹く行為だったからである。彼女はロジャースがELORG探しに失敗してきた話を、表情ひとつ変えずに聞いたあとで、「見えない境界線」として知られる概念を説明した。ロシア人は招かれていない場所に行くことは許されていないのだという。

しかしわずかとはいえゴールに近づいてきたことで、ロジャースは大胆な行動に出る決心をした。「つくられた境界線なんかを知るために、ぼくはここに来たんじゃない」。そうロジャースが言うと、女性はこくりとうなずいた。ELORGのオフィスがあるのは、巨大な外国貿易省の建物のなかである可能性が高いのだから、あとはひたすら探すだけだ。

ほんの48時間前まで、ロジャースは観光ビザを片手に途方に暮れていた。しかし地元の碁会所のうわさを聞きつけ、いまや人生最大の会談にこぎ着けるよう、仏頂面したソビエトの役人とにらみ合う瞬間が近づきつつあった。

しかしタイムリミットが迫っている。ロバート・スタインとケヴィン・マクスウェルも、モスクワのホテルに部屋を取り、ELORGのニコライ・ベリコフとの個別面談に向けて準備を整えているのはまちがいない。どちらもロシア関係者のお気に入りというわけではなかったが、少なくとも彼らは、テトリスの使用権への入札に参加するよう公式に招かれている。

ロジャースが泊まっているホテルからほんの数ブロック離れたところで、ガイドの女性は足を止めた。モスクワ川の南に沿い、モスクワを二分して走るカシルスコエ通りをクルマが行き交う。道を挟んでこちら側にはロジャースと彼の案内役が立ち、あちら側には、同じ政府系の何十ものビルと瓜二つの、なんの特徴もないビルが左右数ブロックにわたって広がっている。

女性はロジャースをこの建物まで連れてきてくれたが、ドアをノックするとき隣に立っていてくれるかといえば、それは別の話だ。そして彼女は、これ以上深入りするつもりはなかった。

「政府の建物まで来たからといって、だれかと話ができるなんて期待しないほうがいいわ。そのためには招待されていないと」。彼女は険しい顔つきで言い放った。

しかしロジャースは、どうすれば招待してもらえるのかわからなかったし、いずれにしても、もう、ここまで来てしまっていた。

勝算が薄いのはたしかだが、ロジャースはスタインやマクスウェルよりも先にELORGのオフィスにやってきたと確信していた。そして一番乗りしたという事実は、きっと有利に働くはずだ。

ガイドと別れたロジャースはクルマを避けて通りを渡り、ビルのドアを押し開けると共産主義時代のがらんとした役所に半ば転びそうになりながら体をすべりこませた。なかに入るやいなや、ロビーで最初に目に入った役人風の身なりをした男を呼び止めて話しかけた。
「テトリスについて、だれかと話したいのですが」

テトリス・メモ1

テトリスは宇宙空間でプレイされた世界初のゲーム。1993年に、宇宙飛行士アレクサンドル・セレブロフがプレイした。

2　アレクセイ・レオニードビッチ・パジトノフ

ソビエト時代に建てられた、モスクワの質素な集合住宅。その高層階にあるアレクセイ・パジトノフの部屋に電話の音が鳴り響いた。受話器からは聞きなれた声が流れてくる――ニコライ・ベリコフだ。それはつまり、テトリスに関する話があり、そこにパジトノフも参加しなければならないことを意味していた。

その週の終わりには、オリジナル版テトリスのライセンシー（ライセンス契約者）である、ロバート・スタインとの会合が予定されていた。それを考えただけで頭が痛かった――パジトノフはスタインを嫌っていたのである。スタインの競争相手であるケヴィン・マクスウェルについては、父親が有力者で、その会社も有力な存在であり、したがってケヴィンも有力者なのだろうということ以外はほとんど何も知らなかった。

テトリスの求婚者たちを相手にこれまで何度か会合が開かれており、そのなかでパジトノフは彼の作品の顔としてふるまうことを求められていた。またテトリスに関するあらゆる技術的な質問に答えるのも彼の役目だった。パジトノフは、公式にはロシア科学アカデミー（ＲＡＳ）の代表という立場だったが、実際にはこの政府系シンクタンクに雇われている身であり、テトリスの権利についても、彼らに譲渡する契約書にしぶしぶサインしていたのだった。

スタイン、もしくはマクスウェルから搾り取る金だって、どうせＥＬＯＲＧかＲＡＳのものになるのだ。何か質問されないかぎり、パジトノフはただ静かに議論を見守ることにしていた。

ベリコフは電話越しに、今週の会合スケジュールを白紙に戻すと告げた。おかしい。それは細心の注意を払って調整されたものだったはずだ。ベリコフの説明によれば、日本から奇妙な男が来て、テトリスについて話したいと言っているらしい。「問題ありません。私も同席しましょう」とパジトノフは答えた。

前の世代のソビエト市民と同様に、パジトノフは人生の早い段階で忍耐を学んだ。テトリスの権利をめぐる交渉に、もうひとつ会合が追加される。それにじっと座って参加するなど、ＲＡＳに所属してまもないころと比べれば、前進と呼べるじゃないか。当時はほとんどの時間を、ロシアの伝統的な活動である「列に並んで待つ」ことに費やしていたのだから。

およそ9年前、コンピューター学者としてＲＡＳに加わったとき、彼はロシアの最新技術に触れられるものと思っていた。ところが彼を待っていたのは、壁ほどの大きさのある、恐るべきメインフレームＢＥＳＭ－6にパンチカードを送りこむために、他の研究者に交じって列に並ぶ日々だった。ＢＥＳＭとは、文字どおり「大型電算機」を意味する言葉の頭文字を取ったものだ。1960年代であれば、アメリカのコンピューター研究所でも同じような光景が見られただろう。しかしソ連では、それから20年がたっても、故障を起こしやすいメインフレームが使用されていたのである。

転職は失敗だったのだろうか？　パジトノフは大きな決心をして、拡大をつづけるＲＡＳの下部組織、ドラドニーツィン・コンピューティングセンターに移ることを選んだのだった。それまで働いていたモスクワ航空大学は、おそろしく抑圧的ではあったが名誉ある職場であり、彼は研究者として堅実で、だれもがうらやむキャリアを歩んでいた。冷戦時代のロシアにおいて、航空産業は最重要視されていた挑戦的な分野で、そこで働くというのは若い科学者にとって貴重な経験だった。

かつて数学の天才児と呼ばれたパジトノフは、存分にコンピューターを利用できるというＲＡＳの条件に惹《ひ》かれ、プログラミング研究の最前線に立てるかもしれないと考えるようになった。そしてみずからの居場所を求めて、夏の期間だけのボランティアとして働きはじめ、さまざまなコースを受講して他のコンピューター研究者にも知られる存在になっていった。そしてついに、ＲＡＳの研究者という職を手に入れたのだった。

ところがアカデミーでの日々は、思ったようには進まなかった。パジトノフはＲＡＳに所属できたことは幸運だとわかってはいたが、そこの１９６８年製のメインフレームは、彼が取り組んでいた音声認識と人工知能に関する研究にとって理想とは程遠いマシンだったのである。複雑な計算をいくつも実行することと、音声を認識したり人間の思考を模倣したりすることはまるで次元のちがう話であり、この課題にはコンピューターを使用する時間がいくらあっても足りないくらいだった。

どうすればコンピューターを利用できる時間を増やせるだろうか？　パジトノフはこのジレンマを、プログラミングに関する問題を解くときと同じように考えた。彼はまず、オフィスのなかでメインフレームにいちばん近いデスクに陣取った。移動時間を最短にして、コンピューターの利用時間を増やすためである。そうして浮いた時間により、研究は前進した。まじめに働き数年が過ぎたころ、RASのコンピューターは、部屋がいっぱいになるほど巨大なサイズからデスクトップサイズへと更新され、ついにパジトノフは念願かなって、個人用のワークステーションを手に入れたのだった。

指先にコンピューターの分厚いキーを感じる——ようやくパジトノフは、航空大学でのキャリアを捨てたのは正しい決断だったと感じ、誇らしい気分になることができた。これまでに扱ったこともない、最新のマシンの前に座っているだけで、限りない可能性が広がるのを感じていたのである。1980年代初頭、国力のピークを迎えたであろうソビエト連邦では、知的好奇心に満ちたほとんどの若者にとって、この感情はなかなか味わうことのできないものだった。

パジトノフが手にしたのは、ソ連の技術力が頂点に達したころの輝かしい成果のひとつだった。それはエレクトロニカ60と言って、1950年代の不恰好《ぶかっこう》なステレオセットによく似た、ラックマウント型のデスクトップコンピューターだった。本体の大部分はスチール製のラックに収められていて、赤い太字で「Электроника 60」と大きく書かれた正面の灰色がかった白い化粧ボードと、そこに並ぶ武骨な白いスイッチだけが目を惹いた。SFテレビドラマ「スペース1999」に登場してもおかしくなさそうな見てくれだ。

ところが当時のソ連では、一皮めくると、外見と中身がまったくちがうということがよくあった。そしてそれは、エレクトロニカ60も例外ではなかった。

エレクトロニカ60は宇宙時代のクールな工業デザインとは裏腹に、ソ連製品より人気があって品質も良い、アメリカ製コンピューターの模造品でしかなかった。この場合、中身はディジタル・イクイップメント・コーポレーション（DEC）製のLSI－11をコピーしたものだった。1975年であれば、このマシンは時代の最先端を走るものと言えただろう。しかし1980年代の西側の研究施設や大学からすれば、それは恐竜のように古臭いものとなっていた。

アレクセイが手にしたマシンは、彼が携わる国家プロジェクトである人工知能研究や、その他の先端的研究に求められる技術水準に達していなかっただけでなく、80年代初頭のアメリカの平均的な中学生であれば、学校のコンピュータールームでだれでも使うことができたマシンの性能よりも劣っていたのである。

アレクセイ・レオニードビッチ・パジトノフがソ連のダブルスタンダードに接したのは、これがはじめてではなかった。それを最初に経験したのは子供のころで、母親の優しい後ろ姿を見ながら別の列に並んでいたときの話だ。そのとき彼らが順番を待っていたのは、日用品や安い衣服のためではなかった。それは、彼らが待ち焦がれ、しかし国営メディアは「退廃した西側諸国の産物」と揶揄《やゆ》していた禁断の果実――外国映画であった。

そのころ西側諸国の人々は、ソ連の人々が毛皮の帽子をかぶった悲惨な労働者か、カフカの小説に登場するような役人たちであると想像していたが、実際には多くの作家やアーティスト、デザイナーが存在していた。彼らは数百年前からつづく、ロシアにおける芸術活動の流れを受け継ぐ人々であり、政府が手を尽くしても弾圧できない探求精神の持ち主であった。

アレクセイの母親は作家で、おもに映画界で活動していたのだが、当時の映画はとくに疑いの目を向けられていた分野だった。一方でソ連政府は、映画監督のセルゲイ・エイゼンシュテインと彼の作品「戦艦ポチョムキン」などを生み出した、映画芸術の世界を尊重する姿勢を見せていた。映画は、共産党のイデオロギーを観客たちに根づかせるのに完璧な手段と考えられていたのである。しかしソ連の影響がおよぶ国々の外で製作された映画については、警戒の目を向けていた。

アレクセイと彼の母親は、半年に1回開催されるモスクワ国際映画祭に参加していた。それは特別な催しで、さすがにアメリカの作品は稀《まれ》だったものの、イタリアやドイツ、日本といった遠い異国の地からやってきたソ連未公開の作品が上映されるというものだった。当時のモスクワの若者たちにとって、映画祭は想像すらできないような世界を垣間見《かいまみ》る機会だった。しかしアレクセイ親子にとっては、当局の目を逃れるために公式を装って開催されるイベントを、ひそかに軽蔑する機会でもあった。

列に並ぶアレクセイが神経質になっていたのは、それが理由だった。彼は列の前後を見渡したり、道路の反対側に停められた自動車に政府の監視を示す兆候がないかどうか目を光らせたりした。反革命的思想に傾倒していない青年であっても、時と場所をわきまえずにまちがったことを口走れば、自分だけでなく家族全員がマークされかねないことを理解していたのである。

パジトノフ家は真の共産主義者の集まりというわけではなかったが、反体制の政治活動にいそしむということもなかった。彼らはその他おおぜいのロシアの家庭と同様に、典型的な中産階級で、息をひそめて日々の暮らしを送ることに専念していたのである。

ただ彼の家族は、内外を問わず世界中のポップカルチャーと伝統芸術に対する好奇心をアレクセイに植えつけた。共産主義圏の外で製作された映画（わずかな作品が地元で製作されたメロドラマに混ざって出まわっていた）と、ポーランドやハンガリーといった衛星諸国から輸入されたコピー作品を観て、アレクセイはいつも胸を躍らせていた。モスクワ国際映画祭では、イタリアの「警視の告白」や日本の「裸の十九才」などさまざまな作品が上映され、観客たちをモスクワの外にある、より広い世界へといざなったのだった。

時としてアレクセイは、母親が持っていたパスを使って上映に通いつめては、日がな一日、映画を鑑賞して過ごした。映画を観るたびに彼は、祖国の窮状を振り返るはめになったが、一方で鉄のカーテンを越えて世界を見渡すという貴重な経験を得たのだった。

モスクワ国際映画祭という許容された逸脱行為に加えて、アレクセイにはもうひとつのさらに罪深い楽しみがあった。アクション満載のジェームズ・ボンド映画を観ることである。スクリーン上だけの現実離れしたスパイに胸を躍らせるなど、取るに足らないアングラな娯楽であり、一党独裁に対する小さな反抗でしかないかもしれない。しかし彼のスーパーヒーローが、拳と魅力だけでなく、超豪華な最先端の科学とテクノロジーを駆使して悪党の裏をかき、問題を解決し、致命的な罠《わな》を切り抜ける姿を見て、少年時代のアレクセイ・パジトノフはおおいに興奮したのである。

15歳のとき、アレクセイはパズルや問題解決について長いあいだ考える機会に恵まれたが、それは彼が望むような形でではなかった。凍えるような2月の雪の降ったある日のこと。彼は教室に閉じこめられるよりも、外をぶらぶらすることを選んだ。学校を1日サボって、あてもなく街をうろつき、なじみの床屋で散髪をした。

時間も遅くなってきたので、アレクセイは家に帰ることにした。刈りたての頭に冷たい風を感じながら、彼は道の反対側の停留所にトロリーバスが停車するのに気づいた。バスは完全に停車し、ドアが開いた。それに飛び乗ろうと、アレクセイは走り出して、曲がり角に溜まった雪の塊を飛び越えていく。ところが着地したとき、足の下で地面が後ろへ滑っていくのを感じた。そして次の瞬間、彼の体は地面に叩《たた》きつけられていたのである。

アメリカであれば、足首を骨折し、膝をひねってしまったけが人には小さなギプスが施され、すぐに家に帰らせるだろう。ところがソ連にいたアレクセイは、病院で5日も過ごすはめになり、退院するときには足全体に巨大なギプスが着けられていた。しかし彼にとって最悪だったのは、あと2、3か月は自宅で外出せずに療養しなければならないと告げられたときだった。それは10代の青年にとって、永遠にも思える時間だった。

アレクセイは暇のあまり頭が空っぽになり、小さな寝室で、じっと壁を見つめる生活がつづいた。そして時間を忘れて読書に没頭することが、単調な生活を紛らわせる唯一の手段と考えたが、本棚にある本はすぐに読みつくしてしまった。そのとき友人が買ってきてくれたのが、数学パズルの本である。彼はそれに夢中になった。時間つぶしのためにパズルを始めたはずが、いつのまにか、取り憑《つ》かれたかのように問題を解くようになっていったのである。

脚が治ったあとも、彼は数学や問題解決に対する人並み外れた情熱を持ちつづけ、パズルから昔ながらのボードゲーム、複雑な木製の模型を組み立てることに至るまで、モスクワの中流家庭で楽しまれていたものにならなんでも夢中になった。

しかし町のおもちゃ屋で手に入るような小さな娯楽ですら、しだいにアレクセイの手の届かないものになっていた。1967年、その厳格さで悪名高かったソ連の離婚に関する法律が緩和された直後、両親が離婚したのである。離婚後アレクセイは、1日の大半を、寝室が1つしかないアパートで過ごすようになった。

とはいえどんなに貧しくても、娯楽を見つけ出すことはできた。アレクセイは友人たちと、たった数ルーブルで売られていたペントミノ〔パズルゲームの一種で、テトリスのように正方形を組み合わせてつくられた図形を使って遊ぶ〕を手に入れ、数分だけの暇つぶしをしたり、何時間もかけた実験に没頭したりして、柔軟な脳にふさわしい刺激を与えることができた。

テトリスを知っている人であれば、それがペントミノとデザインが似ていることにすぐ気がつくだろう。テトリスに登場するピース（「テトリミノ」と呼ばれているが、これはまさしく正しい呼び名だ）は4つの正方形で構成され、ペントミノで使われるピースは5つの正方形で構成されている（さらに有名なのはドミノで、こちらは2つの正方形を組み合わせてつくられたピースが使用される）。数が増えた分、ペントミノのピースのほうがより複雑な形をしており、数学の授業でポリオミノ〔複数の正方形を組み合わせてつくられた図形〕や幾何学の解説をする際に活用されたり、一見シンプルだけど難しいパズルのなかで使われたりしている。

ペントミノには12種類（鏡像や回転してできる形を含めればそれ以上）のピースがあり、頭の体操として遊ばれることが多い。いくつかのピースを組み合わせて、四角形などの形状をした容器にぴたりと入るようにするにはどうしたらいいかを考えるわけだが、その際にピースとピースのあいだに隙間ができないようにしなくてはならない。

ペントミノは木やプラスチックで作られることが多いが、紙製のペントミノも存在している。このような一定の図形を組み合わせる遊びは、１９００年代初頭にはすでに生まれており、１９５０年代に入ると数学者たちによって「ペントミノ」という名称が使われるようになった。また当時のアレクセイは知らなかったが、ＳＦ作家のアーサー・Ｃ・クラークもペントミノ愛好家で、１９７５年の小説『地球帝国』などいくつかの作品中でこのパズルを登場させている。

１組のペントミノから、パズル遊びの楽しみがどのくらい生まれるのだろうか？　6×10のマス目に12種類のピースをはめこむ場合、２０００通り以上の答えが存在する。そしてこの数は、マス目の数や使用するピースの数・種類が増えると、指数関数的に増加する。

アレクセイはペントミノで使用されるピースの形と、それによって生まれる世界に魅了された。５つの正方形で構成されるピースを箱から取り出し、それをふたたびきれいに戻す。この、まるでたくさんのモスクワの家族が、みずからと家財道具を窮屈なアパートに詰めこんでいる姿を模しているかのような遊びを、彼は何時間もつづけることができた。

しかし１９７０年代初頭になると、世界は変化を始め、アレクセイが描く未来のなかにこの木製のブロックの居場所はなくなっていた。西側諸国との競争を表すものとして、最もわかりやすかった宇宙開発の分野は、彼が子供のころには互角の状態にあった。１９５７年（アレクセイが生まれた翌年だ）、世界初の人工衛星であるスプートニクを軌道に乗せたことで、ロシアは先制点を挙げることに成功した。そして１９６１年には、ユーリ・ガガーリンが宇宙空間に到達した最初の人類となった。ところが１９６９年にアポロ11号が初の月面着陸に成功すると、潮目が変わった。アメリカが宇宙開発の先頭に躍り出て、テクノロジー全般についても先導することになったのである（それ以来アメリカはその地位を譲っていない）。

ソ連には科学者とエンジニア、そして彼らを支援する一定水準の技術者が必要だった。そこで政府は、おおぜいの生徒たちに科学とエンジニアリングを学ばせるべく、多大な労力をつぎこむようになった。その結果、アレクセイ・パジトノフは、彼の運命を変えるマシンの前に座ることとなったのである。

彼は当時17歳だった。17歳といえば、生涯忘れることのない、印象的な出来事が若者の心に刻まれる年頃だ。アレクセイの場合、それははじめてコンピューターに触れ、ブラウン管のディスプレイに表示される黒と緑の画面を目にしたときだった。そのマシンはメモリがたったの8キロバイトで、難解なコードを打ちこむことでしかコントロールできなかった。

彼はコンピューターに一目惚《ひとめぼ》れしたのだろうか？　それはたしかに新しい世界だった。本棚に並んだロシアの小説や、自宅の小さなアパートの壁に飾られた、ルネサンス時代の絵画とはまったくちが

テトリス・メモ2

テトリスの初期バージョンには「ボス・ボタン」が付いていた。職場でテトリスをプレイしているときに、上司が後ろを通りかかっても、ボタンを押せばすぐに画面が隠れるという機能だ。

う。しかしアレクセイは、数学と科学に才能を見せてはいたものの、コンピューターの天才児というわけではなかった。数字があふれる抽象的な世界でパズルと問題解決に没頭する時間と、ギャンブルやウォッカで暇をつぶしたり、友人たちと出歩いたりするという、同世代のモスクワの青年たちであればだれもがしているような行為にふける時間とのあいだで、ふらふらしていたのである。

それでも心の導火線には、すでに火が点《つ》いていた。彼はコンピューターの画面に、創造の楽しさを与えてくれるキャンバスを見ていただけではなく、もっと重要なもの――未来を見出していた。アレクセイには、ソ連初のスタープログラマーになれる可能性があったのだ。

必要なトレーニングを受け、コンピューターの難解なプログラムを解釈できるようになるまでに、アレクセイは数年を費やすこととなった。しかし当時の彼には、自分にとってもうひとつのインスピレーションの源となるものに出会っていないことなど、知る由《よし》もなかった。その源とは、退廃した西側諸国が生み出し、ロシアで見つけることはほぼ不可能だったもの――ビデオゲームであった。

3　アメリカへ

ヘンク・ロジャースがはじめてコンピューターに触れたのは十代のころだった。彼は高校時代、壁ほどのサイズがあるＩＢＭ製のメインフレームを見つめながら、パンチカードを流しこむ順番が来るのを待っていたことを覚えている。それは１９６０年代半ばの最新テクノロジーで、アメリカでもさわることのできた高校生は限られていた。コンピューターが使えるのはごくわずかなあいだで、それだけに貴重な時間であり、生徒たちは番がまわってくるのを何日も待たなければならなかった。

ロジャースは際限なく待ちつづけることが耐えられなかった。パンチカードが収納ケースのなかに入れられても、それがマシンで実行されるまでに何時間、時には何日も待たなくてはならないことはわかっていた。でも、きっと待たなくて済む方法があるはずだ。そう考えた彼は、この仕組みを出し抜く方法を練りはじめていた。

ロジャースはアムステルダムで生まれ育ったが、思いがけず、アメリカの名門公立校のひとつとされるニューヨークのスタイヴェサント高校に通うことになった。ニューヨークにはじめてやってきたとき、彼はすでに11歳だったが、当時はまったく英語が話せず、さらに彼の継父はオランダ語を話せなかった。そこで2人はドイツ語で意思疎通し、ヘンクはクイーンズのフラッシングにあったアパートで生活しながら、つけっぱなしのテレビを観て英語やアメリカ文化を吸収していった。

アメリカに来て最初の6か月、彼の心の糧となっていたのがアニメだった。当時流行していた日本のアニメ、「マッハGoGoGo」や「鉄人28号」などから、アメリカの古典的作品、「ルーニー・テューンズ」や「ロッキー&ブルウィンクル」などに至るまで、さまざまな番組をむさぼるように観た。生まれ故郷では、子供向けの番組は週に数時間程度しか放送されていなかったため、それはまさに劇的な変化だった。ここでは望むなら、朝から晩までアニメを観ていられる。高い言葉の壁の前で途方に暮れるロジャースのしたことが、まさにそれだった。彼は意図せず、没入法と呼ばれる、言葉が話される環境にひたりきるという言語学習法を徹底して実行していたのである。

しばらくすると彼は、ニューヨークの公立校に通いはじめた。最初は英語を母国語としない生徒が集まるクラスだったが、すぐに一般のクラスへと移った。文化を吸収するスキルのおかげで、彼はアメリカに移住してたった1年で、英語を流暢《りゅうちょう》に話せるようになっていたのだ。ちなみに、このスキルは生涯を通じて彼を支えることになる。一家がクイーンズのコロナ地区に移ってからは、アニメに没頭する時間も少なくなり、ロジャースはカトリック系の学校であるアワ・レディ・オブ・ソロウズに通うようになった。

教会が運営する学校の厳格な雰囲気は、意外にもロジャースの肌に合った。ロジャースはクラスでいちばんの成績で卒業することができ、その結果、スタイヴェサント高校へと進むことになったのである。そこで彼を待っていたのは、またとないチャンスであった。

彼の同級生のなかには、当時流行していたヒッピー運動に傾倒したり、授業をサボってフリスビーをしたりする者もいたが、ロジャースは学校に設置されていて時折生徒に開放されることのあった1台の巨大なコンピューターに魅了されていた。名門校だったとはいえ、それはモニターやキーボード、マウスといったパーソナルコンピューターが一般的に見られるようになる20年近く前の話だ。スタイヴェサント高校のメインフレームは、たとえ同じ部屋に閉じこめられたとしても、思わず使いたくなるようなコンピューターだった。プログラミングはパンチカードで行なわれ、結果はあとで紙に出力されるようになっていた。

もっとコンピューターを使いたい、もっと理解したい。ロジャースは自分がそんな願いを抱いていることに気づいた。彼はコンピューターが命じたとおりの動きをするところ、そして適切に動かしさえすれば、同じことを何度でも永遠に繰り返すところが気に入っていた。彼の家族は宝石商をしていたのだが、それは厳密な計量と、的確な原石のカットによって成り立つ商売だ。そしてロジャースは、スタイヴェサント高校のメインフレームにも、同じ原則があてはまるのを垣間見《かいまみ》たのだった。もしユーザーが十分に賢くて、コンピューターを使って何か独創的でスマートなことを完璧な形で実行できれば、傑作を生み出せるのではないか。

問題は、学校のコンピューターに限られた時間しか触れられなかったことだ。メインフレームに流しこむためのパンチカードを作る機械については、複数台が生徒に開放されていた。しかしセントラルユニットは1つしかなく、そのうえ学校中の優秀な生徒は、関心の高い科学やエンジニアリングの先端分野で起きつつあったコンピューター革命を目の当たりにし、その大転換に最初から参加したいと願っていた。

生徒たちに平等に利用させるため、学校は官僚的な仕組みを導入し、ほんのひと握りのパンチカードをロジャースに渡したが、彼はそれに我慢できなかった。実際のところ、この仕組みはだれにとっても満足できるものではなかった。ステージングルームには各クラス用に棚が設けられ、生徒たちはそこに自分のカードを提出することになっていた。あとで技術者がカードを回収し、コンピューターに流しこむのである。するとカードに開けられた穴に隠されたプログラムや計算が読み取られ、結果が出力されるというわけである。

パンチカードを提出してからおよそ2日後に、生徒たちはその結果を受け取ることになっていたが、たいていの場合、それは意図していた結果とはちがった。そうした不一致は、トライアル・アンド・エラーで進むプログラミングの世界ではよくあることで、目の前にある個人用の端末でプログラミングを行なっていて、エラーが起きたらまちがいのある行を修正すればいいのであれば、話は簡単だ。しかしメインフレームの場合には、パンチカードを何度も作りなおさなければならず、さらにそのたびに結果が出るまで2日間の待ち時間が発生する。これは耐えがたいほど時間のかかる作業であり、ロジャースは順番を待つあいだ、日々が無為《むい》に過ぎているような感覚に陥った。もしリアルタイムに近い状態で利用できれば、コンピューターをもっと短時間で習得できるのに。この仕組みを回避するうまい手があるはずだ、彼はそう思い至った。

ロジャースにとって、コンピューターを自分の意のままに扱うために裏道を探るというのが、これが最初だったのかどうかはわからないが、最後にならなかったことだけはたしかだ。彼はみなの注意がそれる時間帯を狙って、パンチカードマシンに向かい、空いていた台を使って自分が取り組んでいたプログラムの複製を作成した。そしてカードを提出する棚のところまで行き、各クラスの棚に作成したコピーをさりげなく置いた。

これでどの棚が最初に処理されようと、彼のプログラムが含まれていることになる。こうしてロジャースは、時には数時間という速さで結果を手に入れられるようになった。あとは結果を分析すれば、どこを修正すればいいかがわかり、修正版のプログラムの作成に取りかかることができる。そしてそのパンチカードをふたたび複数作成し、各クラスの棚に置くということを、望んだとおりの結果が出るまで何度も繰り返したのである。

ロジャースは通常であれば1週間はかかる作業を1日で終わらせ、教師は彼がどうやってこの短時間のうちにプログラムを作り、テストし、修正することができたのだろうかと首をかしげた。

しかしいくらペースを上げても、彼のフラストレーションはたまる一方だった。スタイヴェサントでの学校生活は厳格に組み上げられていて、ロジャースの受講するコンピューターのクラスだけが選

テトリス・メモ3

USフーズ社はテトリスの形をしたティーター・トッツ（すりおろしたジャガイモを揚げた料理）、**「パズル・ポテト」を発売している。**

択科目で、それ以外は数学や科学、英語といったクラスがぎっしりと詰めこまれていた。たったひとつの選択科目で、何が理解できるっていうんだ？　彼は憤った。コンピューターの授業をいくつも受講できればいいのに！

自分の思いどおりのことができる大学に進学してやる、ロジャースはそう決意した。とはいえ、高等教育に惹《ひ》かれていたわけではない。彼は、もっと長い時間コンピューターの前にいられる道を探っていた。ただ１９６０年代の終わりごろになっても、それは簡単な話ではなかった。

いろいろな可能性を考えてみた。コンピューターに日常的に触れられる場所は限られている。銀行や軍の関連部門で働くのはそのひとつだったが、パンチカードの列に並んで順番を待つのではなく、裏技を使って目的を達成するタイプの人間にとっては、どちらも魅力的なキャリアとは言いがたい。反逆児の気質を考えると、大学に行くのが合っているように感じられたが、学問そのものや、それに求められる地道な努力についてはそうではなかった。

ロジャースはさまざまな思いをめぐらしていたものの、それはけっきょく無駄になってしまった。高校を卒業すると、一家はアメリカを離れ、宝石の産地に近い日本にビジネスの拠点を移したからである。継父の趣味が碁だったことも、日本行きの決断を後押ししたのではないかとロジャースは考えている。碁は日本で非常に人気があり、実際にロジャースは、のちに碁をきっかけとして任天堂との関係を築くのに成功したのだった。

最初のうち、ロジャースは日本になじめなかった。日本は外国から移住してくる若者に冷たい国だったうえ、ロジャースはもう何年もアメリカ文化にひたりきっていた。19歳になり、自分の道を自分で決められるようになると、彼は日本で頑張るよりも、いったん横道にそれてハワイでサーフィン三昧《ざんまい》の生活を送るほうが魅力的に感じられるようになった。そしてロジャースは両親から離れ、ビーチを目指すことを決心した。

ところがオアフ島の、太古の歴史漂うノースショアの波でさえ、ロジャースに最寄りのコンピューターラボを探すのをやめさせることはできなかった。ビーチの近くで1年間過ごしたすえ、彼はハワイ大学の夜間講座に通うようになったのである。しかし定時コースの学生に開放されていたいくつかのコンピューター関係の講座を修了すると、彼はふたたびコンピューターを利用できなくなってしまった。

ロジャースに同情していた教師は、彼がほんとうに必要としているのは系統立った学習ではなく、コンピューターを実践的に学べる場だと見抜いていた。「いいかい。コンピューターにもっとさわっていたいのなら、昼間に通うしかないよ」とその教師はロジャースにアドバイスした。しかしロジャースは、全日コースの学生生活を送ることに対して疑問しか持っていなかった。スタイヴェサント高校で受けた硬直的な教育の記憶が生々しく残っていた彼は、大学に学費を払ったとしても、けっきょくは他人と同じ基本的な課題が与えられるだけで、何か月、いや何年もの時間を棒に振るのではないかと恐れていたのである。

最終的に彼は大学に進むことにし、学校から望みのものを得るための計画を練った。必修科目なんて受けないぞ、そう心に決めた。それで卒業証書を取れなくたって構わない。欲しいのはコンピューターが使える時間だけだ。それこそまさに、ロジャースが大学で手に入れたものであり、彼はコンピューター科学の授業など自分が惹かれたものだけを受講した。

　その当時、別の文化現象がロジャースの周囲を席巻しつつあった。それはＳＦやファンタジーに興味があるアメリカの青年（科学やコンピューターに興味がある若い男性の層とほぼ一致する）であれば、だれもが影響を受けたと言えるほど大流行していたものである。それは１９７４年に発表された新しいタイプのテーブルゲームで、「ダンジョンズ＆ドラゴンズ（Ｄ＆Ｄ）」といった。

　ロジャースはよくゲームで遊んでいた。子供のころはモノポリーで友人たちと憑《つ》かれたように競争したし、十代のころには継父と囲碁で勝負した。しかしＤ＆Ｄが持つ広大な世界と複雑なルールは、そうしたゲームをはるかに超えるほどの強烈さで、ロジャースを魅了した。

　伝説的なゲームデザイナー、ゲイリー・ガイギャックスの手によるＤ＆Ｄは、数十年の歴史を持つ卓上の戦略ゲームをルーツに持つ。戦略ゲームでは小さな金属製のフィギュアと紙の地図が使われ、戦場の指揮官となったプレイヤーが他のプレイヤーと対決し、時には１日かけて勝敗を競う。ガイギャックスはこのコンセプトを、60年代終わりから70年代初めにヒッピーや大学生たちのあいだで熱狂的な人気を博していた『指輪物語』風のファンタジーにあてはめ、Ｄ＆Ｄを生み出したのである。

　慎重に構成された緻密なルールと、自分の意志で自由にプレイできるというスタイル。その魅力によって、他の何千人もの初期のＤ＆Ｄプレイヤー（ゲームの知名度が増すにつれ、この数は数百万人に達する）と同様に、ロジャースはたちまちこのゲームに惹きこまれた。オリジナルのゲームの基本的な原則は、「人間と魔法（*Men and Magic*）」「モンスターと宝（*Monsters and Treasure*）」「地下世界と荒野の冒険（*Underworld and Wilderness Adventures*）」と題された３冊のルールブックによって規定されていた。しかしどのルールを採用するか、どのルールを曲げてしまうか、さらには参加者の気分に合わせてまったく新しいルールを作ってしまうかは、それぞれのグループに任されていたのである（ゲーム内で全能の存在である進行役のプレイヤー「ダンジョンマスター」の合意のうえで）。

ロジャースのロールプレイングゲーム（RPG）仲間が大きくなり、新たなプレイヤーを獲得していくにつれ、このオリジナル版ルールブックは複写機によって何度もコピーされ、仲間内に広まっていった。ついには、ロジャースらの、エルフやドワーフや人間の英雄たちによる緩やかな同盟は、ARRGH（Alternative Recreational Realities Group of Hawaii）というグループとして知られるようになり、大規模なゲームが何日にもわたってつづけられることもあった。プレイヤーである学生たちは、授業のスケジュールに合わせて、自由に参加したり抜けたりできた。

ロジャースも他のプレイヤーたちと同じく、最初は3冊のルールブックからスタートしたが、変更不可能なルールや要件はいっさいなかった。それはコンピューター科学やプログラミングを自己流で学んでいたロジャースにとって、完璧に納得できるものだった。即興の物語で進むゲームの世界を広げたいと思えば、彼と彼の友人たちは、たんに新しいルールを生み出すだけでよかった。それは過激な遊び方に思えるかもしれないが、一方で、「プレイヤーが自分で自分の世界をつくる」というD&Dの中心教義にも一致するものだったのである。

魔法使いや妖精、そして剣をふるう英雄たちが闊歩《かっぽ》する世界は、D&Dが新たに生み出したものではなく、文学や映画など既存のファンタジー作品が土台にされていた。しかしいまでは当たり前となった概念、たとえばなんらかのキャラクターを演じる「ロールプレイング」や、新たなスキルや力が身につく「レベルアップ」などは、D&Dがルーツと言える。これらは何世代にもわたって、ビデオゲームのデザイナーやプログラマーたちに影響を与えることになるが、その最初の世代の一員にヘンク・ロジャースがいたのである。

当時彼は、ファンタジーのロールプレイングゲームとプログラミングという、自分が熱中する2つのものを関連づけて考えることはなかった。しかしこの2つがのちに融合したことで、ロジャースはテトリスのことを耳にするずっと前に、ビデオゲームの歴史に自身の名を刻みつけるのである。

ロジャースは好きな授業をつまみ食いしては、友人たちとのD&Dマラソンに興ずるという生活を送っていたが、大学について前々から危惧していた問題についにぶつかる。ロジャースが全日コースの学生になってから3年がたったころ、自分が選んだ授業にだけ出席するという彼の態度がハワイ大学の教師の目に留まることとなったのである。

「ロジャース君、きみは1年分の必修科目を受講しなければいけないよ」と学生アドバイザーは告げた。基礎科学、数学、一般教養といった科目をずっと無視していたのだ。

「いいえ、その必要はありません」というのが彼の答えだった。こうしてロジャースの大学生活は終わりを迎えた。しかし彼はすでに、学校から得たいと思っていたものを得ていた。1970年代初頭にコンピューターを自由に使うことができたというのは、紙の卒業証書より価値のあるものだったのである。

毎日の授業から解放されたロジャースは、関心を西のほうに向けた。日本である。そこにはすでに家族がいたので、日本行きを決断するのは難しいことではなかった。それに彼には、あけみという意中の女性がいた。英語を専攻していたあけみは、卒業後、母国である日本に帰ってしまっていた。彼はあとを追って日本へ行くと、彼女が滞在する理由になった。日本とアメリカのあいだを行き来し、3度、長期滞在したあとで、彼はあっさりとアメリカに戻らないことに決めた。

1976年、ロジャースはハワイにいる友人に電話をかけ、日本に留まるつもりだと告げた。「クルマをやるよ。アパートだってくれてやる。なかのものは全部捨ててしまってもいいから」。しかし彼は、過去の生活のすべてを捨て去ることはできなかった。ロジャースは友人に、アパートに行ってパンチカードや磁気テープなど、コンピューター関係の書類や資料が入った箱を取っておいてもらうように頼んだのである。それ以外のものには、いっさいの未練はなかった。

しかし当時のヘンク・ロジャースが、世界屈指のコンピューターに精通した国である日本において、プログラミングやシステム開発の分野で充実したキャリアを歩めるだろうと考えていたのなら、それは誤りだった。そんな熱意を胸に、コンピューターを扱える時間とプログラミングの経験を追い求めて地球を半周してきたあとで、運命のいたずらから、彼はコンピューターに触れることすらできない時間を数年も過ごすことになったのである。

4　最初のブロック

ヘンク・ロジャースと同様、アレクセイ・パジトノフは十代のころにコンピューターに触れ、魅了された。しかし2人がプログラマーとしての道を見出すまでには、何年もの年月が必要だった。

アレクセイは学校に通い、教育と訓練をたっぷりと受けなければならなかった。ふつうはそれで創造的な精神が失われてしまう。彼が通った厳格な第91モスクワ数学学校は、一流のモスクワ大学数学部（通称 Mekh-Mat）への登竜門として知られる学校だった。ところが彼は、卒業後により実践的な道（少なくとも数学の神童にとっては）を選び、モスクワ航空大学に進んで応用数学の修士号取得を目指した。

1979年、アレクセイは科学、数学、エンジニアリングの最先端が学べる環境に身を置いていた。モスクワ航空大学はロシアで発展しつつあった航空業界へこれらの研究を応用し、軍拡と宇宙開発競争の双方に貢献していた。とはいえ彼は、当時のモスクワでは希少な存在だったコンピューターに、いぜんとして心を惹《ひ》かれていた。華やかな航空宇宙分野の魅力ですら、その好奇心を押さえつけることはできなかった。

そこで彼は名門のモスクワ航空大学を離れ、より研究志向の強いロシア科学アカデミー（ＲＡＳ）の本部に籍を移した。ＲＡＳはモスクワ川を挟んだ東側の町外れにあり、モスクワ航空大学からたった15キロしか離れていなかったが、そこはまるでちがう惑星のようだった。モスクワ航空大学は航空分野に特化した組織だったが、ＲＡＳは複数の下部組織からなる複合的な機関で、幅広い分野の研究開発を促進することで知られていた。

ＲＡＳはなんでも研究対象にするごたまぜの政府系シンクタンクだったが、共産主義から生まれた組織ではなかった。じつはその歴史はもっと古く、母体となったのは１７２４年にほかでもない、ピョートル大帝が現在のサンクトペテルブルクに設立した組織である。そしてたびかさなる戦争や政治体制の変化、ソビエト連邦の誕生を乗り越え、１９２５年以降は、ソ連における最高峰の科学技術研究拠点となっていた。

１９８０年代の初めまでに、ＲＡＳの傘下には５００以上の研究機関が存在していた。アレクセイが所属していたのは、そのうちのほぼ無名のコンピューター研究所、ドラドニーツィン・コンピューティングセンターだった。部屋ほどの大きさがある初期のメインフレームを、他の研究者と共用する生活が何年もつづいたあとで、彼はようやく自分用のエレクトロニカ60を手に入れることができたが、それは時代遅れの代物だった。

彼はプログラミングの仕事の合間に、職場を区切るパーティションの上に頭を出して、部屋を見渡すことがあった。安っぽい木の羽目板張りの壁に囲まれ、金属製の机がずらりと並ぶ研究所は、ハイテクとはまったく無縁に見えた。似たようなコンピューター数十台が日中、うなり音を立てて動いており、夜間もアレクセイのような一部の宵《よい》っぱりの職員がやってきて研究を行なっていた。彼の典型的な1日は朝の10時か11時に始まり、夜は真夜中までつづくこともよくあった。しかし彼は長時間労働が苦になるどころか、そうしているのに気づきさえしなかった。ずっと冬がつづいているかのようなモスクワの天気と、不安定な経済のあいだで、彼が関心を寄せていたのは仕事だけだった。

　時代遅れのマシンとはいえ、コンピューターにさわることができ、さらにハードウェアの限界を克服するための学問的自由が得られていたことを、アレクセイは幸運に感じていた。それでも彼は、研究所内のすべてのコンピューターが束になっても、アメリカやヨーロッパにある最新のコンピューター1台にも敵わないかもしれないということを知っていた。しかし10年近く昔のマシンでも、適切に使えば何かを発見できる余地があった。

　アレクセイはビデオゲームを実際に経験したことはほとんどなかったものの、それが普及しつつあり、西側諸国や日本ではひとつの文化を形成しつつあるのをぼんやりと理解していた。ロシアにも、パックマンや「Qバート」といった奇妙なゲームが、検閲の壁をすり抜けてやってきていた。興味深

テトリス・メモ4

モノクロのオリジナル版テトリスは、ニューヨーク近代美術館のパーマネントコレクションになっている。

いことに、どちらのゲームも、グリッド状になった空間を移動して遊ぶという内容だった。

しかし輸入されたカラフルなパックマンのゲーム機と、ＲＡＳに設置されていたマシンとのあいだには大きな隔たりがあった。１９８０年代にコンピューターが普及していた国々で育った人々は、当時のコンピューターといえば大きなブラウン管のモニターを思い出すだろう。ほぼ正方形の画面はユーザーのほうに膨らんでいて、黒い背景のなかでテキスト（プログラムのコードや実行結果など）が弱々しい光を放つ緑や白の文字でぎっしりと表示されていたものである。

アレクセイのエレクトロニカ60もモノクロのモニターを備えているが、キーボードに並んだ文字や数字、記号以外のものを表示させることはできなかった。初期のものであっても、ビデオゲームの派手なグラフィックスは、画面で再現できないと考えられていた。

アレクセイは所属部門によって割り振られ、承認されたプロジェクトに従事していた。その内容は、音声認識と人工知能に関する驚くほど先進的なもので、これらは現在でもコンピューター科学者の頭を悩ませている（ｉＰｈｏｎｅの音声認識機能Ｓｉｒｉに話しかけたことがあれば理解できるだろう）。

彼はふと、コンピューター研究所が持つ高いプログラミング能力を、自分が子供のころに愛したゲームやパズルの分野に応用できるのではないかと考えた。まだどう使えばいいのかはわからなかったが、新しいパズルを創造するのにうってつけの道具が突然、目の前に姿を現わしたかのようだった。

その方法を考えるのはたいへんな手間がかかり、コンピューターのガチガチなロジックとパズルのデザインに求められる流動性とを結びつける実験を、膨大な時間をかけて繰り返す必要があった。彼は気長に実験に取り組んだが、夜遅くに煙草を吸ったりコーヒーを飲んだりしながらセンターで何度も徹夜しても、次から次へとプログラミングとデバッグの作業が出てくるのだった。

アレクセイは自分がかつてプラスチックや紙のペントミノに熱中したのと同じように、パックマンにはまっているプログラマーがいるのを知っていた。そのプログラマーはパックマンのＡＩについて、一種の異質な集団知能であり、２次元の迷路を進むプレイヤーの動きに反応してついてくると話していた。そして機械に観察され、操られているという感覚から逃れるために、彼はパックマンをリバースエンジニアリングして、ほとんど同じ内容のゲームを一から作ってみることで、その背後にあるプログラミングの考え方を理解しようとしていた。

コンピューターネットワークやＵＳＢ、オンラインダウンロードが登場する以前、ソフトウェアはこのようにしてシェアされ、コピーされていた。面白そうなコンピュータープログラムがあったとして、そのコピーが入手できなかったり、自分のマシンでは動かなかったりした場合、それと同じ動きをするプログラムを自分で書くしかない。ただ、それとわかるが、オリジナルの品質には達しない不完全なコピーが出来上がるのが関の山だったが。

自分のエレクトロニカ60や、ＲＡＳにある他のマシン上でゲームを再現するというアイデアがすっかり気に入ったアレクセイは、モスクワで最も有名な玩具店「チルドレンズ・ワールド」に向かった。インスピレーションが降ってきたのは、そのだだっ広い通路に立っていたときだった。何十年にもわたってモスクワのランドマーク的存在だったこの店は、息をのむほどみごとな石造りのアーチを持つ壮麗な建物の中にあった（皮肉なことに、その場所はＫＧＢ本部から目と鼻の先だった）。そこでロシアの子供たちに、最新の玩具やエンターテインメントを提供していたのである。

アレクセイが店内の棚を眺めていると、見慣れたものが目に留まった――プラスチック製のシンプルなペントミノである。気づいたときには、それはアレクセイの手に収まり、RASのデスクに広げられていた。そして何時間もピースを合わせながら、この単純な幾何学デザインと、プログラミング可能で結果の予測可能なコンピュータープラットフォームとのあいだを、どうやったら橋渡しできるだろうかと考えた。パックマンなどのアーケードゲームのように、（当時としては）ハイエンドのグラフィック機能を持つコンピューターがなくても、ペントミノに含まれる概念を机に広げられた図形からコンピューターのスクリーンへ変換する方法があるにちがいない。

彼が最初に作り上げたプログラムは、ごく基礎的な内容だったが、それでものちにテトリスとなるものの基本的なアイデアが形になっていた。問題は、外国のアマチュア・ゲームプログラマーが使っているマシンと比べても、彼が使えるハードは10年近く時代遅れの代物であるという点だった。ペントミノを画面上で再現したければ、ある程度のグラフィック効果が欠かせないが、エレクトロニカ60は原始的なコンピューターグラフィックスでさえも描画できなかった。

彼が最初に考えた解決策は、「使える筆だけを使って絵を描く」だった。つまりキーボードに並んだ英数字だけで図形を表現しようとしたのである。彼は約物（多くは括弧《かっこ》）を組み合わせ、複数の行にわたって慎重に並べることで、ディスプレイ上に図形を描いた。それは美しいとは言えなかったが、それでも上手くいった。

6日間で作成されたこの初期バージョンには、「遺伝子工学」という野心的な名前がつけられ、ペントミノでは5つ使われていたブロックが、より扱いやすいように4つに切り詰められた。それにより作成可能な形状は7種類となり、アレクセイはそれを「テトリミノ」と名づけた。彼の最初のバージョンは、ペントミノを忠実に再現したものだった。プレイヤーはたんに、画面上でテトリミノを動かして、一定の形になるように組み合わせるのである。空間操作型のパズルゲームにおける初歩的な取り組みとしては、画期的なものと言えるだろう。ところがアレクセイ自身、何回かプレイしただけで、たちまちその内容に飽きてしまった。何か別の要素が必要だった。

コンピューター上で行なうパズルは、他のパズルとはちがう、異質なものだ。紙やプラスチック、木を使うパズルであれば、プレイヤーは時間がたつのも忘れて繰り返し遊ぶことができ、座りながら新しい動きや戦略について考えをめぐらせることができる。しかしコンピューターの画面とブラウン管は、プレイヤーの心をもっと強く支配する。彼らの目に光を送りこんで、相互に作用することを求めるのだ。そのためコンピューターを使ったパズルでは、より高いゲーム性が求められる。そしてそれには、タイミングや危険、アクションをうながすたえまない圧力といった要素がなくてはならない。

アレクセイのようなプロのプログラマーにとって、ゲームのメカニズムを作るというのは簡単な話だった。しかし図形を落として四角形を作るだけの作業には、優れたゲームに付き物の中毒性という要素が欠けていた。この初期のバージョンでは、たんに何個のピースを四角形の中に入れられるかを判定するだけで、最適な解を導き出すまでには数分しかかからなかった。いったん遊んでしまえば、もう一度遊ぼうという気にはならなかった。

アレクセイはその後、数週間かけてプログラミングに取り組み、自分が作り出したゲームから余分なところをそぎ落として、最も本質的な部分を残していった。そうした徹底的なミニマリズムの追及から、画期的なアイデアが生まれた――コンピューターの画面全体を使う必要がないとしたら、どうなるだろうか？　モニターが正方形だからといって、そこに表示されるものも正方形である必要はないはずだ。

この小さなイノベーションが、ゲームの印象を一変させた。アレクセイはピースを構成する正方形を5つから4つに減らしたのと同じように、プレイエリアを画面全体からせまい通路のような形へとせばめたのである。そこに画面の上からピースが出てきて、下へと落ちていく。そうすることで、早くて正確な判断を下せるよう集中する必要ができた。しかしまだ問題が残されていた。いったん横の列がすべて埋まると、その下にある空間にはピースを入れることができなくなってしまうのである。

ゲームはふたたび簡単に終わってしまい、何回も遊ぼうという気にはならなかった。アレクセイは画面に向かい、改良したゲームにできたムダな空間を苛立たしげに見つめた。そのときひらめいた画期的な解決策は、たったひとつの要素を追加するだけの内容だった。しかしそれはその後30年以上にわたり、数百にもおよぶテトリスの続編や変種、コピー作品を通じて変わらず引き継がれるものになった。

横の列がテトリミノで埋めつくされ、右から左まで隙間がなくなると、その列は単純に消えてしまうことにしたのだ。そうすれば、その下にある空間にピースをはめこむための道が開ける。そしてゲームの目標は、画面に合わせてピースをはめこむだけでなく、できるだけ多くの列を消すことになった。

かつてアレクセイは、RASのコンピューター研究所で学術研究や新しいコンピューターハードウェアのテストに何時間も没頭し、深夜になって終電を逃しそうになるほど働いていた。しかしいまや彼は、自分が創造したゲームを作り、改良し、それで遊ぶことに同じぐらいの長い時間を割いていた。昼間ですら、ソフトウェアのデバッグを行なうふりをしながら、自分のゲームで繰り返し遊んでいることが何度もあった。キーボードから指が離せないほど、夢中になってしまったのだ。

テトリミノはこのゲームの根幹をなすものであり、落ちてくるブロックとプレイヤーが行きつ戻りつ格闘するさまは、アレクセイにテニスを思い起こさせた。そこで彼は、このゲームをテトリスと名づけることにした。ロシア語でテトリスはＴｅｔｐиｃ、テニスはтeнниcと表記され、ロシア語でも2つの言葉は似た響きを持っている（じつはこれらの言葉は、もともとロシア語ではない。接頭辞「ｔｅｔｒａ」の語源はギリシャ語で、「ｔｅｎｎｉｓ」は諸説あるものの、13世紀の古フランス語からもたらされたと言われている）。

ドラドニーツィン・コンピューティングセンターでは、アレクセイがゲームを開発していることが徐々に知れ渡るようになった。研究者や学生が画面のまわりに集まって、他人がプレイするのを見たり、みずからプレイしたりしていた。みな自分の番がまわってくるのを辛抱強く待ち、なかには自分の仕事が終わっていないのにゲームをしに来る人までいた。自作のゲーム（なかにはアレクセイのプロトタイプと同じくらい魅力的なものもあっただろう）がその製作者以外によってプレイされることがほとんどなかったロシアにおいて、これは前代未聞の現象だった。

少数の熱狂的なパックマン・マニアは別にして、ロシアではアメリカ製や日本製のゲームに接する機会は限られていたため、テトリスに匹敵するものはほとんどなかった。おそらく当時としては、手に入るなかでは最高の存在だったというべきだろう。というのも、このバージョン（「テトリス」と呼ぶことのできる要素を最低限備えた最初のバージョン）には、今日の私たちが「テトリス」というゲームについて思い浮かべるさまざまな要素が欠けていたからである。

緑と黒の画面に映し出された、アレクセイの原始的なテトリスには、音楽はおろか効果音もなかった。まるで真空のなかで遊んでいるかのように、ただピースが静かに落ちてきていたのである。当初はスコアも存在しなかった（ただ水平に空間を埋めると列が消えるというアイデアは、スコアをカウントするうえできわめて都合がよかった）。レベルも分かれておらず、ましてあるレベルをクリアして別のレベルに上がるなどということはなかった。のちにレベルが追加されることになるのだが、「レベル99」問題（ニンテンドー・エンターテインメント・システム版テトリスにおいて、レベルが99で終わるというもの）にテトリスのエキスパートは苦心することになる。これがきっかけとなり、ハイスコアと最高到達レベルを競い合う、小さいながらも熱狂的なプロのテトリスプレイヤー・コミュニティーが誕生するのである。

またこの段階では、１９８０年代のバージョンをプレイしていた人々が（軽快なロシア民謡の曲とともに）覚えているような、ロシアを代表する建築物のグラフィックスも表示されてはいなかった。こうした飾りつけは、タイトルに使われていた、Rが反転したたようなキリル文字（Я）と同様にかなりあとになってから追加されたものであり、「鉄のカーテンの向こう側からやってきた、エキゾチックなコンピューターテクノロジー」という雰囲気を求める、西側の消費者に向けて用意された要素なのである。アレクセイと彼の同僚たちにとって、それは最初からロシアのゲームだった。ロシアのプログラマーが、ロシア製のコンピューターで開発し、プレイしているものであり、いまのところロシアのコンピューター研究所のなかで独占されている。それを思い出すために、クレムリンの絵は必要なかった。

同僚たちからの支持は得られたものの、テトリスは無数にあるコンピューター関連プロジェクトのひとつにすぎず、一部の専門家が作って楽しんでいるものと受け取られていた。数日、あるいは数週間は楽しめるものの、そのうち忘れ去られ、別の新しい何かに関心が移るというわけだ。けっきょくのところ、当時のロシアにはゲームをシェアするための商用オンラインネットワークが存在しておらず、モスクワであっても、パーソナルコンピューターが使える人はほとんどいなかったのである。

家庭や職場でパソコンに触れることのできた、少数の幸運なモスクワ市民が、仮になんらかの理由でテトリスのコピーを入手できたとしても、それで遊ぶことはできなかっただろう。エレクトロニカ60はRASのなかでも珍しいマシンであり、テトリスのオリジナル版である27キロバイトのプログラムは、このマシン上でのみ動くように書かれていたからだ。そのころロシアと西側諸国の双方で、IBMのPCがデファクトスタンダードになりつつあったが、エレクトロニカ60にはそれとの互換性がなかった。PCが採用していたMS‐DOSは、今日のウィンドウズにまで至る込み入った進化の出発点となったオペレーティングシステムである。当初アレクセイが作成したプログラムは、ロシアのプログラマーやテクノロジー愛好家の多くが使っていたコンピューター上では実行することすらできなかった。

にもかかわらず、テトリスに関するうわさは、ドラドニーツィン・コンピューティングセンターのなかでウイルスのように広がっていった。そして何週ものあいだ、研究者の興味を惹きつけ、彼らの管理者を悩ませたのである。しかしＲＡＳの本部内で起きた、この最初の流行は、エレクトロニカ60にアクセスできる人々が飽きてしまえば終わってしまう運命にあった。この閉じた生態系の外に飛び出すには、テトリスにはウイルスと同じものが必要だった──「運び屋《キャリア》」である。

5 ザ・ブラックオニキス

１９６０年代後半、ヘンク・ロジャースは、メインフレームにつねにさわることのできる、アメリカでも数少ない高校生の１人だった。１９７０年代初めになると、彼はハワイ大学の規則を出し抜いて、当時まだ貴重だったコンピューターの利用可能時間を最大限に手に入れ、一方で退屈な必修科目はサボるという生活を送った。それには、他の学生たちは目を白黒させたのだった。ところがそれから１９８２年までの６年近く、ロジャースはコンピューターに触れる機会がほとんどない状況に置かれていた。

彼は１９７６年に日本へ移住した。それは衝動的な決断と、考え抜かれた計算が入り混じった結果の行動だったものの、当初は順調に物事が運んだ。日本人女性と恋に落ちていたことや、そして偶然にも、家族が日本とその周辺国で宝石商をしていたことから、日本での永住を決意するのはまったく自然な成り行きだった。彼をハワイにつなぎとめるものは、卒業する気のない大学の学位と、サーフィンとＤ＆Ｄのサークルを除けばほとんどなかった。

しかしその後、突如事態は悪化する。そもそも彼は、けっしてよく理解しているとはいえない国に、お金も資産も持たずにやってきたのである。大学も出ていなかったし、初歩の日本語すらわからなかった。

日本の閉鎖的なハイテク産業に入りこむのは容易ではないと理解したロジャースは、歯を食いしばり、家族の宝石ビジネスを手伝うことに決めた。長男として、家業を手伝うのは当然のこととされていたのである。ある意味でこの決断は、彼が日本社会の慣習を理解する第一歩になったと言える。ヘンクとあけみは1977年に結婚、郊外の住宅地で生活を始める。住んでいたのは継父が所有していた、家族向け住宅のなかの1軒であり、彼はますます家族のビジネスに依存することになった。しかしロジャースが、自分は重要な役員、さらには跡継ぎとして高利でしかも人間味のある家族の事業に招かれたのだと考えていたのであれば、その思いはすぐに打ち砕かれる。彼は安い労働力程度の存在でしかなく、しかも新妻を養う身では、継父から言われたことをなんでもやるしかなかったのである。

そのままのろのろと6年が過ぎていった。まともな給料も支払われず、役職も気まぐれに変えられることがつづき、ロジャースはまるで自分が奴隷も同然であるかのように感じていた。さらに日本の各地を転々とする日々で、来月どこに住んでいるのかもわからない状況だった。過酷な生活を送りながらも子宝には恵まれたが、家に残されたあけみがひとり育児や家事に奔走するということがしばしばだった。

1982年、タイで仕事漬けの日々を送っていたヘンク・ロジャースは、我慢の限界にきていた。

扱っていた宝石の産出国に近づこうと、継父がビジネスの大部分をタイに移したため、彼の命令でロジャースも同行していたのである。日本ではあけみとの3人目の子供が産まれようとしていたが、ビジネスのほうが重要ということになり、ヘンクが出産に立ち会うことは許されなかった。

そのとき、ロジャースの心境に変化が生まれた。こんな状態からは抜け出さなくては。宝石ビジネスからはなるべく早く足を洗って、何か別の仕事、家族を養いながら自分の夢を叶えられることをしよう。その決心から6か月後、彼は正念場を迎える。

クリスマス休暇の時期となり、ロジャースは日本へと帰国していた。タイに戻る日のことを考えただけでぞっとした。もう覚悟を決めるしかない。自分は29歳で、起業するならいましかないのだ。そして起業するなら、何かコンピューターに関係するものでなくちゃ。ロジャースはそう考えた。

当時の日本は、テクノロジーの分野でトップに立つ国だったと言えるだろう。ソニーや日立などの企業が、携帯型音楽機器やテレビといった最新の電化製品を発表し、未来の世界を垣間見《かいまみ》せてくれていたのである。しかしロジャースは、そうした世界とは無縁の場所にいた。

彼はコンピューター科学とプログラミングを学んでいたものの（同世代でそのチャンスを得られた人はいまだにごく一部に限られていた）、この5年のあいだにコンピューター分野で起きたイノベーションからは取り残されていた。わずかな給料で宝石ビジネスをつづけていたころ、大好きなコンピューターに触れられる機会といえば、友人に頼みこんでホームコンピューターを貸してもらえたときだけだったのである。それは最初期の日本のPCのひとつで、ごく短期間だが注目を集めたプロセッサー、Z80（ザイログという半導体メーカーが製造していた）を搭載した機種だった。

当時のコンピューター愛好家にすれば、それはオモチャ程度の存在だったが、もはや過去の遺産となりはてたスタイヴェサント高校のメインフレームに比べれば、隔世の感があった。コンピューターを借りているあいだ、ロジャースは猛烈な勢いでそれと格闘した。本格的なプログラミングを始めるにはシステムをハックしなければならず、カセットテープ・ドライブが起動して、ウォークマンで使っていたのとそっくりなカセットテープから、ゆっくりとプログラムが読みこまれるのをロジャースは何時間も眺めていた。

ロジャースはこの非力なマシンに潜在的な力を感じ、その小さな画面(当時としては画期的な200×400ピクセル)が気に入った。それだけは、アップルⅡやタンディTRS-80、コモドール64といったマシンの先を行っていた。

1982年の終わり、ロジャースは家業から抜け出し、日本のコンピューター業界に飛びこむ準備を進めていた。しかしそれを実現するために必要な資金は、けっして少ない額ではない。そこで、プロ用のプログラミング環境を整える資金を得るために、彼は経験のあるプログラミングの仕事をフリーランスとして引き受けることにした。

ところがこの単純な計画ですら、日本でビジネスを始めることの難しさをロジャースに思い知らせるものとなった。日本には数百年かけて形成された礼儀作法が根づいているが、それが時にこの国にある裏切りと盗みの文化を覆い隠していた。ロジャースはそれをいやというほど思い知ったが、一方でこの経験は、その後何年にもわたって彼の身を助けることとなる。

ロジャースの友人に、副業で日立製作所向けにプログラミングの仕事をしている人物がいた。日立製作所は日本の大企業で、家電から建設資材に至るまで、さまざまな業界で事業を展開している。その仕事はちょっとした小遣い稼ぎであると同時に、大手テクノロジー企業を相手に「プログラミングの仕事を請け負っている」という信用も得られるまたとない機会に感じられた。

しかし日立との関係は、思ったとおりに進まなかった。ロジャースが友人の仕事に参加した当初、彼の役割は友人の書いたコードをきれいに仕上げることだった。仕事を始めてすぐに、日立はあまりに規模が大きすぎるため、分権型の組織になっていることがわかった。各都道府県に拠点が置かれていて、それらが会社の上部組織から独立して動いているのである。ロジャースが契約を結んでいたオフィスは、当初の業務範囲を超えた仕事をリクエストするようになり、ついには表立って口にすることのできないような依頼までまわってくるようになった。

別にトップシークレットの開発案件に参加するよう求められたわけではない。そのころ表計算ソフトでは「ビジカルク」というソフトがトップの座にあったのだが、日立の他部署が所有するそのパッケージメディアを渡されて、そのコピー防止機能を破り、1枚のディスクから何回もインストールできるようにしろと命じられたのである。それは明らかなレッドカードであり、彼の日立での見習い期間に暗雲が立ちこめた。

「いいや、ぼくはこんなことを引き受けるつもりはないし、きみも引き受けるべきじゃない」。彼は自分を引き入れてくれた友人にそう切り出した。「ハッカーになって他人のソフトを改竄《かいざん》するだなんて、あとに引けなくなってしまうぞ」。何よりロジャースが疑問に感じていたのは、日立内のあるグループが、別のグループから搾取するような態度を見せていた点だった。すべてのものが胡散《うさん》くさく感じられるようになったロジャースは、コンピューター業界で生計を立てるという夢にも魅力を感じなくなってしまった。

コピー防止機能を外せという命令に、ロジャースは断固として反対し、彼らは別の依頼を引き受けることにした。それは日立ベーシック（コンピューター言語「ベーシック」の日立製作所バージョン）の小売業者向けに、独自の会計プログラムを開発するというもので、少なくともほんとうに金が稼げる可能性が期待できる仕事だった。ベーシックは初期のプログラミング言語で、さまざまなバージョンがあり、１９７０年代から80年代にかけてベーシックによるプログラミングを学ぼうとするブームが何度も起きた。その名前が示すように、ベーシックはごく基礎的なプログラミング言語だったが、当時非常に普及していたのである。

ロジャースの友人は、プログラマーというよりもハッカーに近いタイプで、彼の企てが問題を引き起こしてしまう。もとの会計プログラムは、日立が売上拡大を目指していた日立ベーシックを使って開発されていたのだが、ロジャースは同じ日立ベーシックを使ってコードの大半を書き換えた。プログラムが完成すると、ロジャースは友人とともに、東京にある日立製作所の本社でプレゼンテーションをするよう求められた。

本社はいつもの地方支社の建物とは異なる、ガラス張りの建物で、いかにも企業帝国の本拠地というおもむきだった。ロジャースは大きな会議室に通されたのだが、そこには重役たちと、驚いたことに弁護士まで控えていた。支社で行なわれていた、コピー防止機能を迂回《うかい》するような不正は、ここでは受け入れられないのだろう。そしてロジャースは、この会議が何かを売りこむ機会などではなく、取り調べのために設けられたことをすぐに理解した。

弁護士は強い口調でロジャースに質問した。「日立ベーシックを使用する許可は得ましたか？」

なんてばかげた質問をするんだ。彼は思った。「みなさんのマシンでプログラムを組むよう依頼してきたのは、みなさん方ですよ。そしてそのマシンはベーシックしか使えません。日立ベーシックを使う許可を出さずに開発を依頼する、なんてことがありえますか？」

会議は荒れ模様となり、ロジャースは万一に備え、披露しようとしていたソフトウェアに策を講じてきたことに安堵《あんど》した。そのときプログラムの原本はフロッピーディスクに保存されていた。フロッピーはかつて一般的だったメディアで、小さな四角形のプラスチック製ケースの中に、薄い円形の磁気記録媒体が収められている。安価で持ち運びやすく、商用インターネットが普及する前の時代には、データやファイルをやり取りする際にはフロッピーを使用するのがふつうだった。しかしフロッピーには簡単にコピーされ、配布されてしまうという弱点があり、それこそまさにロジャースが懸念したことだった。

部署がちがうとはいえ、なんといっても、コピー防止機能を破ってビジカルクを不正にコピーせよ、などという指示を出す会社だ。そしていま彼は、みずからの手で開発したソフトウェアが収められたフロッピーを手渡そうとしていた。共同製作者である彼は、その会計ソフトが販売業者に何本卸されたかに応じて、売り上げを手にすることになる。しかし日立はヘンク・ロジャースのような人々を雇って、ソフトウェアの不正コピーを行なってきたのだ。フロッピーに収められたマスターファイルを勝手にコピーして、売り上げとして報告せずに、無断でソフトウェアを量産するおそれがないとは言いきれなかった。

プログラムを引き渡す前に、ロジャースはマスターが収められたフロッピーディスクに対し、物理的なハッキングを行なった。彼は仕事場で、慎重に間隔を調整してつなげた強力な磁石を2つ用意していた。フロッピーに収められたデータにとって、磁石は天敵とも言えるものであり、磁石でディスクに触れるだけで中身のデータはすべて失われてしまう。しかしディスクのどこに最も重要なデータが書きこまれているかを事前に知っていて、そこにぴったり磁石を合わせることができれば、いろいろな操作が可能だった。

ロジャースは片方の磁石をディスクの片側の外縁部分に置き、もう一方の磁石をディスクの中央近くに当てて、それぞれの場所に小さな「磁力の地雷」を配置した。プログラムを動かすのに必要となるコンテンツが収められたディレクトリは、これらのあいだにある領域に書きこまれているため、ディスクの中心部と外縁部にあるわずかな磁気粒子を狂わせてもソフトウェアは問題なく起動させ、操作できる。しかしロジャースが磁石で触れた個所は不良セクタになっており、コピーを作成しようとするプログラムがそこに到達すると、そのプログラムは異常終了してしまうのである。

それは巧妙な物理的ハッキングだった。そして彼は、日立で目の当たりにした行為とは異なる堂々とした態度で、自分がどのような仕掛けを講じたのかを披露し、このコピー防止が施されているプログラムしか手渡すつもりはないと説明した。しかし日立の役員たちはロジャースに不信感を抱き、「コピー防止が施されたプログラムは受理しない」とかたくなに譲らなかった。

議論はそこから平行線をたどった。こんなのはふつうじゃない、そう感じたロジャースは、この依頼から手を引き、何か別の仕事をすることにした。

しかし他の会社はどうだろうか？　日立は巨大なテクノロジー企業であり、ソフトウェアの不正コピー問題に悩まされたロジャースには、他の企業が彼らよりもましだと言える理由が見つけられなかった。残された道は、大企業でプログラマーになる道を諦め、自分で会社を立ち上げることだ。しかし何をすればいいのだろう？　コンピューターでも作ろうというのか？　それとも会計ソフトを開発するか？

しかし彼は、少なくともどこから手をつければいいのかはわかっていた。もし日本にいて、テクノロジーの世界で起きていることをじかに感じたければ、行く先はひとつしかない。それは秋葉原である。

ハイテクに関心を持つ人であれば、世界中のだれもが、この名前を聞くだけでパブロフの犬よろしくヨダレを垂らしてしまうだろう。東京にあるこの小さな地区には、最新のエレクトロニクス製品やゲームを扱う店が立ち並んでいる。かつてニューヨークのタイムズスクエア周辺に、カメラやエレクトロニクス製品の店が軒を連ねていたが、その雰囲気に近いだろう。現在の秋葉原で営業しているカメラ店はわずかだが、この数十年間、秋葉原はひたすら発展をつづけ、いまやオタク文化の世界的中心地として花開いた。いま秋葉原は、コンピューターやビデオゲーム、日本製アニメ、マンガ、そしてその周辺にあるものすべてを愛するコアなファンを、国境を越えて集める世界規模のコミュニティーとなっている。

このにぎやかな一画は、神田川が東京湾へと注ぐ商業に適した位置にあり、１９４０年代からテクノロジー製品の販売業や卸問屋の中心地として知られてきた。初期には真空管が売られていた秋葉原だが、日本の経済成長に合わせて進化し、コンピューターやステレオ、各種デジタル製品の販売で他を圧倒するようになる。1980年代には、アメリカ、日本、ヨーロッパを席巻したパーソナルコンピューター革命の震源地となっていった。

ロジャースはインスピレーションを得ようと、秋葉原の通りや路地裏をくまなく歩いて情報を集めた。1983年の秋葉原は、きらめくネオンサインと大げさな宣伝文句が踊る看板であふれ、熱心なコンピューター愛好家がさまざまな部品やケース、希少な輸入品などを求めて集まっていた。のちに秋葉原は、ディズニーのアニメと映画「ブレードランナー」がごちゃ混ぜになったような街になり、コスプレをしたアニメファンや、それを見物する野次馬観光客でいっぱいになるのだが、当時はロジャースにとって、コンピューター業界で何が起きているのかを把握するための「研究所」として理想的な場所だった。ここならば次の一手が見つかるだろう。そしてそれが最後の一手になるはずだ。

いろいろなコンピューター販売店をのぞくうちに、ロジャースはいくつかの傾向に気づいた。アップルⅡのファンもいれば、タンディの悪名高いTRS-80（Trash〔ゴミ〕-80というあだ名のほうが有名かもしれない）が好きな人もいる。より本格的なプログラマーやハッカーは、高価なNECのマシンを選んでいる。

しかしどのようなプラットフォームを選ぼうと、ほぼすべてのコンピューター愛好家たち（そのなかには東京にいるロジャースの友人も含まれていた）がそうしたマシンでゲームをしていた。日本人ゲーマーはアクション系やパズル系のゲームを好み、なかでも人気だったのが「倉庫番」である。これは、上から見おろした倉庫の中で、小さなデジタルの作業員を操作して、箱やらクレートやらを押してまわるというゲームだった。それに加えてロジャースは、海外から来たコンピューターに詳しい友人たちのおかげで、日本の外で起きているトレンドについても独自の見識を養うことができた。

ロジャースは時折、電車に乗って「ガイジン」仲間に会いに行き、ＴＲＳ－80のゲーム「テンプル・オブ・アプシャイ」や、アップルⅡのゲーム「ウィザードリィ」で遊んだりしていたのだ。いずれもコンピューター版のロールプレイングゲームで、彼がハワイで学生時代に没頭していた、ボードゲームのダンジョンズ&ドラゴンズとそう変わらなかった。

そこに再現されていたのは、壮大な冒険、ドラゴン、剣をふるう英雄、そしてモンスターが巣食うダンジョンだった。ロジャースはそうした初期のコンピューター版ロールプレイングゲームをひととおり調べて、自分が長らくこうしたものに触れていなかったことに気づいた。ロジャースが日本に来てから諦めてしまっていたたくさんの趣味のひとつが、ダンジョンズ&ドラゴンズである。アメリカではかつてない盛り上がりを見せていたのだが、日本ではほぼ無名の存在で、ごく一部の愛好家が英語版のゲームマニュアルを輸入していただけだった。

ロジャースの頭のなかで、計画がひとりでに形づくられていった。日本のコンピューターユーザーは、だれもがゲームで遊んでいたが、ゲーム業界は任天堂などの大企業が牛耳っており、新参者、とくに外国人がつけ入る隙はまったくと言っていいほどなかった。しかし日本の若者の多くが、コンピューターやゲーム、ファンタジー作品を熱狂的に愛しているにもかかわらず、ウィザードリィやダンジョンズ&ドラゴンズの存在を知らないのである。「未開拓の市場」とは、まさにこのことだ。ファンタジー・ロールプレイングゲームを日本に持ちこもう。ロジャースの心は決まった。

しかしひとつだけ問題があった。彼はゲームのプログラムを書いたことがなく、ましてやロールプレイングのような複雑なゲームをどう開発すればいいのか、まったくわからなかったのである。

そうした懸念はあったものの、自分のアイデアに自信を持ったロジャースは、意気揚々と秋葉原に舞い戻るとＮＥＣ製のＰＣ－８８０１を購入した。当時それは最も高性能なＰＣで、ゲームで遊ぶだけでなく、ゲームを開発するのにも適したマシンだった。価格は1万ドル相当。けっして安い投資ではなかったが、彼はそれが宝石ビジネスから一生足を洗い、コンピューター業界で成功をつかむ絶好のチャンスになると確信していた。

ゲームの開発経験がなかったこと、そして「なぜダンジョンズ&ドラゴンズ風の優れたコンピューターゲームがまず見つからないのか」をよく考えてみなかったことが、ロジャースに幸いした。もしそうでなければ、自分のＮＥＣ製コンピューターに備わる64キロバイトのメモリで、「剣と魔法の冒険」を開発しようなどという発想自体が、正気の沙汰《さた》ではないことに気づいてしまっただろう。

ロジャースはこの新たなプロジェクトに打ちこみ、キャラクターやさまざまな設定、ストーリーをデザインした。すべてをひとりで手掛けていたため、プログラムのコーディングだけでなく、作画や脚本までやらなければならなかったのである。

乗り越えなければならない壁は、開発を始めてすぐに現れた。ウィザードリィなど、当時人気だった海外のＲＰＧは、ロールプレイングの一般的な約束事についてプレイヤーがそこそこ慣れ親しんでいることを前提にしていた。コンピューター版ＲＰＧのプレイヤーは、ほぼ全員がダンジョンズ&ドラゴンズもプレイしていたのである。しかし日本では、ロールプレイングを趣味にしている人は存在していないに等しく、ロジャースはロールプレイングゲームのことをまったく知らない人のためにゲームを作らなければならなかった。

最初の挑戦は、どうやってキャラクターを「振る」かである。この表現は昔のアナログなD&Dが由来なのだが、D&Dではキャラクターを作成する際、多面体サイコロを振ってランダムに得られた数値を使う。そうやって新しい冒険者のストレングス（腕力）やインテリジェンス（知力）などの属性を決めていくのだ。このようにキャラクターを「振る」のは、「フォールアウト」や「ワールド・オブ・ウォークラフト」といった現代のコンピューターRPGにまで受け継がれている要素なのだが、日本のプレイヤーにはなじみが薄く、彼らを遠ざけてしまう一因になる可能性があった。

キャラクター作成をシンプルにしてしまえば、ゲーム本体やモンスターのための容量をたくさん確保することができる。そこでロジャースは、キャラクター作成を独立したプログラムとして開発し、そこでプレイヤーがキャラクターの頭、服装、名前を選べるようにして、属性の値はプログラム側で決めてしまうようにした。そうして作成されたキャラクターのデータはカセットテープに保存され、それからゲーム本体がロードされるのである。

キャラクター作成の仕組みは、ロジャースがこのゲームのために開発した、数多くのショートカットのひとつだった。彼は時間とコンピューターのメモリを節約するために、本能的に新しい仕組みを見つけていったのである。モンスターはとくに厄介だった。いずれもユニークなデザインで、そのアニメーションは貴重なコンピューターのメモリと処理時間を食いつぶしてしまっていた。彼は当時流行していたアクションゲームを参考にしていたのだ。そうしたゲームでは、すばらしいアニメーションでモンスターが描かれていて、6種類の動きが表現されているものまであった。戦闘シーンが中心のゲームであれば、最大でも5種類くらいのモンスターを登場させるので十分だろう。しかし別の世界にある魔法の国で、広大な地下迷宮を舞台に繰り広げられる冒険譚《ぼうけんたん》を描くには、もっとたくさんのモンスターが必要だった。

複雑にするのは避けよう、彼はそう心に決めた。それぞれのモンスターに施すアニメーションは1つだけ。プレイヤーにとっては冒険と自分のキャラクターのほうが重要なのだから、それで十分だろう。モンスターの動きをそぎ落とす実験は上手くいき、すぐに30種類の怪物たちが生まれ、暗い空間をさまよいはじめた。

現在では、3Dグラフィックスはあらゆるゲームで導入されている。ビデオゲームが遊べるコンピューターやゲーム機は非常に高性能で、1秒間に30回から60回もの描画を行ない、ゲームのキャラクターから背景に至るまで、流れるような3Dグラフィックスをリアルタイムで表示することができる。

しかし1980年代初頭は、現在からは想像できないほど遅れていた。そのためロジャースなど初期RPGのゲームプログラマーは、疑似的な一人称視点の地下迷宮を、プレイヤーが動くたびに壁を描きなおすことでだましだまし表現していた。それは、黒い背景に数本程度の線で描かれるという単純なものだったが、それでもロジャースのコンピューターには測り知れないほどの負荷だった。描画があまりに遅いため、冒険者の歩みに合わせて迷宮の壁が動いているというよりも、ロジャースにはカーテンが開いたり閉まったりしているように見えた。

「根本的な問題はプログラムをベーシックで書こうとしていることだ」。ロジャースは気づいた。ベーシックは基礎的なプログラミング言語で、彼が大学以来使ってきたものだが、もっと良い言語があるはずだった。そして見つけたのが、アセンブリ言語である。このほうが3Dイメージを表現するのにずっと適していた。これをきっかけに、ロジャースの創造力が堰《せき》を切ったように流れ出し、ゲーム開発はスムーズに進みはじめた。彼はゲームに必要な要素を分割し、テキストやストーリー、ゲーム内部の処理をベーシックで行ない、一人称視点での地下迷宮の描画をアセンブリ言語で行なうことにした。

いよいよゲームが具体的な姿を見せてきた。そろそろ名前が必要だ。ロジャースが過去6年間にしてきたことといえば、宝石商以外にはなかった。それにはいやな思い出しかなかったが、彼はゲームにこんな名前をつけた――「ザ・ブラックオニキス」。

この時点では、ゲームは英語版しかなく、日本市場で売れるものではなかった。日本に何年も住み、日本人女性と結婚し、日本で子育てをしてきたにもかかわらず、ロジャースの日本語はほとんど使い物にならなかった。そこでロジャースは、英語と日本語の両方に堪能な学生を数人雇い、ゲームのテキストの翻訳や、マニュアルの作成を任せることにした。

けっきょくのところ、「ザ・ブラックオニキス」自体のデザインやプログラミングは、それほど難しい話ではなかった。ほんとうの問題は「どうやって市場に参入するか」であり、それを解決するには、日本の暗澹《あんたん》たるビジネス界へとふたたび漕《こ》ぎ出すしかなかった。ところが家業での数年間の経験は、まったくと言えるほど役に立たなかった。商品の売り買いの大部分は継父が担っていて、帳簿も彼の頭のなかにあり、正式な会計作業というものがほとんど行なわれていなかったのである。ロジャースに任されていたのは物理的なエンジニアリングの作業で、たとえばルビーとサファイアをセ氏1900度に加熱して、変色させることのできる専用の炉を作るといった具合だった。

何か月にもおよぶ開発のあいだ、ロジャースは家族の生活を支えなければならなかった。そこで彼は投資家を頼り、最初の会社の所有権を半分渡すことと引き換えに、約5万ドルの資金を手にした。ビジネスに不慣れだった彼は、ザ・ブラックオニキスを破滅させかねないミスをいくつも犯してしまうのだが、これもそのひとつだった。そして次の危機は、発売元になって、製造や流通を助けてくれるゲーム会社を探すときにやってきた。ソフトウェアの発売や販売に詳しくなかったロジャースは、ちょうど地下迷宮を剣も持たずに探索するプレイヤーのように、ほとんど丸腰のまま交渉に臨まなければならなかったのである。

はじめに行ったある小さな会社との交渉は、奇妙なものになった。ロジャースは家族経営のソフトウェアの発売元を訪ね、ザ・ブラックオニキスのプロトタイプを披露した。相手が感銘を受けた様子だったため、ロジャースが社長に契約を切り出したところ、こんな答えが返ってきた。「マーケティングやPR、製造、広告などいっさいのコストは考えなくていい。それについては私たちのほうでやるので、残ったものを山分けするとしよう」

それはきわめて異例なことだった。とくにロジャースのような駆け出しのプログラマーに、このような提案がなされるのは珍しかった。とはいえ異例ではあったが、異常な提案ではなかった。さらに言えば、彼はそのような契約を結びたいという下心があった。ソフトウェア発売を委託し、その各ステップでどのようなコストが発生するのかを内側からの視点で学ぶことができれば、次のゴールを目指すうえでおおいに参考になる。つまり自分のソフトウェアの発売会社を立ち上げ、仲介業者を迂回することができるのだ。

ロジャースと社長はその場で握手を交わし、問題は解決したかに思われた。ところがそのとき、部屋の奥のほうから1人の女性が飛び出してきた。「会社にお金を出しているのは私なんだから、今回の件も決定権は私にあります」と彼女は宣言した。そして、たったいま握手した契約の内容を白紙に戻すと告げた。彼女は売り上げの一定のパーセントをロジャースに渡すだけで、それ以上の支援はしないつもりだったのである。それだと手にする利益の額は変わらないかもしれないが、自分の会社を立ち上げる際に必要となる、会計や具体的なコストに関する情報は得られなくなってしまう。

彼は妻の両親に援助をしてもらっていたため、契約を結ばなければならないというプレッシャーを感じていた。これはたんにゲームを売るための契約なのではない。家族を養うための契約なのだ。同じ状況に立たされれば、だれもが条件の変更をのんで契約を結び、開発費を回収して、少しでも利益が出るだけの売り上げが達成できるよう祈ることだろう。しかしロジャースは、1本のゲームを開発

テトリス・メモ5

2014年にロシアのソチで開催された冬のパラリンピックでは、閉会式の際にテトリスがモチーフとして使われた。

して他の発売元を通じて売るというのでは、彼が望むような長いビジネスにはできないことを理解していた。次に話を持ちかけるあてはなかったが、こう返事した。「先ほどの条件で契約を結べないというのであれば、話はここまでですね」。そして、そのまま立ち去った。なんの経歴も持たないフリーランスのゲームプログラマーにとって、発売についての対案も出さずに交渉のテーブルを離れるというのは、ギャンブルに等しい行為だった。

しかし運はロジャースに味方していた。次にソフトバンクが話を聞こうと言ってくれたのである。ソフトバンクはのちに巨大なメディア企業になるが、当時は中堅のソフトウェア流通業者だった。ロジャースはザ・ブラックオニキスのプロトタイプを抱えて交渉に臨み、どこか協力してくれそうな発売元を紹介してほしいと頼んだ。簡単に説明すると、ソフトをパッケージにして広告を打ったりマーケティングを行なったりするのが発売元で、完成したパッケージを倉庫に保管して小売店に出荷するのが流通業者である。

しかし返ってきたのは、ロジャースが予想もしていなかったアドバイスだった。発売元を見つける必要はない、というのだ。「奥さんに電話の応対をしてもらうだけで十分です。ゲームのパッケージを製造してくれる会社を紹介しましょう。弊社が支払いを済ませたあと、そこから彼らに支払いをすれば大丈夫です」。それは魅力的な提案だった。ロジャースがザ・ブラックオニキスの入ったフロッピーディスクの製造費を支払うだけで、ソフトバンクはそれを３０００本買い取ると約束してくれたのだ。あけみは会社立ち上げを支援し、電話の応対もして、ロジャースひとりの活動をソフトウェア会社に見せかけるための協力をしてくれた。

　ロジャースの友人が見つけてくれたバグやエラーをプログラムからすっかり取り除き、ゲームを完成させるころには、1983年も末に差しかかろうとしていた。欧米諸国ほどの規模ではないものの、日本でもクリスマスにはプレゼントを贈り合う習慣があり、ザ・ブラックオニキスもそれに合わせて発売することが計画されていた。ロジャースは手塩にかけた自分の作品に自信があったため、当時一般的なソフトウェアの販売価格であった6800円ではなく、プレミアムを載せた7800円で売るという危険な賭けに出ることにした。このゲームで少なくとも40時間は遊ぶことができる。他のソフトより高く売るだけの価値はあるはずだ、と考えたのだ。

　こうして価格も決まり、あとはパッケージ用に目を惹くようなカバーアートを作成して、日本のコンピューター雑誌に広告を掲載するだけとなった。

　カバーアートについては、ロジャースはハワイにいる大学時代の友人に頼ることにした。その友人は、1970年代の学生寮の部屋に貼ってあったような、壮麗な絵を描いて送ってきた。カルト的な人気を誇るファンタジー系絵画のアーティスト、フランク・フラゼッタ風にまとめられたその絵には、上半身をはだけた筋骨隆々の男が、怪物たちに向かって剣を振り下ろそうとするシーンが描かれていた。それはすばらしい作品だったが、英雄の冒険譚という文化に慣れていない日本の消費者には、このゲームがどのような内容なのか、伝わらないおそれがあった。実際に、最後の資金を投げ打って、この絵を雑誌の広告に掲載したときも、反応らしい反応はほとんどなかった。

　一方、ソフトバンクからクリスマスまでに3000本発注するという約束を得ていたのに、それもあっさり反故《ほご》にされてしまった。「申し訳ありませんが、600本しか発注できません」。そう告げられたロジャースは、足元で破滅が口を開き、自分の会社をのみこもうとするのを感じた。ロジャースは発注の電話が鳴ることに一縷《いちる》の望みをつないでいたが、ゲームが発売されて1か月が過ぎても、たった1本しか問い合わせの電話はかかってこなかった。

まさに緊急事態だった。ロジャースは計画を変更し、とにかく日本中のだれでも構わないから、ザ・ブラックオニキスに目を向けさせることに全力を注いだ。まず、それまでの広告を取りやめ、壮大だが何も伝わってこない絵を、シンプルなスクリーンショットに置き換えた。実際のゲーム画面がどんな感じなのか、キャラクターがカスタマイズできて、地下迷宮が3Dで表示されるといったことがわかってもらえれば、だれか試してみてくれるはずだ。

この変更は正しい方向へ進む第一歩となったが、ごく小さな変化にすぎなかった。翌月の売り上げも、たった4本だけだった。

もはやビジネスの資金も、蓄えも底をつき、ホコリをかぶったソフトの山に囲まれたロジャースは、家業の宝石商に戻してくれと家族に頭を下げる前に、ダメもとでもうひとつの手を打つことにした。

当時日本には、大手コンピューター雑誌が5誌ほど存在していた。ゲームに特化したものもあれば、より総合的で、ゲームをトピックのひとつとして扱っているものもあった。彼はそうした雑誌に広告を載せていたが、それらにレビュー記事を書いてもらえる保証はなく、実際にどの雑誌も記事にしてくれなかった。

1984年1月、ロジャースは通訳を連れてコンピューター雑誌の出版社をひとつずつ訪ねてまわり、編集者にザ・ブラックオニキスのデモで遊んでもらうことにした。他のソフトウェアとは明らかに異なるゲームだったため、編集者たちはみな面会に応じてくれたが、彼らはそれが実際にどのようなものかまったく予想がつかないでいた。

それはまさに賭けだったと言えるだろう。日本語をほとんど話さない外国人が、だれもプレイしたことのないゲームを携えて、何社もの編集者たちと面会するのである。しかし半信半疑の思いでやってきた編集者を味方に引き入れるための作戦を実行に移すにあたって、ロジャースは天性のセールスマンとしての才能を発揮した。

面会の際には、まずロジャースと通訳が挨拶し、「お名前は何ですか?」と参加者に尋ねる。そしてその答えを、ザ・ブラックオニキスのキャラクター作成画面に入力していくのである。そして服装と顔をオプションのなかから選んでもらい、相手に似たキャラクターを作成する。自分の名前がついた、自分に似ているキャラクターでプレイすることができれば、編集者たちはきっとプレイをつづけたいと思うだろう。ロジャースはそう考えたのである。

ロジャースは通訳を介してゲームの遊び方を説明し、あとは編集者たちの自由にさせ、自分がつくり出した広大なバーチャルワールドで遊んでもらった。家に戻ってからは、時間が進むのがとにかく遅かった。ソフトバンクがそれ以上発注してくることはなく、電話が鳴ることもなかった。

そうこうしているうち、書店に大手コンピューター雑誌の4月号が並ぶころになった。そのどれにも、ザ・ブラックオニキスを詳しく紹介する、熱狂的な記事が掲載されていた。彼の泥臭い戦略が上手くいったのだ。その後の1か月だけで1万本が売れ、さらに翌月も1万本が売れた。それでも日本のゲーマーに行き渡らなかった。

1984年の終わりまでに、ザ・ブラックオニキスは日本で最も売れたコンピューターゲームとなり、ヘンク・ロジャースは続編の準備に忙しい日々を過ごすことになった。しかし日本のゲーム業界の大手プレイヤーたちは、外国人がひとりで経営している会社にトップの座を奪われている状況を、黙って見過ごしてはくれなかった。その後の2年間で、「ドラゴンクエスト」や「ファイナルファンタジー」といった作品がザ・ブラックオニキスの成功につづき、それ以降数十年にわたって遊びつづけられるまでの大ヒットを飛ばすことになった。ザ・ブラックオニキスはこの分野の先駆者となったものの、今日では「日本初のファンタジーRPG」という程度で紹介される存在になっている。

ロジャースは競争の激しいゲーム業界のなかで、新しいニッチ市場を見つけなければならなかった。さもなければ、このまま一発屋で終わってしまう。

6　広がるクチコミ

テトリスがアレクセイ・パジトノフのエレクトロニカ60のなかで誕生しようとしているとき、彼はすでに28歳になっていた。21世紀のドットコム企業のCEOであれば、とっくに会社のひとつでも設立していていい年齢だ。とはいえ、当時の保守的なロシア科学アカデミー（RAS）の基準から見れば、パジトノフはいぜんとして野心的な若手という評価だった。しかしそれは、ソ連にやる気のある若者世代が存在しなかったという意味ではない。コンピューター時代に成人を迎え、成功のチャンスを虎視眈々《こしたんたん》と狙う若者たちが存在したのである。

ワジム・ゲラシモフも、そんな1980年代のデジタルネイティブの1人だった。モスクワの高校生であるゲラシモフは、コンピューターに並々ならぬ関心を持っており、学校で触れることのできるマシンではまったく満足していなかった。ソ連のハイテク業界で働くことを願う16歳の少年にとって、外国のテレビ番組や映画で海外の進んだコンピューター技術を目にしながら、「最先端のハードにまったく手が届かない」と思い知らされる以上に歯がゆいことはなかった。

彼の才能は、おそらく科学者だった母親から受け継がれたものだろう。周囲の人々はその才能に気づいていて、高校のアルカジー・ボルコフスキーという教師はみずから指導者の役割を買って出て、ゲラシモフをドラドニーツィン・コンピューティングセンターの職員たちに紹介した。はじめてセンターを訪問したとき、高校生のゲラシモフの目には、そこはまるでSF映画のセットのように映ったことだろう。

ゲラシモフはセンターの常連になった。というよりも、職員たちは彼の訪問をやめさせられなかったのである。彼はセンター内で徐々に台数を増やしつつあったIBM PCに一目惚《ひとめぼ》れし、研究員の数名を口説き落として許可を得てからは、そうしたMS-DOSマシン上でプログラミングする方法を学びはじめた。そして高度なプログラミングを急速に、しかも独学で身に着け、すぐに研究員たちの注目を集めるようになった。

そうした研究員の1人が、ドミートリ・パブロフスキーである。彼はアレクセイ・パジトノフの同僚で友人であり、テトリスのオリジナル版のコーディングとテストに大きく貢献した人物だった。パブロフスキーはゲラシモフが作ったディレクトリ暗号化プログラムに感銘を受け、当時としては異端だった、コンピューターによるゲーム開発に取り組んでいることを、この新しい友だちに打ち明けた。しかしパブロフスキーが開発していた古臭いゲームには、致命的な欠点があった。彼らがプログラムを組んでいたのは、消費者向けのハードウェア上ではなく、すでに当時としても痛々しいほど時代遅れとなっていた、部屋ほどの大きさがある巨大なメインフレーム上だったのである。

パブロフスキーは手招きして言った。「私のゲームを少し見せてあげよう」。それは、ゲラシモフがゲームをMS－DOSに移植する手助けをしてくれるのではと期待してのことだった。コンピューターを知りつくした16歳の少年が、ビデオゲームの開発に携われるチャンスを見逃さないのは、いまも昔もいっしょだ。パブロフスキーの申し出を受けたゲラシモフは、すぐに協力を約束した。彼らはいくつかのプロジェクトに取り掛かることにし、パブロフスキーはゲラシモフにソースコードを渡した。24時間もたたないうちにゲラシモフは戻ってきた。彼は、パブロフスキーが開発したのとほぼ同じ内容のプログラムをIBM PC上で再現し、走らせて見せた。2つのまったく異なるコンピューター体系のあいだでソフトウェアを移植するという離れ業を、この十代の少年はたった1日でやってのけたのである。

ゲラシモフがIBM PCへ移植を成功させたことはもちろん喜ばしいことだったが、パブロフスキーにはもうひとつの狙いがあった。じつはこれはテストで、ゲラシモフは本人が知らないうちに、より重要なプロジェクトに参加できるかどうかを試されていたのである。

ゲラシモフがその才能を証明したことで、パブロフスキーはRASの別のプログラマーに自信を持って彼を紹介することにした。そのプログラマーとは、アレクセイ・パジトノフである。「最先端のコンピューター研究所に出入りできる」という特権を得て勢いに乗っていたゲラシモフは、年上の研究員とも対等に技術的な会話をすることができた。垂れ下がったボサボサの巻き毛の奥にワイヤーフレームの眼鏡をかけ、一心不乱にキーボードに覆いかぶさる姿は、もはやベテランの域に達していた。

パブロフスキーとパジトノフは、ゲラシモフと少し話をしただけで、彼がすでに自分たちを上まわるコンピュータースキルを備えていることを理解した。彼はコンピューター時代に生まれた人でなければ理解できないようなコーディングの言葉を話すのだ。パジトノフがはじめて原始的なコンピューターに触れた年齢のころには、ゲラシモフはパスカルやベーシックといったコンピューター言語、そしてMS－DOSを自在に操れるようになっており、さらには他の人が作ったプログラムのデバッグに非凡な才能を見せていたのである。彼はソースコードのなかから、プログラムが正しく作動するのを妨げているエラーを発見し、その構造や構文を修正して意図したとおりに機能させることができた。

自分のゲーム開発を次のレベルに引き上げられる人物は、彼にちがいない。パジトノフはそう感じた。ゲラシモフは障害対応請負人としての評判を確立していて、年上のコンピューター科学者が書いたプログラムをデバッグする代わりに、いくらか小遣いをもらうことまで始めていた。

パジトノフ、パブロフスキー、そしてワジム・ゲラシモフの3人は、ドラドニーツィンで夜遅くまでブレインストーミングをした。だれも資本主義の信奉者になったり、好奇心旺盛で頭でっかちな他の若者と比べて特別強くソ連の社会システムに反対したりするつもりはなかったが、プログラムを開発して販売するというアイデアが彼らの心の奥底に芽生えはじめていた。いくつかのゲームをまとめて1つのパッケージにすれば、商業的価値を生み出すことができるのではないだろうか。ゲラシモフはこのパッケージのために、「コンピューター・ファンフェア」という名前を考えていたほどである。ここには、エンターテインメント・ビジネスに対する鋭い感覚とまではいかないまでも、進取の精神が見て取れた。

しかし彼らの前には、大きな壁が立ちふさがっていた。法律、官僚制、心理というその壁は、とても乗り越えることができないもののように思えた。とくにゲラシモフにとって、知的財産を生み出して売るという概念は、絵や本棚を売るといった概念とは異なりつかみどころがなく、頭にすんなりと入ってこなかった。それはきわめて異例な行為だと見なされるだろうと、彼は目の前の同志たちに訴えた。彼はこれまで、起業家のようにリスクを取る行為をしたことがなかったのである。

3人はこのアイデアをいったん棚上げにし、各自が持つゲームの設計、調整、プログラミングのスキルを磨くことに注力した。パジトノフはやがてテトリスとなるプログラムについては胸にしまい、ゲラシモフが重要なプロジェクトを遂行できるという確信が得られるまで、この若い友人を注視することにした。

彼らが取り組んでいたもののなかには、センターの壁の裏にこっそり隠されていた西側諸国のコンピューターゲームのリメイクも含まれていた。他にも彼らは、コード片のライブラリーを充実させたり、アスキーアートや効果音などに使えるテクニックを増やしたりして、ゲームソフトに追加していった。なかには現在も存在しているプログラムがあり、そのひとつである「アンティクス」はパブロフスキーの主導で生まれたものだ。

鉄のカーテンの向こう側にもコンテンツ・クリエーターたちがいて、西側の国々と同じような後ろ暗い秘密を抱えていた。彼らは他人の作品をコピーしていたのである。しかし「模倣は最大級の称賛」であるだけでなく、自分自身の創造的活動にはずみをつける最良の手段であり、すでに成功している作品を参考にして、自分のニーズに合ったものを作り上げればいいのだ。

それがまさに、パブロフスキーのゲームであるアンティクスに起きたことだった。だれに話を聞くかによるが、それは「ゾニックス」という西側のゲームのオマージュであり、コピー作品だった。事実、パブロフスキーとゲラシモフが何をしているのかわかりやすくするために、このゲームは開発期間中「アンチゾニックス」という名前で呼ばれていたのである。

ゾニックスという名前は初耳だという方も、心配は無用だ。聞いたことがあるという人のほうが少数派だからである。1984年にオリジナル版が発表されたこのゲームは、それ自体が大ヒットしたアーケードゲーム「クイックス」の派生作品だった。現在ではほとんど忘れ去られているが、クイックスは1981年にタイトー（「スペースインベーダー」を開発した会社として有名だ）が発表したアップライト型のアーケードゲームで、そのジャンルではまちがいなくB級に分類される作品である。パックマンのモンスターや、「ドンキーコング」の巨大ゴリラに比べて抽象的なクイックスは、より年齢が高く、そしておそらくより知的レベルの高い層に受け入れられた。そしてそのなかには、パジトノフや彼の仲間たちも含まれていた。テトリス同様、クイックスは空間的なつながりや即興で形成される構造といった特徴を持つゲームだったのである。

クイックス（もしくはゾニックス、アンティクス）は、何も表示されていない黒い画面からスタートする。オリジナルのアーケード版クイックスでは、プレイヤーが動かすキャラクターは小さなダイヤモンド形をしている。これが画面内を動きまわるのだが、直角に曲がることしかできない。そしてこのダイヤモンド形のキャラクターが通ったあとには、白い線が残るようになっている。

こうして長方形のフィールド内に縦横の線を描き、四方を線で囲まれた領域ができると、その領域内が塗りつぶされ、立ち入れないようになる。これをたんなるお絵描き以上の行為にするのが、タイトルにもなっているクイックスの存在だ。ビデオゲームにはさまざまな悪役が登場するが、彼らが集まる「悪役の殿堂」があったとしても、クイックスがその仲間入りをするのは難しいだろう。それは１ピクセルの幅しかない単純な短い線で、バトンのようにクルクルと身をくねらせながら画面内を縦横無尽に跳ねまわっている。そして不規則に暴れるクイックスに触れてしまうと、即ゲームオーバーになる。

ゲームが進めば進むほど、線で囲まれた領域が増えて移動できる空間が小さくなるため、クイックスをよけるのは難しくなる。こうしてクイックスにぶつからないようにしながら、画面の75パーセントを塗りつぶすことができれば、次のレベルに進むことができる。

他にもさまざまな難関や敵が用意されているのだが、以上がクイックスの基本的な内容だ。１９７０年代の終わりから80年代の初頭の時期でさえ、ゲーム業界では「ディフェンダー」やのちにタイトーの新しいヒット作となる「バブルボブル」に代表されるように、ありきたりなＳＦやファンタジーのギミックに凝り固まっていた。そんななかで、クイックスのような高度に抽象的なゲームが企画会議を通過し、そのうえ短期間のうちにゲームセンターや喫茶店の定番となったのは驚きと言える。

あなたが１９８０年代にゲームセンターに足を踏み入れていたくらいの年齢で、クイックスのことを覚えていないとしたら、その理由はクイックスが持っていた斬新さが急速に失われてしまったからだ。レベルが上がっても何かが変わるわけではなく、プレイヤーを惹《ひ》きつけるカラフルなキャラクターも、背景となるストーリーも存在しない。タイトーの役員はのちに、この抽象的なゲーム（本質的には線とブロックでしか構成されていない）のコンセプトは、多くのプレイヤーを当惑させるものだったと苦々しく語っている。

とはいえ、このゲームには少数ながらも熱狂的なファンが生まれ、彼らの多くは自分たちのオリジナル版や続編を作成した。その結果、ゾニックスやアンティクス、スティクス、フォーティクスといったゲームが誕生したのである。気を散らせるだけのストーリーやマンガのようなマスコットを使わずに、空間や構造物を使ってビデオゲームを作るというのは優れたアイデアだった。クイックスとその派生作品は、まちがった時代に、まちがった形で登場してしまっただけなのだ。そしてドミートリ・パブロフスキーとワジム・ゲラシモフの貢献がなければ、テトリスも同じ運命をたどっていたのかもしれない。

しかしアンティクスの場合、コンピューターのハードウェアに接する機会があり、さらにコンピューター科学や数学に精通した人々という観客が周囲に存在していた。アンティクスはRASのプログラマーの練習用プロジェクトとして認知されたほどである。その基となったゲームであるゾニックスは、コンピューティングセンターの人々が触れることのできたわずかなゲームのひとつで、自由に配布されていた。それはテトリスがそうなるよりも前に、クチコミで流行したゲームとなり、ドラドニーツィン・コンピューティングセンター内のほぼすべてのコンピューターで遊ばれるようになった。そしてそれは、当時モスクワでごくわずかしか存在しなかったパーソナルコンピューターの一部にまで伝わったのである。

アレクセイ・パジトノフはゲラシモフのプログラミングスキルに感銘を受けていた。しかも彼はまだ高校生だ。パブロフスキーが彼を紹介してくれたタイミングも完璧で、ちょうど新しいアイデアが形になろうとしていた時だった。いっしょに働きはじめると、すぐにパジトノフはゲラシモフを呼び出し、以前のものとはまったく異なる特別なプロジェクトを見てみる気はないかと誘った。テトリスの構想が固まり、その名前が決まるのは、まだ数か月先だった。しかしパジトノフは、パズルとゲームの可能性と、それら2つを組み合わせるというアイデアを延々と語っていた。ゲラシモフはその話に興味をそそられ、パジトノフがデザインし、プログラムしたゲームの完成版を遊んでみて、彼の言うことがどこまで正しいのか確かめてみたいと思うようになった。

しかしそのとき画面で見ることができたもの、つまりまだ「遺伝子工学」という名前で呼ばれていたプロトタイプ版のテトリスがその答えではないことは明らかだった。ゲラシモフはカーソルボタンを叩《たた》いてテトリミノを動かし、画面上でさまざまな図形をつくったが、それで何が面白いのかピンと来なかった。ゲームの目標もわからなかったし、何よりその作業が退屈に感じられたのである。

ゲラシモフは肩をすくめた。あらゆるアイデアが優れているわけではないし、3人には他にも探究するテーマがいくつもあったのである。パジトノフがゲラシモフの薄い反応にがっかりしていたとしても、彼はそれを表に出さなかった。実際のところ、彼自身もこの初期バージョンがそれほど面白くないことは重々承知していたのである。それでも子供が遊ぶパズルであるペントミノに、コンピューターのインタラクティブな体験を掛け合わせるという発想には可能性を感じさせるものがあり、ゲラシモフは猟犬のようにそれに噛《か》みついて放さなかった。すでに彼の頭は回転を始め、このゲームをどう修正すべきか、考えをめぐらせた。そしてそれが、最終的に「テトリス」と呼ばれるようになるものに結びついていくのである。

「遺伝子工学」のお寒い披露から数か月がたち、パブロフスキーがゲラシモフの力を借りてクイックス（あるいはゾニックス）のアンティクス版を完成させたあとで、パジトノフはテトリミノの改良に乗り出す準備が整った。3人が定期的に開催していたブレインストーミングのセッションの場で、彼は新しいバージョンのコンセプトを発表した。それは旧バージョンの要素を継承しながらも、よりわかりやすく、より挑戦的なものになっていた。

細長い円柱形のグラスのなかへ、上からテトリミノを落とし、下のほうにためていくというのはどうかと、パジトノフは絵を描きながら説明した。たしかにそれであれば、プロトタイプ版のように無意味に図形を作っていくよりも、優れたアイデアのように感じられた。しかし少なくともその時点では、パジトノフは他の2人にプログラミングをしてもらおうとは考えていなかった。ゲラシモフとパブロフスキーが次にテトリミノの話を聞いたとき、パジトノフはひとりで長時間におよぶプログラミングを終え、アイデアを具体化したゲームをエレクトロニカ60の上で実現していた。

その新しいバージョンでは、古いバージョンで良くないと思われた部分がすべて改善されていた。ゲームはこれ以上ないというほどシンプルなもので、色もなければ音もなく、ムダな装飾や、スコア機能すら付いていなかった。しかし基本的な要素はすべてそろっていた。何週間も夜遅くまでプログラミングして完成させ、「テトリス」と名づけたそのゲームをパジトノフがお披露目する様子を、ゲラシモフとパブロフスキーは見守った。

ゲームをどうやって遊ぶか、という説明は不要だった。ビデオゲームという概念は、多くのロシア人にとって（プログラマーですら）外国語と同じぐらいなじみの薄いものだったが、テトリスはそんな障壁などわれ関せずで、説明書や図解抜きで、純粋にデザインだけでその意味や操作方法を伝えることができたのである。ゲームを始めれば、すぐにルールをのみこむことができ、幼児が積み木でより高い塔を作ろうとするのと同じような、本能に訴えるものがあった。

ただテトリスという名前については、ちょっと奇妙だとゲラシモフが言った。「テトリミノ」と「テニス」からつくった造語だとパジトノフが説明しても、なぜこれほど抽象化した名前にする必要があるのか、ゲラシモフは理解できなかった。しかもこの単語には外国語の響きがあった。１９８４年のソ連は、愛国者であるという姿勢を崩せるような場所ではなかったというのに、である。

しかし、パジトノフはこの名前にこだわった。ゲラシモフとパブロフスキーとの共同作業からテトリスを遠ざけていたように、パジトノフは「テトリス」という名前に、それが自分のプロジェクトであることを示す印を残したのだった。

こうしてテトリスの第1版が公式に誕生したが、パジトノフは新たな悩みを抱えることとなった。まだおおっぴらに資本主義を信奉していたわけではなかったが、このゲームを販売できる製品にするという発想が、彼の心から離れなかったのである。すでにこのバージョンのテトリスは、時間を忘れさせるほどの中毒性があるゲームになっており、コンピューティングセンターのなかをクチコミで広がりつつあったが、これに1ルーブルでもお金を払ってくれる人は現れそうにもなかった。

それにまだ、テトリスはさまざまな問題を抱えていた。まずこのゲームは、徹底したミニマリズムが貫かれていたにもかかわらず（逆にそうであるからこそ）、優れたデザインとゲーム性を実現していたものの、商業的に成功するためにはもっと洗練させる必要があった。

映画やテレビは、数十年かけて表現を洗練させてきた。とくに特殊効果については目をみはるものがある。ソ連国民のほとんどが映画「スター・ウォーズ」シリーズを観ていなかったとしても(同作品はソ連内では大々的に公開されなかった)、彼らは映像の進化と、それがもたらすより大きな文化的な現象について理解していた。またソ連はSF分野で独自の伝統を誇り、古くは小説、近年では映画(「惑星ソラリス」や「ストーカー」など)の形でさまざまな作品が生み出されていた。ソ連内では特殊効果技術に関する知識は限られていたが、これらの作品は低予算でありながら、それを効果的に活用していたのである。

それらと比べるとパジトノフのテトリスは、テトリミノをアスキーアート(文字や数字、特殊文字のみを組み合わせて絵を描く行為で、冗談半分で使われる場合も多かった)で表現するなど、粗削りの作品と言わざるをえなかった。コンピューターを使ったものであろうとなかろうと、ゲームのおもな目的とは、なんらかの競争を行なうことにある。複数のプレイヤー同士が対戦する場合もあれば、1人のプレイヤーがコンピューターと競う場合もある(その意味ではテトリスはソリティアに近い)。しかしスコアや履歴が記録されなければ、1回1回の勝負が終わったらそれきりになってしまい、どんなにすばらしい結果が出てもあとに何も残らなくなってしまう。

1981年ごろからすでに、アメリカのビデオゲームプレイヤーたちは、アーケードゲーム機のなかでハイスコアの記録と共有を行なっていた。記録サービスを提供するツイン・ギャラクシーズのような企業が登場し、トッププレイヤーたちを表彰してきた。さらに重要なのは、そうした企業が80年代のゲームシーンを人間対マシン(あるいは人間対人間)の競争に釘づけにしたことである。

もうひとつ重要なのは、日本やアメリカから輸入される成功したゲームの多くが、ファンタジックな物語やマンガのようなキャラクターを軸に構成されていた点である。すでにパックマンはアーケードゲームから家庭用ゲーム機への進出を果たし、スペースインベーダーのようにミニマリズムを追求した古典作品ですら、「スペース」「インベーダー」というきわめて適切な単語を用いることで、Ｂ級ＳＦ作品の世界をつくり上げていた。それにより、ゲーム自体は必要最低限の機能しかないシューティングゲームであるにもかかわらず、ロジャー・コーマンがプロデュースしたＢ級映画作品のような、ドラマ性やエネルギーを帯びることとなった。

こうした要素の1つや2つが欠けていたとしても、テトリスは成功したかもしれない。しかし美しいグラフィックスやスコア、音、物語、キャラクターがなければ、あまりに抽象度が高くなってしまい、コンピューティングセンターのプログラマーという、きわめて限られた人々を越えて広がることは難しかっただろう。

そして最大の問題だったのが、パジトノフがエレクトロニカ60で開発を行なっていたという点である。この特殊で、とっくの昔に時代遅れになった西側のコンピューターの模造品にテトリスを縛りつけておいては、普及において大きな障害となることはまちがいなかった。ＲＡＳのなかでもエレクトロニカ60を使っていたのはほんのひと握りであり、これからはじめてコンピューターを買おうとする人が選ぶようなマシンでもなかった。パジトノフは最高のプロトタイプを作り上げたが、それで遊べるのはごくわずかな人々だった。

世の流れは、ＭＳ－ＤＯＳを搭載したＩＢＭのマシンに向かっていた。それは今日でもパーソナルコンピューター市場を支配する、ウィンドウズ搭載マシンの先駆けとなるものだった。

さらに重要なのは、ＩＢＭがつくり上げた生態系が広範囲に普及していたという点だった。１９７０年代後半から80年代初頭にかけてカルト的な人気を博していた、初期のアップル製コンピューターと異なり、１９８１年に発表された最初のＩＢＭ ＰＣはきわめてシンプルだったため、クリエイティブなコンピューター起業家たちはそれを容易にリバースエンジニアリングすることができた。そして自分たちの手で、高価な正規のＩＢＭ ＰＣと同じように動くマシンを作り出し、さらに重要なことに、同じソフトウェアを走らせることもできた。さらにＩＢＭと、やがてマイクロソフトとして知られるようになる企業とのあいだには、ライセンスに関して緩い契約しか結ばれていなかったため、コンパックやテキサス・インスツルメンツといった新興コンピューター企業は、「ＩＢＭクローン」あるいはもっと耳になじみのある「ＩＢＭ互換機」と呼ばれるようになるデスクトップマシンを製造、販売することができた。

これらのＩＢＭ互換機は、製造コストが安く使いやすいことに加え、以前のコンピューターでは必要とされていた中間的なステップを省略することで、ソフトウェアとハードウェアとがより高速かつ効率的にやり取りすることを可能にする「ＢＩＯＳ」（コンピューターの基礎となる多くの機能や動作を定義する基本的な命令群）を持っていた。そのためＩＢＭのマシンや他のＭＳ－ＤＯＳコンピューターは、瞬く間にゲームプログラマーのあいだで支持されるようになった。ＢＩＯＳによって、これまでよりずっと複雑な命令や、ユーザーからのインプットに対し、瞬時に反応することが可能になったためだ。

そうしたマシンは、基本的なグラフィックスと色を使って表示することができた。これまでのような、モノクロで128種類の英数字（1963年のASCII規格で定義されたもので、ロシアのキリル文字のように地域によるバリエーションが存在した）しか使うことのできない表示から解放されたのである。

良くも悪くも、IBM型のコンピューターは世界、そしてソ連で新しい標準になりつつあり、一方でアレクセイ・パジトノフのテトリスのコードは、それとまったく互換性を持っていなかった。

幸いなことに、パジトノフには秘密兵器があった。16歳の少年、ワジム・ゲラシモフである。彼はすでに、テトリスをMS－DOSに移植するのに必要な才能を持っていることを証明しており、さらに移植の過程のなかで、自分なりの改善やアイデアを追加することもできた。

完成から数日しかたっていないにもかかわらず、テトリスはすでにパジトノフの同僚のコンピューターエンジニアたちという小さな世界でアングラなブームを起こしていた。彼らは遊ぶために、プログラムが動くわずかなマシンに列をつくったり、あるいは幸運にもエレクトロニカ60や他のDEC製コンピューターの模造品を持っていた者は、プログラムのコピーを手に入れたりしていた。

パジトノフがゲラシモフに相談を持ち掛けたとき、いくつかのゲームをまとめて、民営の製品として販売する方法を探すというアイデアは、いぜんとして宙に浮いたままだった。候補として挙げられていたゲームは、共同プロジェクトとして開発されていたものもあれば（その多くは歴史の闇に埋もれてしまった）、アンティクスのように、パブロフスキー主導で進めていたものもあった。しかしテトリスは、最初からパジトノフ個人のプロジェクトだった。彼が独力でオリジナル版のコンセプトを考え、コーディングしたのであり、「遺伝子工学」と名づけられたプロトタイプ版に否定的な反応を得てからは、開発状況について他人と話すこともなかった。

テトリスは限られた初期のユーザーしかいない世界を飛び出し、人気の高まりつつあるＩＢＭ機とＩＢＭ互換機の世界に乗り出す必要があった。それはゲラシモフのように、異なるコンピューター言語間での移植に天性の才能を発揮する人物にふさわしい課題のように思われた。ところが実際には、事態は思った以上に複雑だった。現代のプログラマーは、高次のソースコードをつくってコンパイルするだけで、各ハードウェア上で実行できる複数のバージョンを作ることができる（同じプログラムのマック版とウィンドウズ版、あるいは同じビデオゲームソフトのＸｂｏｘ版とプレイステーション版といった具合に）。しかし１９８０年代のプログラマーは、もっと手間のかかるプロセスを踏まなければならなかったのである。

現代の移植作業でも、プログラムを異なる端末上で動くようにするには、ある程度の追加作業が発生する。しかしプログラムの大部分には手を入れる必要がない。だが１９８０年代中頃に何らかのプログラムを移植しようと思ったら、よりアナログな作業をしなければならなかった。単純にパジトノフがエレクトロニカ60向けに書いたソースコードを再コンパイルするだけでは、ＭＳ－ＤＯＳ上で動かすことができなかったため、ゲラシモフはオリジナル版テトリスが動くところを観察し、ソースコードを1行1行じっくり読みこんで、文字どおりの意味でこのゲームを「一から作りなおす」必要があった。そうして、できるだけオリジナルと同じような画面で、同じように動くことを目指すのである。それは80年代版のリバースエンジニアリングで、簡単なソフトウェアをあるプラットフォームから別のプラットフォームへと移す際の標準的な手法として、長いあいだつづけられていた。

ゲラシモフはオリジナル版のテトリスが、他のほとんどのゲームに含まれるような要素を削ぎ落とされ、必要最低限のデザインと機能しか用意されていないにもかかわらず、すでに高いゲーム性と中毒性を備えていることを理解できた。しかし彼の才能をもってしても、テトリスの新たなバージョンを作ることは骨の折れる課題で、しかもパジトノフに仕事ぶりを観察されながら進めるというのは難儀なプロジェクトになりそうだった。さらにゲラシモフは、エレクトロニカ60にあまり詳しくなく、じつのところそれでプログラミングした経験はただの一度もなかったのである。

彼はすぐさま仕事に取り掛かった。ＩＢＭ互換機向けのテトリスは、パスカル（本格的なプログラマーには軽視されていたプログラミング言語だが、見栄えのする消費者向けソフトウェアの開発には適していた）で作成されることになった。パジトノフがゲラシモフを急《せ》かしたことで、ＩＢＭ ＰＣで動く最初のテトリスはたった数日で完成した。

しかしたんなる移植では、パジトノフ、ゲラシモフ、そしてパブロフスキーは納得しなかった。このＩＢＭ版のプロトタイプには1日から2日ごとに改修が施され、追加された新たなアイデアや機能は長いリストになっていった。

より進んだハードウェアを使っているにもかかわらず、ゲラシモフが主導してコーディングしたＩＢＭ版のテトリスは、当時西側のＰＣや家庭用ビデオゲーム機で実現できたレベルのコンピュータグラフィクスにはおよばなかった。とはいえ最終的には、エレクトロニカ60版のようなアスキーアートを使ったモノクロの画面よりもずっと魅力的な視覚効果を多少は実現することに成功した。これをあと押ししたのはゲームに追加された新しい要素で、それはあとから追加されたもののなかで最も重要で、数十年が過ぎたいまでも、テトリスを特徴づける最大の要素でありつづけている。

修正とテストの作業を数週間つづけたあとで、ゲラシモフがテトリミノのピースを色で塗り分けるという画期的なアイデアを実装したのだ。現在でもテトリスは、そのブランド展開や公式ルールにおいて、各ピースをその形だけでなく色でも区別している。そのため目の良いプレイヤーは、ピースを形で認識する前に、色を感じ取るだけでそれが7種類のうちどのピースで、どこに移動させるべきかを瞬時に判断できるほどだ。

ゲラシモフが当初開発したバージョンでは、現在のバージョンよりも暗く地味な(そしてよりロシア風の)色が使用されていた。4つの正方形が一列に配置されたピースは乾いた血のような暗い赤、煩わしいZ形のピースは荒れたモスクワの空のような暗い青緑、といった具合である。それとは対照的に、現在の公式版で使用されている明るいオレンジやライムグリーンといった色は、多くのプレイヤーから好評を得ている。

これ以外にも、チームは新たな要素や機能を追加していった。それぞれのバージョンには適当に番号が振られ、数十もの進化途上の形態が作られた結果、最終的にバージョン3・12にまで到達した。

ゲラシモフが「ピースに色を塗る」というアイデアを加える一方で、パブロフスキーはゲームの結果を記録し、ハイスコアを表示するという重要な機能を付け加えていた。この機能が追加されたことで、プレイヤーたちはハイスコアを叩き出して自分の記録を残そうと、何度も繰り返しプレイすることとなった。

パジトノフ自身も、バージョン3・12を繰り返しプレイした。そしてIBM版に取り組みはじめてから2か月後、修正作業はこのぐらいにして、もっとおおぜいの人々に試してもらおうということになった。IBM版はオリジナルのエレクトロニカ60版と大筋では似ていたものの、まったくのゼロから再構築されたもので、あらゆる点でオリジナルより優れていた。見栄えもよければ、遊んでも楽しく、一般的なビデオゲームのようにスコアが記録され、さらに重要なことには、以前よりずっと多くのコンピューターで動かすことができたのである。

このバージョンのコードの大部分を書いたのはゲラシモフであり、その過程で彼とパブロフスキーによって新たなアイデアが追加されたものの、中核にあるこのゲームのDNAはいぜんとしてアレクセイ・パジトノフが生み出したものだった。アレクセイが子供のころに熱中したパズル「ペントミノ」の現代版というおもむきが、厳然と存在していたのである。

ゲラシモフは、この非公式なチームが手掛けたいくつかのゲームとともにテトリスを商用化するという、年上の友人たちが検討していたアイデアに興味を惹かれるようになっていたが、それについては距離を置くようにしていた。コンピューティングセンターへの訪問は歓迎されていたが、それはいつまでつづくのかわからないものだった。ゲラシモフは才能あふれるプログラマーだったが、未成年の彼にRASは正式なポジションをオファーしたくてもできなかったのである。彼は幽霊職員のような存在であり、ちょうどパジトノフが専念していた、公式には存在していないプロジェクトと同様に、コンピューティングセンターのマネージャーから承認を受けていない宙ぶらりんの状態だった。さらに言えば、たとえテトリス（それは自分たちが開発してきたゲームのなかで、スター的な存在であることは明らかだった）を売り買いできるようにできたとしても、所有権を主張して認められるのはＲＡＳだろう。

そのアイデアを考えるだけでも、ゲラシモフは落ち着かない気分になった。ソフトウェアを製造・流通する約束を結ぶのに必要な、民間でのビジネス契約など、それまで聞いたこともなかったのである。

ところが状況は、すぐに一変することとなった。翌年の１９８５年、ソ連共産党の新しい書記長にミハイル・ゴルバチョフが就任する。だれも予想していなかったが、彼は改革者としての役割を演じるようになった。そして3年のうちに、ソ連市民は合法的に自分で会社を立ち上げられるようになり、そこから収入を得ることも可能になったのである。しかしテトリスが完成したのはそれより数年前で、経済自由化のテストケースになるにはまだ早かったのだ。

ゲラシモフにとって、ゲームを商用化するなどというのはまったくの仮説でしかなく、どんなに頑張ってもそれ以上の話になるとは思えなかった。彼はすでに、コンピューティングセンター内で高度なプログラミングに関する個人授業を受けており、自由な時間にはたくさんの貴重なマシンに触れることができた。コンピューティングセンターでの経験は、これ以上ないというほどすばらしいものになっていた。

テトリスの商用化には乗り気ではなかったが、ゲラシモフはＩＢＭ版のタイトル画面で、赤く輝くテトリスのロゴの真下に「ｇａｍｅ　ｂｙ　Ａ・パジトノフ＆Ｖ・ゲラシモフ」と表示されることには心がはずんだ。それはデジタル画面上のクレジットにすぎず、すぐ消えてしまうものだったが、それでも高校生にとって十分に報われる瞬間だったのである。

パジトノフにとって、コンピューターのメモリ上にしかないアイデアを、売買できる製品に変えるというのはけっして仮説などではなかった。しかしどこから始めればいいのだろうか？　パジトノフのビジネス経験は、ソ連内の限られた環境に照らしても、まったくと言えるほどなかった。また彼の生い立ちも役立ちそうになかった。両親はともに作家だったし、他の同世代の人たちと同様、その姿にならったり、そこから学んだりできるロールモデルとなる起業家をほとんど知らなかったのである。

ほんとうの意味でソ連方式でいくのなら、非公式の裏ルートで行なうべきだ。パジトノフはそんな結論に至った。テトリスには偉大なゲームが持つ、中毒性があることはまちがいない。パジトノフの同僚たちは、テトリスのプレイ順をめぐって大声で争ったり、自分のマシンで遊ぶからと、5・25インチのフロッピーディスクにプログラムをコピーしてほしいと要求する者までいた。

ゲラシモフが引きつづきコードの修正とトラブル対応を行なってくれたおかげで、IBM版のテトリスは、当時のコンピューティングセンター内にあったほとんどのMS－DOSマシンで（その内部構成やクロックスピードが異なっていたのに）安定して動くまでに至っていた。ほとんど賞賛されることはないが、バージョン3・12に加えられた一連のタイマーは、処理速度の速いコンピューターでも一定の速度でテトリミノのピースが落ちてくるようにできる優れものだった。

コンピューターのハードウェアは、世代が進むごとにプロセッサーの速度がいちじるしく上がるため（この軍拡競争は今日までつづいている）、この点はとくに重要だった。初期のPCゲームでは、新しいハード上で動かすと、冗談のような速さで動いてしまうということがあったのである。イギリスのコメディアン、ベニー・ヒルのコントのように、画面内のキャラクターがドタバタな競争を繰り広げたり、プレイヤー向けのメッセージが飛ぶように表示され、だれも反応できないほどになってしまったりといったことが、たった半年新型のコンピューターを使うだけで起きてしまうのだ。

テトリスの場合、IBM互換機上であれば、コンマ数秒の単位で同じ動作をさせることができ、これがきわめて重要なポイントになった。タイマーによる遅延が実現できていなかったら、テトリスはまるで一列そろったテトリミノが消えるように、歴史からあっというまに消え去っていただろう。

コピーをほしいというリクエストがひっきりなしに寄せられるのを見て、パジトノフの頭に、あるアイデアが浮かんだ。それは現代から考えても、非常に先進的なものだった。彼はテトリスやアンティクス、その他のゲラシモフとパブロフスキーとともに開発したいくつかのゲームのプログラムをいっしょに数枚のディスクにコピーし、彼らのプロジェクトに関心を示した人に渡したのである。

相変わらずこの2人のプログラマーに憧れていたゲラシモフは、ゲームのディスクを1枚ずつ作成し、信頼できる友人や同僚に配布するという手のかかる作業を助けてくれた。名前こそは捨てられて久しかったが、「コンピューター・ファンフェア」のコンセプトはまだ生き残っていたのである。

それから30年以上経過したいま、ほとんど同じやり方で、独立系のアーティストや小さな企業の作品が配布されている。たとえば音楽は、スポティファイのようなストリーミングサービスを通じて無料で楽しめたり、あるいはスターバックスで配られているような無料のダウンロードカードを通じて配布されたりするようになっている。ゲーム、とくに携帯電話やタブレットでプレイされるもの（ゲーム業界史上、最も成長している分野である）は、基本的に無料で遊ぶことができる。近年登場してきた、この新たな仕掛けは「フリーミアム」と呼ばれ、このモデルでは、ゲームの基本部分を無料で提供して、追加機能をダウンロードしたり、その使用制限を解除したりするのに料金が掛かるようになっている。

もしこの時代にバックエンド技術が存在していたら、パジトノフはテトリスをフリーミアムのゲームとして提供していただろう。テトリスは中毒性のあるゲームで、プレイヤーは一度遊びはじめたら、何時間もぶっつづけでプレイしてしまう。レベルが一定までしか上がらなかったり、テトリミノの種類が少なかったり、プレイ時間が制限されていたりするバージョンであっても、はじめてのプレイヤーを十分に虜《とりこ》にする力があっただろう。そしてフルバージョンを手に入れる際にお金を払ってもらうという流れだが、そうしたオンライン上の少額決済を高い信頼性で実現できるようになったのは、ここ数年のことだ。

自分の開発したゲームを売るビジネスモデル、あるいはプレイヤーによる購入を可能にするテクノロジーがなかったパジトノフにとって、残されていたのは「あげてしまう」という選択肢だけだった。そして中毒性のあるものをタダで配ると、それは野火のように広がって、コントロールできなくなる。

テトリス・メモ6

ギネス・ワールド・レコーズは、テトリスを史上「最も移植されたゲーム」に認定している。テトリスはすでに、65種類以上のプラットフォームに移植されている。

テトリスはまさにそうなった。そのあと押しをしたのは、パーソナルコンピューター時代の広がり、ソ連のグラスノスチ（情報公開）政策、そしてパジトノフのコンセプトとゲラシモフのプログラミングスキルの完璧な融合だった。

当時のモスクワ、そしてロシアの他の都市ではパーソナルコンピューターが普及していなかったことを考えると、それはまさに偉業と言えるだろう。アメリカや欧州諸国では、大量生産された安いPCが出まわるようになったおかげで、多くの家庭で見られるようになっていた。しかしソ連では、コンピューターが設置されているのは大学や研究施設、そして一部の政府関係のオフィスに限られていたのである。当時パーソナルコンピューターが自宅にあるという人は、違法行為を犯すリスクと密輸された商品特有のぼったくり価格を受け入れて、ブラックマーケットで仕入れた可能性が高かった。当時の東側諸国にあったPCのうち、90パーセントがそうして取引されたと推定されている。

それでもソ連ほど巨大な国ともなれば、当時数万台のコンピューターが稼働しており、その多くがモスクワに集中していた。そのためモスクワではテトリスの入ったディスクが入手しやすかった。職場での会議の合間に手渡されたり、仕事のあとに友人のアパートへとこっそりと持ち運ばれたりして、人から人へと手渡しで拡散していった。現在こうした伝達方法は、「スニーカーネット」と呼ばれるようになっている。つまりだれかがスニーカーを履いて出かけていき、データの入ったディスクなどを物理的に相手に届けるというわけである。最先端のシンクタンクや軍事施設では、ごくわずかなマシンで構成された限定的なネットワークしか利用できなかったため、スニーカーネットは当局の鼻先で情報を伝達するのに驚くほど効果的だった。

ウラジーミル・ポヒルコは自分が「体制側」だとは思っていなかったが、いずれにせよ問題を抱えていることにちがいはなかった。彼はモスクワ医療センターの臨床心理学者で、アレクセイ・パジトノフとは顔見知りの仲だった。テトリスの入ったフロッピーを受け取った初めのほうの人間で、受け取るとすぐに医療センターで自分のチームが使っていたコンピューターを立ち上げ、それで遊んでみた。

　テトリスが中毒性を持っていることはすぐにわかった。ポヒルコはテトリミノをキーボードで操作し、高く積み上がったブロックを完成させ、一連のラインが一気に消えていくのを見ては達成感にひたり、置き方をまちがって画面の上までピースを積み上げ、ゲームオーバーを迎えては苛立ちを募らせたのである。

　臨床心理学者として、彼は脳の中で起きていることを合理的に分析し、ゲームの「感情ダイナミクス」と呼ばれるものに自分が操られているのを理解することができた。人間の脳が見せる、予測のつかない類似のふるまいに焦点を当てる学者にとって、厳格なルールと容赦なく進行するコンピューターゲームを研究に活用するという発想は、突如として現れた、研究者の探索を待つ未開の地であるかのようだった。

　そのように感じたのは、ポヒルコひとりではなかった。テトリスに興奮した彼は、ディスクの複製を作り、医療センターの研究者たちに配ってまわった。しかし彼はその意味をもっと考えるべきだった――研究者たちはすぐにテトリスに取り憑《つ》かれてしまったのだ。そしてその反応は、周囲の研究機関へと広がっていった。そこでは人々はコンピューターを扱え、フロッピーの複製が人から人へと際限なく渡っていったのである。

次にパジトノフに会ったとき、ポヒルコは彼に食ってかかり、「これ以上テトリスを手元に置いておけない！」と思いつめたふうに言った。ある夜、職場に残ったポヒルコは、テトリスの最後の1ラウンドをプレイし、翌日の仕事を半分終えた。そして、テトリス中毒者が職場をうろついていないのを確認したあと、テトリスが保存されているディスクを回収すると、それをすべて破壊したのである。

しかしポヒルコとテトリスの関係はそれで終わりにはならなかった。テトリスはそう簡単に医療センターから消え去ろうとせず、すぐに新しいコピーがまわってくるのだった。少なくともスタッフは、今度は仕事とゲームのバランスを取ることに用心するようになった。ポヒルコはこのゲームを患者の心理テストに利用し、さらにはその後の2年間パジトノフとゲラシモフに協力して、ユニークな2プレイヤー版のテトリスの製作に貢献した。それを使って、プレイヤーがテトリスに対してだけでなく、他のプレイヤーとどのようなやり取りをするのかを観察したのである。

このバージョンでは、細長いプレイ領域は上下が一定ではなかった（同様の対戦モードは現在も一部のバージョンのテトリスに見ることができる）。1人目のプレイヤーには、テトリミノが上から下へと落ちてくるのだが、もう1人のプレイヤーには、テトリミノは下から上へと上がっていくのである。そして2人のプレイヤーは、共通の中央線の上に（下に）ラインをそろえて競い合う。ポヒルコはテトリスが持つ独自の性質にいちはやく注目し、それを医学研究のツールとして活用したのだが、そうしたのは彼が最後ではなかった。

ドラドニーツィン・コンピューティングセンターとモスクワ医療センターの外でも、テトリスがクチコミとディスクを通じて拡散をつづけていた。それはまるで、西側から密輸された貴重な映画や本であるかのように、手渡しで広められていったのである。ちがっていたのは、それが完全に国内で始まった現象であり、ロシアのプログラマーが誇れるものであったという点だ。モスクワでは当局に気づかれることなく、多くの人々が日夜テトリスをプレイするようになっていた（そのほとんどが中毒になっていたことはまちがいないだろう）。そしてそのコピーは、サンクトペテルブルクなど、片手で数えられるほどしかコンピューターがないような他のロシアの都市でも知れ渡るようになっていった。

パジトノフはみずからの関与していないところでテトリスが広まっているのを把握しており、それがウイルスのように広がっていくことに驚いた。こんな現象を、それまで見たことがなかったのである。彼が耳にした報告はポツポツと断片的だったものの、テトリスはまちがいなく、一部のコンピューターに詳しいソ連市民のあいだで持ちきりの話題になっていた。

しかし予期せぬ成功を前にしても、パジトノフが手にした対価といえば、ＩＢＭ版のタイトル画面において、ワジム・ゲラシモフとともに自分の名前が表示されることぐらいだった。多くのディスクが友人同士、同僚同士のあいだで渡し、渡されていたが、公式非公式を問わず販売されたものは１つとしてなく、１ルーブルたりとも彼のポケットには入ってこなかった。

じつはそれからすぐに、テトリスは莫大な利益を生むようになるのだが、それが生み出すルーブルやドル、ポンド、そして円は、パジトノフの前に並ぶ無数の人々のポケットに入ってしまうことになった。そのお金がテトリミノのように、たえずパジトノフに降り注ぐようになるためには、テトリスが鉄のカーテンをすり抜け、世界へと飛び出していく必要があった。

BONUS LEVEL 1

これがテトリスをやっているときのあなたの脳だ

さまざまな色と形の幾何学模様がどこからともなく現れ、流星のようにからっぽの空を明るく照らす。そして次の瞬間には天へと戻っていく。

しかしこの現象は終わらない。新たな形がそのパターンと順番を変えながら次々にめまぐるしく現れるので、ひとつひとつにはしっかりと集中することができない。ある者はそれを、砂漠の蜃気《しんき》楼《ろう》であったり、過ぎ去りし日のあいまいな記憶のなかで見た何かの模様のように感じられ、またある者には、閉じたまぶたの裏で踊る花火の残像であるかのように感じられる。

これは、光と動きが心の中で再生されたもので、人間の意識にとって最も重要な2つの要素である反復と時間を燃料とする、シナプスによって再現されたものだ。これが、「テトリス・エフェクト（テトリス効果）」である。医学文献と大衆向けの読み物の両方に登場するこの用語は、パターン化された行為を繰り返し行なうことが最後には個人の思考や空想をつくり出すようになることをさす。テトリスが登場する前であれば、この現象は入眠時心像の一種、または白昼夢と呼ばれていただろう。

臨床心理学者のウラジーミル・ポヒルコは、科学界でテトリスの中毒性にはじめて気づいた人物である。彼はモスクワ医療センターの同僚たちから、友人のアレクセイ・パジトノフからもらったゲームのコピーを隠さなければならなかった。彼ですら、長時間遊んだプレイヤーたちの心が文字どおり変わってしまうほど、テトリスに中毒性があることは予想できなかった。

テトリスは当初、モスクワ周辺の地域で大流行し、「バイラル〔ウイルスのような伝染性のある〕・コンテンツ」の初期の例と言える存在だった。それが中毒性を持つことは最初から明らかだった。なにしろパジトノフがオリジナル版のテトリスを洗練させるのに何日も何週間も費やしたと言われているのは、単純に彼がゲームをやめられなかったからである。

そのような中毒症状が起きるのは、テトリスが手続記憶（繰り返し行なわれる行動を導く記憶）と空間記憶（2Dおよび3Dの物体やそれらの相互関係の理解を扱う記憶）の両方に刻みこまれるからだ。するとテトリスをプレイするだけで、それ自身の名前がつけられた効果が引き起こされる。

休暇旅行に出ようとクルマに荷物を積みこんでいるとき、スーツケースとクーラーボックスがぴったりとはまったテトリミノのように見えたら、あなたは軽いテトリス・エフェクトを経験している。テトリス、あるいはその子や孫にあたるゲーム（ビジュエルドやキャンディークラッシュなど）をプレイしたあとで、視野の周辺にさまざまな形状や色をしたブロックが落ちてくる様子が浮かんだら、あなたはかなり重度なテトリス・エフェクトを経験している。最も極端な例になると、脳の配線が文字どおり再構成されてしまい、情報を記録し、記憶を保持する能力を変えてしまう（それが良い場合もあれば、悪い場合もある）。

テトリス・エフェクトは科学的に認められているものの、その名前が最初に使われたのは学術誌ではなく、雑誌ワイアードだった。ワイアードは過去20年間、他のどんな雑誌よりもいちばん、科学とテクノロジーが一般に受け入れられるように尽くしてきた雑誌である。

多くの人には、週末をムダにしてしまった、という経験があるだろう。酒やドラッグにおぼれる人もいれば、物思いにふけっているあいだに時が過ぎていた、という人もいる。１９９０年、作家のジェフリー・ゴールドスミスはテトリスに6週間も費やした。そしてその過程で、ある種のテクノロジーが強い薬物的効果を持つ可能性があるのを理解するに至った。鮮烈な体験だったため、彼はそれに「テトリス・エフェクト」という名をつけた。シンプルな名前だったことで多くの人の記憶に残り、現在ではその意味が拡張されて、さまざまな心理現象をさす用語になっている。

ゴールドスミスはテトリス中毒になる直前、さまざまなアートと文化を探究する「ジェネレーションX」の1人だった。23歳のときにニューヨークからメキシコに移り住んだのだが、それは多くの人々が喧騒に満ちた都会を離れたのと同じ理由からだった。そうして、小説を書くための孤独とインスピレーションを手に入れようとしたのである。

しかしメキシコで見つけたのは、別のものだった。彼の仮住まいがあった、グアナファトの中心地近くの小さな村は、毎年行なわれる「セルバンティーノ国際フェスティバル」という、演劇やダンス、写真などさまざまなアートが一堂に会する祭典の開催地になっていた。そこでゴールドスミスは、中嶋夏《なかじまなつ》という日本人の舞踏家による演目を目にする。それは幽霊のような白いメーキャップや、細部まで行き届いた緩慢な動きが印象的なパフォーマンスだった。たったそれだけの経験で、ゴールドスミスは日本に移って舞踏文化をもっと深く学ぶことにし、最後にはその宣伝の仕事をするようになった。

１９９０年、ゴールドスミスは日本からニューヨークへと出かけた。滞在中、にぎやかな街のなかでひとつの見慣れないものが彼の目をとらえた。トライベッカ地区の脇道に停まっていたクルマの中の男が、自分が見られているとも知らず、握りしめた灰色の物体に夢中になっていたのである。近づいてのぞきこんでみると、男は当時まだ珍しかった任天堂の携帯型ゲーム機ゲームボーイを両手でつかんで、ゲームに熱中していた。そのゲームがテトリスだったのである。

その光景はゴールドスミスの頭から離れなかっ

た。そして一度気づいてしまうと、あちこちでこのゲームが目に入るようになり、そのたびに人々は手元のゲーム端末をまるでゾンビのように見つめていたのである。彼はそれが面白い文化現象だとは思ったが、それ以上でも以下でもないと考え、頭の片隅に追いやった。

ゴールドスミスが日本へ戻ることにしたとき、田舎暮らしをしながら働く予定を立てていたが、その前に東京へ行って、ドイツ人の友人と1週間過ごすことにした。友人が仕事に出掛けているあいだ時間をつぶそうと、ニューヨーク滞在中にあちこちでプレイされているのを見かけたゲームボーイの日本版を、なんの気なしに手に取った。そしてその当時、ゲームボーイはテトリスのカートリッジとセットで販売されていた。

ゴールドスミスはゲームボーイでテトリスを起動した瞬間、考えが一変した。1週間だったはずの滞在は1か月に延びた。彼はゲームに取り憑《つ》かれていた。時折、食料や乾電池を求めて外に出る以外は、設備の整った小ぢんまりとしたゲストルームにこもりきりになった。ゲームの影響を受けているという自覚は十分あった。コンビニに着くと、彼は軽食やその他の細々としたものを選び、カウンターにカゴを置いてからレジ打ちが終わる瞬間に何食わぬ顔で単三電池を投げ入れていた。コンビニに来たほんとうの理由は、最初からゲームボーイに補充するための乾電池を買うことだったのに。

ゴールドスミスは、自分がこの経験から何を得ようとしているのかもわからなければ、「ハイスコアを○○点以上にしよう」といった具体的な目標も考えてはいなかった。しかし来る日も来る日もテトリスで遊び、どんどんレベルが進んでいった。そしてたまに東京を散策すると、目に入ったクルマや人間、ビルなどを心の中で組み合わせようとしている自分に気づくのだった。テトリスは中毒性を持っていただけでなく、現実に対するゴールドスミスの認識をも変えていたのである。その効果は、現実と空想の境界をあいまいにするほど強力ではなかったものの、彼の知覚を変えていた。その変化の様子は、科学者らによって理解されはじめたばかりだった。そしてゴールドスミス以外にも、この現象を経験した人々がいて、それから数年のあいだに、いくつかの研究グループがそれぞれ独自に、テトリスが認知研究の完璧なツールであることを見出していく。

抑えることのできないテトリス中毒が6週間つづいたあと、ゴールドスミスはまったく予想外の事態に直面した。信じられないほどの高いスコアを記録したとき（その域に達するころには、あまりにピースが速く落ちてくるので、何時間もかけてゲームの腕前を鍛えたプレイヤーでないと反応できないほどだった）、ゲームが終了してしまったのである。たちの悪いテトリミノの前に惨敗したわけではない。そうではなく、ゲームボーイの小さなモノクロ画面はゴールドスミスが勝利したことを告げた。彼はテトリスを倒したのだ。ゲームは彼の偉業を、ロシアのダンサーたちが民族舞踊を踊る短いアニメーションで祝福し、つづいてスペースシャトル（NASAのロゴがついていないだけで、奇妙なくらいアメリカのスペースシャトルに似ていた）が発射台から宇宙に向けて打ち上げられるシーンを流した。

しかし画面に現れたものは、それっきりだった。テトリスは終わったのだ。ゴールドスミスはすっかり気が抜けてしまった。信じられなかったが、もはやゲームには何もやるべきことが残っていなかった。彼は中毒症状に苦しんだが、それに陥っているあいだは、ゲームは学習曲線を登るという恍惚感《こうこつかん》をもたらしてくれていた。しかしその学習曲線を登りきってしまうと、ゲームをプレイする必要性がまったくなくなってしまったのである。彼はゲームボーイを脇に置いた。その瞬間、ゴールドスミスにかかっていた魔法が解けた。

そして彼は、孤独とインスピレーションを求め、都会から離れた場所へと旅立っていった。ゲームボーイも持って行ったものの、ずっと荷物の奥にしまったままで、そのときはただの一度も電源を入れなかった。あの6週間以来、数年のあいだに何度かはテトリスをプレイしたことがあったが、あくまで軽く遊んだだけだった。東京で収めた大勝利が、テトリスの日々に終止符を打ったのである。スペースシャトルが打ち上げられると、執着心は二度と戻ってこなかった。

ただテトリス中毒は終わったものの、その経験から生まれた疑問が彼の心をつかんで放さなかった。なぜこんな単純なビデオゲームにはまってしまったのか？　どういう頭脳の持ち主なら、こんな単純そうで奥の深いゲームを思いつけるのだろうか？　テトリスは他の人にはどんな影響を与えているのか？　テトリス中毒などというものがほんとうに存在するのか、それとも自分は特殊なのか？

のちに彼は、「テトリス・エフェクト」ほど広くは使われていないものの、いまでも使われる表現を創作して次のように記した。「テトリスは電子ドラッグ《ファーマトロニック》ではないのだろうか」

ゴールドスミスは最終的にアメリカに戻り、テトリスについてさらに深く考えるようになった。そしてテトリス漬けの6週間を過ごしてからおよそ2年後、彼はフリーのジャーナリストとして身を立て、キオスクに並ぶような雑誌のために記事を書くようになっていた。そして当時最も先進的だった雑誌の編集者と次の記事について意見を交換し、彼から仕事の依頼を受けた。その雑誌こそワイアードである。この月刊誌は、ポップカルチャー、科学、そしてテクノロジーをテーマとしていて、１９９０年代初頭では、拡大しつつあるテクノロジーと文化との融合について読むことのできる唯一の雑誌だった。ワイアードは一般大衆向けに書かれていたが、記事のレベルにはいっさい妥協がなかった。

ワイアードに書いたゴールドスミスの記事は、非常にわかりやすい書き出しで始まり、自分の個人的な経験を率直に取り上げたものだった。しかし、当初はテトリスの生みの親であるアレクセイ・パジトノフのインタビュー記事になる予定だった。

ところが簡単に思えたインタビュー記事は、不首尾に終わる。そのころパジトノフはアメリカに移り住んでおり、ゴールドスミスは数時間の電話インタビューを何度か行ない、テトリスの誕生秘話を聞き出そうとした。しかしインタビューが終わってみると、パジトノフはまったく感じの良い人物だったものの、話自体はさして面白くなかったのである。

ワイアードで長年編集長を務めてきたケヴィン・ケリーの協力を得て、ゴールドスミスはこのテーマにテコ入れすることにした。2人は、お蔵入りしていたかもしれないポップカルチャーのインタビューがどうにか日の目を見る方法がないかと頭をひねった。そしてケリーは、パジトノフに焦点を当てるのではなく、むしろゴールドスミスの個人的な体験を軸に、テトリス中毒の本質に迫る思索ベースの記事を書くことを提案したのだ。

その提案に乗ったゴールドスミスは、パジトノフの旧友であるポヒルコにコンタクトを取った。彼も勤めていたモスクワ医療センターで、テトリスには同じくらい煩わされた経験を持っていた。当時ポヒルコはサンフランシスコに移住し、アニマテックというスタートアップ企業で短期間パジトノフとともに働いていた。またゴールドスミスは、カリフォルニア大学アーバイン校のリチャード・ハイアー博士にも電話でインタビューを行なった。博士は同じころ、脳のエネルギー消費と意思決定を変化させるツールとしてテトリスを利用する、認知研究プロジェクトを進めていたのである。

こうした取材を経て、ゴールドスミスはパジトノフにふたたびインタビューを行ない、テトリスがビデオゲームのなかでも独自の中毒性を持っているのではないかという考えについて尋ねてみた。

しかしパジトノフはその考えを否定し、ゴールドスミスに対してこんなふうに答えた。「多くの人々がそう言うのですが、私の考えではテトリスはもっと音楽的なものです。ゲームをプレイすることは、固有のリズムと視覚にともなう喜びにつながる。私にとってテトリスは、心の中で唄う歌、唄うことがやめられない歌です」。おそらくパジトノフは正しい。しかし、頭の中で何度も繰り返し流れてくる、耳に残る歌が中毒でないとしたら、いったいなんなのだろうか？

ゴールドスミスによる取材の成果は、これまでに主要なメディアで発表されたビデオゲームに関する記事のなかで、トップクラスの引用数を誇っている。この、ワイアード誌１９９４年５月号に掲載された記事「これがテトリスをやっているときのあなたの脳だ」は、「テトリス・エフェクト」（あるいは持続的な視空間記憶効果の現代版）という言葉を生み出しただけでなく、「ファーマトロニック」の概念（テクノロジー中毒は中毒者の側だけの問題ではなく、技術そのものにも原因があるとする考え）を紹介したとして、高い評価を受けている。キオスクに並ぶような雑誌に掲載された、７７５語の記事にしては悪くない結果だろう。

それ以来ゴールドスミスは、テクノロジーとメディアをテーマに活動をつづけたものの、テクノロジーと認知とがどのように関係するのかについて理解しようとする歴史において、自分が重要な役割を演じていたとは考えてもみなかった。しかし数年前、そのことを意識させる出来事があった。サンフランシスコの雑貨店でレジの列に並んでいたとき、店員の女性が達人的な正確さで商品を紙袋に詰めこんでいる光景が目に入ってきた。ふと彼は、その作業をどのくらい意識的に行なっているのか、また寝ているときや通りを歩いているときにも、品物がぴったり合わさる光景が目に浮かばないかと彼女に尋ねた。

するとその女性は、こう答えたのである――

「まさか、こんな仕事でテトリス・エフェクトにかかったりなんかしませんよ」。

ゴールドスミスは仰天した。自分が１９９４年につくり出した言葉を、20年後に他人から聞かされるとは思ってもみなかったのである。しかも科学者や、ゲーム業界の関係者からではなく、サンフランシスコのレジ係の女性から。

「テトリス・エフェクトだって？　どこでその言葉を知ったんだい？」と彼は尋ねた。

「それなら、大学で習いましたよ」というのが彼女の答えだった。

「大学で習ったって、どういうことだい？　その言葉をつくったのは私だと思っていたのだけれど」。ゴールドスミスは家に戻ると、グーグルで「テトリス・エフェクト」と検索してみた。ビデオゲームやテクノロジー、そして長期間それに触れるユーザーへの影響について調べている人々は、テトリス・エフェクトという言葉を何年も使ってきたのだが、それが一般にも浸透していて、（ウィキペディアやニューヨーカー誌などさまざまな媒体で）自分がその名づけ親として認識されていることに、そのときはじめてゴールドスミスは気づいたのだった。

人間の認知力や、テクノロジーが人間におよぼす長期的な影響を研究する人々にとって、ゴールドスミスが名前を与えた概念は、使いやすく賞味期限の長いものだったのである。

■■■

私たちがテトリスや他のゲームをさして「中毒性がある」と表現するとき、それは、テトリスをもう1レベル達成したり、キャンディークラッシュをもう1回遊んだり、マルチプレイヤーゲームのヘイローでもう数十回対決したいという衝動を表す、気の利いた言い回しなんかではない。仕事に出かけたり、夕食を作ったり、友人や家族とおしゃべりをしたりせずにゲームに没頭してしまう程度であれば、ゲームをするのとドラッグを吸うのとでは天と地ほどの隔たりがあるのではないか？

そうかもしれない。しかし、多くの魅力的なオンラインでの経験（ゲームであれ、ソーシャルメディアであれ）がドラッグと比較されることが多いのには理由がある。無害な娯楽とは明らかに異なり、ゲームを含む一部のテクノロジーのなかには、特定可能な中毒的な性質が存在するのだ。フェイスブックや携帯電話、その他のテクノロジーやサービスに「中毒になっている」と訴える人々が身近にいるのは、おそらくそのためである。中毒という言葉を使うのは、ただの言葉遊びなどではない。こうした経験のいずれにも、電子ドラッグ《ファーマトロニック》の要素がひそんでいる。この言葉には、テクノロジー、とくにソフトウェアに関わる経験に、ドラッグと同じ中毒性が含まれるということが現れている。

ファーマトロニックの性質を故意に誘発させる場合もある。バイノーラル録音による音や点滅する光や閃光《せんこう》を使って、リラクゼーション効果や瞑想《めいそう》効果を引き出そうとする奇妙な装置が良い例だ。よくあるのが利用者にゴーグルとヘッドフォンを装着させるもので、脳の特定部分を活性化させ、治療効果が得られるのを期待する。

飛行機の機内誌のカタログにでも載っていそうなこうした装置の効能については、大目に見ても議論の余地があるといったところだろう。しかしテトリス中毒に見られるような、意図せぬファーマトロニック効果は、これまで長いあいだ、私たちに確実に影響を与え、授業をサボったり、会社に遅刻したり、仲間との約束をすっぽかしたり、ベッドで徹夜したり、パートナーや夕飯の隣で携帯電話やタブレットに夢中になったりといった現象を生み出してきた。

たしかに、他のタイプのテクノロジー中毒も存在する。ソーシャルメディア中毒は今日とみに取り沙汰《ざた》されるもののひとつで、フェイスブック中毒だなんて言おうものなら、周囲の人から白い目で見られる（その程度は、友人や家族が頻繁に更新されるあなたのタイムラインを見てどう感じるかに左右されるが）。しかしフェイスブック中毒の場合、その原動力となるのは社会的圧力と、周囲と調和したいという気持ち、そして「いいね！」によって放出されるドーパミンへの渇望である。一方でテトリスのファーマトロニック効果は、その催眠的なリズムとシンプルな幾何学的パターンに加え、無意識のトリガーを意識に上らせる閉じたフィードバックループのたえまない流れによって説明される。

薬物であれ、セラピーであれ、瞑想であれ、人間はこうしたものでたえず自分の思考を変えようとしている。競争力を高めたり、意識を研ぎ澄ましたり、創造的なインスピレーションを得ようとしたりする人もいれば、肉体的あるいは精神的なトラウマの後遺症を癒そうとする人もいる。

そのため、テトリスが精神状態を変え、記憶や知覚の配線を文字どおりつくり変えてしまう（時には永久的に）という警告は、人によっては絶好のチャンスとして受け取られた。また科学者や医師にとって、テトリス・エフェクトは脳の可塑性《かそせい》、つまり新しいインプットに適応してみずからを変える脳の力を探る糸口となった。可塑性は次のような場合にとくにあてはまる。インプットがある一定の量に達した場合、つまりそのインプットが単純で、長期にわたって繰り返されるとともに、脳の原始的な部分（私たちの現実に対する最も直感的な知覚をつかさどり、パターンを認知して、秩序立てられたシステムのなかでモノや図形を扱う能力を担う）を直接刺激する場合だ。

この現象がはじめて取り上げられたのは、ジェフリー・ゴールドスミスがワイアードに記事を書く2年前のことで、それには私たちがよく知る名前が使われた。１９９2年、カリフォルニア大学アーバイン校のリチャード・ハイアー教授は、自身が発見した現象に「テトリス学習効果」という名前をつけた。テトリス学習効果も、「テトリスをプレイしていないときにもテトリミノの形状が見え、それを操作してしまう」という現象に関係するが、それとは異なるものだ。ハイアーの研究によると、被験者がゲームをプレイした時間が長ければ長いほど、脳はテトリスをより効率的にプレイできるようになるのである。

ハイアーはテトリスに出合う何年も前から、脳のエネルギーという大きなテーマを長いこと研究していた。始まりは１９８８年で、彼は被験者に放射性の糖液を注入して、非言語的抽象知能をテストするという研究を行なった。その目的は、脳内のグルコース代謝率を記録し、被験者の成績と脳のエネルギー使用量とのあいだに相関関係があるのを証明することだった。

しかし１９８０年代後半にこれを立証するというのは、たんにワイヤーにつながれた被験者にクイズに答えてもらう、で済む話ではなかった。被験者は糖液を注入され、巨大なチューブ状のPET（ポジトロン断層法、放射線を使用して断層撮影する技術）検査装置の中に横たわらなければならなかった。被験者が装置内に入り、テストに取り組んでいるあいだ、注入された溶液が脳内をどう移動しているのかがモニタリングできるというものだった。

ハイアーは常識的な結果が得られるだろうと考えていた。彼はまず、被験者が知能検査を「学習」している際のスキャンを行なった。何度か練習をしてもらったあとで、被験者により難しい問題を与えたり、よりすばやく解くように指示してふたたびスキャンを行なった。頭を使えば使うほど、そして解答するスピードを上げれば上げるほど、脳はより多くのエネルギーを消費するようになるだろう。ハイアーはそう考えたのである。

ところが結果はショッキングなものだった。この２つの要素のあいだには、負の相関関係が認められたのである。２回目のテストの際、被験者が難しい問題を早く解こうとすると、被験者の脳のエネルギー消費量は低下していた。別の言い方をすると、脳が懸命に働けば働くほど、知能検査の成績は下がったのである。驚くべき結果だった。

これは普遍的に見られることなのだろうか、それとも昔ながらの知能検査ならではの現象なのか？

紙とペンを使う単純な視覚的パズルでは、十分に難易度を高くできない。そこでハイアーは、被験者に与える新しい課題を探すことにした。そして見つけたのが、コンピューターゲームだった。

１９９２年初め、リチャード・ハイアー博士はカリフォルニア州アーバインにあるエッグヘッド・ソフトウェアの店にクルマで向かった。そして、紙を使う旧式なテストの代わりになり、学習試験で被験者の知性をてこずらせるコンピュータープログラムを探した。

フライトシミュレーターはどうだろうか。博士は考えた。ふつうの人は飛行機の飛ばし方など知らないわけだし。被験者に操縦法を学んでもらって、上達すればするほど、複雑な飛行ルートを飛べるようになるだろう。そして専門技能をいくつか習得する前とあとで脳をスキャンしてみればいいのだ。

当時ソフトウェア店は比較的新しく、消費者向けのソフトウェア販売ビジネスも同様だった。そのころと言えば、エッグヘッドのような店では、棚という棚に、ゲームから会計ソフト、グリーティングカード作成ソフト、レシピソフトまで、さまざまな種類のソフトウェアのパッケージが所せ

テトリス・メモ7

ゲーム成績を記録している会社のツイン・ギャラクシーズによれば、ファミコン版テトリスで「パーフェクトスコア」である99万9999点がはじめて達成されたのは２００９年のことで、プレイヤーはアメリカ人ゲーマーのハリー・ホンだった。

ましと並べられていた。ソフトは小さなフロッピーに収められていたが、それとは不釣り合いなほど大きな厚紙の箱に入れられ、パッケージにはカラフルな装飾が印刷されていた。店に来た消費者の目を惹《ひ》くと同時に、万引きを防ぐためこのような形になっていたのである。

業界全体がまだ目新しかったため、80年代後半から90年代前半にソフトウェア店にやってきた消費者は、丁寧な接客を受けることができた。店員は喜んでパッケージを開き、デモを見せてくれたりしたのである。今日の小売りビジネスからは考えられない対応だろう。

ハイアーは店員に頼んで、フライトシミュレーターを試させてもらうことにした。ピクセルで描かれた水平線めがけて飛行機を飛ばすというのはたしかに難しい作業だったが、実際にやってみるとどうも考えていたものとちがう。欲しかったのは、すばやい判断と反射神経が要求される視覚的タスクで、意識的に考えたり読んだりすることがそれほど要求されないものだ。その点でフライトシミュレーターは、知性をあまりに要求する課題だった。もっと直感的なものを探さなければならない。

しかし次に何を探せばいいのかわからず、彼は店員に事情を説明し、アドバイスを求めた。なにしろ店員は店にどんなゲームがそろっているのかを知りつくしているわけだから、彼らの提案には期待が持てるはずだ。

すると店員の1人が、「それならこのゲームはどうですか?」と言った。彼はディスプレイ用に、あるソフトの箱を並べているところだった。「これはちょうど入荷したところです。なかなか面白そうなゲームですよ。われわれもまだ試していないので、封を開けて遊んでみましょう」

ハイアーと店員は赤く塗られた箱を開けると、中から「テトリス」と書かれたフロッピーディスクを取り出した。開発したのはスペクトラム・ホロバイトという会社らしい。プログラムがＰＣにロードされ、テトリミノが最初の数列を埋めただけで、はっきりとわかった。これこそハイアーが探し求めていたものだ。まさしく完璧なゲームだ。ハイアーは思った。ルールはシンプルだし（1分もあれば説明できてしまう）、ゲームが進むとピースが落ちてくる速度が上がり、しだいに難しくなる。

ハイアーは購入したテトリスの箱を小脇に抱えて店をあとにし、研究室に戻ったのだが、みなはハイアーほど感心していない様子だった。最悪の心理学試験になるぞ、と同僚の実験心理学者の1人が警告したほどである。それは視覚的・空間的問題解決の要素もあれば、運動協調性にも関係していて、プレイヤーは図形を回転させられる。心理学の実験としては、あまりに多くの要素が詰めこまれているというのだ。

当時の心理学者たちが求めていたのは、1つの変数を除くすべてがコントロールされている試験だった。しかしハイアーにしてみれば、複数の変数がからんでいるからこそ、このゲームは大成功以上の可能性を秘めていた。

のちにハイアーは私にこう語ってくれた。「脳の中の特定の1か所だけでなく、さまざまな部位を刺激するような課題を求めていたんだ。それがふつうの脳の動き方だからね。1つの仕事をするにしても、脳のある部分だけが発火するなんてことはない。脳はオーケストラのようなものだよ。たくさんのことが同時に起きているのさ」

テトリスは発売されたばかりだったため、まだよく知らないという学生をカリフォルニア大学アーバイン校でたくさん見つけることができた。1992年当時、学生寮でPCを持っていた学生はごくわずかだったため、テトリスをプレイした経験のない学生を被験者に選べただけでなく、彼らの練習時間まで管理することができた。被験者の練習には、ハイアーのオフィスにあったコンピューターを使わせたのである。

そしてふたたび、PETの出番がやってきた。

PETを1回使用するのに約2500ドルかかることを考えると、テトリスをプレイさせるという前例のない手法を試すのはリスクでしかなかったが、ハイアーはなんとか被験者たちにゲームの基礎を理解させ、彼らに放射性グルコースを注入し、32分間テトリスをプレイしてもらってからPET検査装置に入れた。次に各被験者は、テトリスの集中的な訓練を行なった。学生たちにテトリスのエキスパートになってもらい、彼らの脳をゲームに最適化させ、その頂点のタイミングでふたたびスキャンしようというのが狙いだった。

キャンパス内で使えるコンピューターが少ないというのは、実験における障害になる可能性もあった。しかしハイアーはそれを逆手に取り、訓練の時間を統制することで、実験データを曇らせる変数をコントロールする手段に変えた。彼は学生たちに、順番に自分のオフィスに来てテトリスで遊ぶように指示し、1日1回、1時間プレイさせるというのを週に5日間、計50日間実施した。もし彼が、学生たちに時間を取らせすぎてしまうのではないかと心配していたとしても、その必要はなかった。練習期間が終わるころには、多くの学生がプレイをやめようとしなくなっていたのである。テトリスはすでに彼らを魅了しており、ハイアーは学生たちが中毒になる様子を目にしていた。

10週間後、50日間のテトリス練習期間が終わった。ハイアーは被験者の背後で、彼らが最後のプレイをするのを見守っていた。みなテトリスの腕前をかなり上げており、あまりに速いスピードでテトリミノが落ちてくるようになっていたため、ハイアーには人間がプレイしているとはとても信じられないほどだった。

いよいよ実験の次の段階に移るときが来た。彼らは研究室に呼ばれ、ふたたび放射性グルコースを注入されると、もう一度テトリスをプレイするように指示された。彼らはなんの造作もなく、次々とレベルをクリアしていった。

重要なのはタイミングだった。グルコースの注入からぴったり32分後に、グルコース溶液は脳内の代謝系に組みこまれ、追跡可能な状態になる。学生たちは巨大なＰＥＴ装置のところまで歩いていき、その中に入りこむと、ハイアーたちがつい30分前の脳活動の詳細な映像を撮影し終えるのを待った。

ハイアーのデータ収集や解析方法は、現代の進んだ脳内画像化技術から考えれば、原始的に感じられる。なにしろ脳のさまざまな部位のグルコースレベルが記録された、長いロール紙に目を通し、それを被験者のテトリスのスコアと比較しなければならないのである。しかし手のかかる分析の結果、50日間のトレーニングを積んでテトリスに習熟したプレイヤーたちは、それ以前とはまったくちがうやり方でゲームに対応していることが明らかになった。データに現れていたのは、またしても負の相関関係だった。「テトリス学習効果」が生まれた瞬間である。

かならずしもプレイヤーは簡単に腕前を上げたり、ハイスコアを更新したりするわけではない。とはいえ、初心者が一晩のうちにテトリスのエキスパートになるのを目にすればわかるが、プレイしていれば自然とそうなってしまう。しかし「テトリス学習効果」が物語るのは、そういうことではなくテトリスをプレイする際の脳の効率についてである。

テトリス初心者の脳が、燃費の悪いＳＵＶだとしよう。一定時間（長時間かつつづけて）ゲームをプレイすると、テトリス学習効果が起き、脳はエコなコンパクトカーになる。より効率的なエンジンやフォルムを利用して、同じ燃料で遠くまで行けるようになるのである。ゲームに触れていた時間が長くなるほど、その効果は大きくなる。真のテトリスマスターともなると、プレイ中の脳は電気自動車レベルだ。同じ道を同じ速度で走っていても、ほとんど燃料を使わないようになる。

これが「脳の可塑性」に関する最も基本的な考え方だ。特定の行動を取っていると、それは意識的な思考をこれでもかと費やすものから、ほとんど自動的なものへと変わる（シンプルで何度も繰り返される、空間的なタスクで最も顕著に出る）。図形や繰り返される動作、戦略的意味のあいだのつながりが容易に形成されるようになり、個々のアクションに必要な脳のエネルギーが少なくなる。喩えると、毎日通勤で同じ道を運転していると、自動車がそのルートをより効率的に走れるようになり、同じ道でも消費燃料が減るようなものだ。

自動車のように比較的単純な機械の場合、この効果は働かないが、世界で最も複雑な装置、つまり人間の脳の場合には、この効果はたしかに働くのである。

Part

2

7 鉄のカーテンの向こうから

テトリスはソ連でクチコミによるヒットを飛ばしていたものの、それも限界に達しようとしていた。1986年までに、モスクワなどの都市部でIBM互換機を使うことのできた人々のほとんどが、このゲームで遊んだことがあるという状況になっていた。

彼らは、アレクセイ・パジトノフ自身、もしくは彼の同僚たちからディスクを受け取ったり、他のだれかのディスクから厳密に言うと不正にコピーしたりした。あるいは、当時でもコンピューターが設置されていることのあった、職場や学校で遊んでいる場合もあった。

ロシアのコンピューターユーザーのあいだでは、テトリスはいぜんとして目新しい存在であり、中毒性のある暇つぶしソフトとしての座を脅かす新しいゲームも登場していなかった。しかし仮にモスクワ周辺のすべてのPCにインストールされていたとしても、テトリスが手中に収めたのはごくせまい地域であり、しかもお金を出して手に入れたという人は、公式には1人も存在しなかった。なんらかのお金が動いていたとしても、それがパジトノフやドラドニーツィン・コンピューティングセンターに還元されることはなかったのである。

こうした問題はちっとも珍しくなかった。ソ連では、知的所有権を保護する法律や、新たな企業を立ち上げて経営する仕組み、ソフトウェアのロイヤリティーを回収するといった資本主義的な概念がほとんど存在しなかったからである。

パジトノフは、革新的なプログラムを作ってソフトウェア起業家になるという夢はすでに諦めていたかもしれないが、テトリスはグラスノスチ政策によってほころびが生じはじめた鉄のカーテンを越えて、もっと大きな現象になるはずだという予感があった。

おおぜいのテトリスファンのなかには、ビクトル・ブリャーブリンという、20名の独立心旺盛な研究者をまとめ上げる、パジトノフの上司もいた。管理職のなかには（とくに冷戦時代のソ連においては）、パジトノフが作った中毒性の高いゲームのような、非公式のプロジェクトや個人の趣味的な取り組みを目にすると、あらゆる権力を行使してそれを阻止しようとする者もいた。しかしブリャーブリンは自分の仕事に誇りを感じていたし、パジトノフと同様に、テトリスは突破口さえ見つかればもっと遠くまで行けると信じていた。そしてそれを実現するチャンスを探していたのである。

ブリャーブリンが個人的に配布したコピーのひとつは、IBM互換機版のテトリスが入ったフロッピーディスクで、彼はそれをハンガリーのブダペストにあるエネルギー関連の研究機関、SZKIコンピューター科学研究所にいる同僚へと送った。

SZKIでテトリスが起こした現象は、ロシア科学アカデミー（RAS）やモスクワ医療センターで起きたものといっしょだった。コンピューターを仕事以外に使ったことなどなかった研究者たちは、落ちてくるブロックにたちまち魅了されてしまったのである。ハンガリーはソ連の一部ではなく、また小国でありながら、研究者たちはＩＢＭクローンや時代遅れのエレクトロニカ60ではなく、アメリカでも認知されるようなより主流のパーソナルコンピューターを使える環境が整っていた。

プログラミングを学ぶハンガリーの学生たちは、より進んだＩＢＭ版を試して、自分たちがふだん使っているコンピューター用に、それをリメイクした。それはちょうどワジム・ゲラシモフが、パジトノフのエレクトロニカ60版のテトリスをもとにＩＢＭ版をつくったようなもので、必然の流れと言えた。

今回の移植先はアップルⅡやコモドール64だった。どちらも当時、アメリカをはじめとする西側諸国で、一、二を争う人気があった家庭用コンピューターである。ＩＢＭ互換機はビジネスや科学研究で使用されていたが、アップルやコモドールは家庭内や学校で使われていた。これらのマシンは、１９８０年代中頃、パーソナルコンピューターを使用した最初の世代の学生たちに、強い印象を残した。

ハンガリーのプログラマーがアメリカやヨーロッパの消費者と同じコンピューターを使用できたという事実は、冷戦時代に西側と東側の架け橋になるという、ハンガリーが演じたユニークな役割を雄弁に語っている。またゴルバチョフやグラスノスチ政策が登場し、ソ連のＤＮＡを再構築するようになる前から、ハンガリーはソ連諸国のなかでも、経済改革と政治自由化の実験を最初に手掛けた国のひとつだった。

この限定的な改革というモデルは、すでに遊びの世界で大きな影響を与えていた。たとえばハンガリー人建築家エルノー・ルービックがデザインし、1980年から世界でライセンス提供されるようになったルービックキューブは、世界中で人気を博していた。

ソ連圏という鎧《よろい》において、ハンガリーは決定的な弱点だった。そしてテトリスにとっては、西側へと飛び出すための抜け穴となった。しかしそのためには、ハンガリーとヨーロッパの両方を知り、さらにはソフトウェアと昔ながらの小売業の両方を理解している人物が必要だった。その人物こそ、西側のビジネスマンではじめてテトリスに興味を持った男、ロバート・スタインだったのである。

1934年にハンガリーで生まれたスタインは、第2次世界大戦後に難民となり、最終的に1956年にイギリスへとたどり着いた。他のおおぜいの難民と同様、着の身着のままで、英語も話せなかった。しかし、彼はエンジニアリングの知識があったおかげで手堅い仕事に就くことができ、道具作りから計算機の販売までなんでもこなした。丸顔に大きく突き出した耳のスタインは、ブルドッグのような男で、洗練された英国人の魅力や美貌は欠けていたかもしれない。しかし彼には、それを埋め合わせるほどのセールスマンとしての天性の才能があった。

初めのうち、その才能を最も活かせる道はなかなか開けなかった。彼は何年もかけて、書ききれないほどの数の商売で腕を試し、その一方で夜間学校に通ってマーケティングのスキルを鍛え、英語を磨いた。新たな母国でスタインは、テクノロジー分野で商才を現し、英語のアクセントも問題なく通じるようになった。しかし1979年、破産の一歩手前まで追いこまれた彼は、計算機やオフィス設備の販売から手を引き、出はじめたばかりのコンピューターやビデオゲームのハードウェア（アーケード版ゲームの「ポン」など）の販売に鞍替《くらが》えする決意を固めた。

1980年代の初めまでに、スタインは当時最もポピュラーだった家庭用コンピューター、コモドールＶｉｃ－20を大量に売りさばいた。コモドールの社長ジャック・トラミエルは、スティーブ・ジョブズなど80年代を代表するコンピューター界の先駆者たちのなかで、だれよりもビデオゲームの重要性を認識していた人物である。彼はゲームが、アメリカやヨーロッパの家庭にコンピューターを送りこむ「トロイの木馬」になると考えていた。

1981年に発表されたＶｉｃ－20は、当時大ヒットを飛ばしていた。なにしろ、カラー表示だったばかりか、充実したゲームライブラリーも備えていたのに、当時としては破格の299ドルで販売されていたのだ。どんなときも宣伝マンとしての心を忘れなかったトラミエルは、「私たちに必要なのは上流階級向けではなく、一般大衆向けのコンピューターなのです」と言った。この考えは正しかった。Ｖｉｃ－20は販売台数が100万台を突破した最初のコンピューターとなり、1980年代後半には、それにコモドール64とコモドール128という、さらにメジャーとなるマシンがつづいた。

ロバート・スタインはかなりの量のハードウェアを取引していたが、いつの時代もコンピューターの販売は高コストで利益率の低いビジネスだ。小型の家庭用ＰＣでさえ大きくて重く、仕入れと配送に苦労した。しかもＶｉｃ－20のように安いマシンでも、学校や企業で使用される1000ドル以上のＩＢＭマシンほどではないものの、家庭では長期投資と見なされ、リピート客から収益を上げるという見込みも低かった。

しかし彼は、販売されたコンピューターには（自分が販売したものであるかどうかに関係なく）、その上で動かすソフトウェアが必要になると考えた。そして実際に、コンピューターはゲームから仕事用アプリケーションに至るまで、ソフトウェアに対する飽くなき欲求を抱えるマシンとなったのである。スタイン自身の販売記録からも、利用可能なアプリケーションのライブラリーが充実しているマシンほど、売れ行きも好調であることが確認できた。

すでに大手のソフトウェア開発会社と発売元によって、市場の大部分が占められるようになっており、そのなかにはイギリスの大企業ミラーソフト（メディア界の大物ロバート・マクスウェルが築いた大帝国の一部）も含まれていた。しかし、進取の気性に富んだセールスマンのスタインは、市場の周辺部には滑りこめる余地が残されているという期待を捨てなかった。

スタインが成功するカギは、市場に売りこむ新しいソフトウェアをどうやって手に入れるか、という点にあった。プログラマーを雇って独自のソフトを開発するのは、大きな予算とチームを抱えるマーケットリーダーにとっても難しい仕事である。とはいえ既存の商用ソフトを再販するというのでは、もともと小さなパイの薄い一切れをめぐって争うことになってしまう。

これを打開する方法が、予期せぬ形で、しかもひとりでに転がりこんできた。スタインがイギリスで大量のＶｉｃ－20を売りさばいているのに感銘を受けたコモドールが、後継機のコモドール64の発表準備中に彼に接触してきたのである。使えるソフトウェアの数が多くなればハードウェアの売り上げも伸びることを理解していたコモドールは、スタインにある依頼をした。その内容は、イギリスでコモドール64と合わせて販売できるような、安いソフトウェアを探してほしいというものだった。

家具や衣類のメーカーが、発展途上国の安い労働力を利用して生産を行なっているように、海外なら優秀なプログラマーを安く雇えるのではないか。コモドールからの依頼を受け、スタインは考えをめぐらせた。アメリカやヨーロッパ諸国以外の地域にも、プログラミングの才能を持つ人物をおおぜい見つけられるはずだ。しかしいままでは、東西のあいだに橋を架けられるチャンスがほとんど存在しなかった。

ハンガリー生まれのスタインは、東側のなかでも比較的オープンな環境にある母国が、探索を始めるのにぴったりの場所だと考えた。彼はブダペストに向かうと、ハンガリー人プログラマーや地元の優れたソフトウェアを求めて、大学やひと握りのハイテク企業を探し歩いた。文化を越えた魅力のあるソフトが見つかれば、イギリスやその他の地域で販売するためのライセンス契約を結ぶつもりだった。ハンガリーのプログラマーは、西側でソフトウェア開発に支払われる報酬の数分の一でも喜んで働くだろうし、輸入したソフトは競合ソフトよりも安く販売できるだろう。机上の計算では、関係するだれにもメリットがある計画のように感じられた。

１９８２年、コモドールに急《せ》かされたスタインは、アンドロメダ・ソフトウェアという名前の会社を立ち上げ、西側諸国のソフトウェアに対する飽くなき欲求を満たすために、たびかさなるハンガリー遠征を実施した。もしソフトウェアが見つかれば、マイクロソフトのようなソフトの発売元やコモドールのようなコンピューターメーカーに売るためのライセンスを手配し、東西の関係者を結びつけた手数料として、ソフトウェア販売総額の4分の1を要求するつもりだった。

スタインはいきなり大きなヒットを飛ばした。会計や記録管理に使われる人気の表計算ソフト、「ロータス１－２－３」が５００ドル程度で販売されていたのだが、スタインはその代わりとなるものを東欧で見つけ、カリフォルニアの大手ソフトウェア発売元であるボーランドを通じて販売する契約を結んだのだ。このソフトは「クアトロ・プロ」として知られるようになり、50ドルから129ドルのあいだで販売された。

格安のハンガリー製ソフトウェアをイギリスで売るというのは、冴《さ》えない男にとっても地味な仕事だったが、それでも事業としては成功し、スタインはパーソナルコンピューターの爆発的な普及に一役買うこととなった。

1986年までに、スタインは定期的にハンガリーの研究拠点を訪れるようになっていた。ブダペストの学術機関、SZKIコンピューター科学研究所を訪問したのはその一環で、いつもは生真面目なプログラマーたちが仕事を忘れて異様に盛り上がっていることにスタインは気づいた。彼らは端末のまわりに集まり、何やら単純そうなゲームを順番にプレイしている。もしその1年前に、スタインがモスクワのRASを訪れていたら、同じような光景を目にしていただろう。それは、アレクセイ・パジトノフの同僚がはじめてテトリスに触れたときに起こったことの再演だった。

スタインはゲーマーではなく、エンターテインメントの道具としてのコンピューターに特別、興味もなかった。しかしセールスマンとして彼は、若く教育水準の高いハンガリー人が列をなしてゲームで遊ぼうとしていることに注意を惹《ひ》かれた。スタインは半信半疑でそれに近づき、キーボードの前に座って何回かプレイしてみると、たちまち魅了されてしまった。

当時のコンピューターは、部屋ほどの大きさがあった時代から数世代しかたっておらず、最先端のコンピューターゲームですら、グラフィックスはガタガタで限られた遊びしかできなかった。しかしこのゲームは、モノクロのドットで描かれたエイリアンが降りてきて人類を襲うとか、レーシングカーが激しい競争をするとか、ありきたりなキャラクターや物体を表現するものではなかった。逆にテトリスは、グラフィックスの限界を受け入れたゲームだった。コンピューターはカーブや円を描くのが苦手？　これは直線と四角形で作られたゲームだ。シンプルでガタガタなマンガのようなキャラクターしか描けないだって？　テトリスはそんなもの端《はな》からパス、主人公はパズルのピースだ。当時のどんなコンピューターゲームとも異なり、テトリスは「未来のほんとうにかっこいいゲームのドラフト版」ではなかった。ハードの性能に完全にマッチして、そのわずかな性能を完璧に使いこなしていたのである。テトリスという名前すら、抽象的でありながらなじみやすく、外国のユーザー向けに翻訳する必要がなかった。

スタインは何度も何度もプレイし、色とりどりのブロックが積み重なり、消えていくのを目にした。そして自分のようにゲーマーではない人間ですらプレイをやめられないのだから、これは特別なゲームにちがいないという結論に達した。これまでスタインが輸入を検討してきたソフトウェアとは、一線を画すものであることは明らかだった。しかし彼は、そうしたことを顔に出さないようにし、ハンガリー人たちに画面に落ちてくるカラフルなブロックから大金を得られるなどという期待を抱かせないように、ひそかにこのゲームの出所を探ることにした。

彼はＳＺＫＩの所長を部屋の隅に呼び、だれがテトリスの責任者なのか、そして国外に持ち出す契約を結んだ場合、だれがその成功から利益を手にしようとしているのかを聞き出そうとした。ところがその答えは、彼が期待していたものほど単純ではなかった。所長によれば、数か月前に、遠くモスクワのロシア科学アカデミーにあるドラドニーツィン・コンピューティングセンターで働く研究仲間のビクトル・ブリャーブリンから、彼のもとで働くプログラマーが開発したというゲームの入ったフロッピーディスクが送られてきた。そしてブリャーブリンはこのゲームが、他国のコンピューター愛好家のあいだでより多くのファンを獲得できることを期待しているのだという。

しかし、所員たちをただ遊ばせているのではない、と所長は付け加えた。起業家精神にあふれるハンガリーのプログラマーたちは、フロッピーに入っていたIBM互換機版を即座に解析して、アップルやコモドールで動くプログラムを生み出していたのである。

このゲームがすでにコモドール上で動くというニュースを聞いて、スタインは宝くじに当たったような気持ちになったことだろう。彼がプレイしたテトリスはたしかに魅力的だったが、おもにビジネスで使われ、家庭にはほとんど普及していないIBM互換機のバージョンしかなかったら、市場や売り上げは厳しいものになってしまう。

スタインはコモドール版テトリスを作ったハンガリー人プログラマーと、これまで何度もしてきたように、喜んでライセンス契約を結ぶこともできた。そしてそのライセンスをイギリスの大手ソフトウェア発売元に売却し、国境を越えた仲買人として、売り上げの25パーセントを請求すればいいのだ。だが、そうするには問題があった。ハンガリー人たちは、より一般的な家庭用プラットフォーム向けにプログラムを移植するという点で、重要な役割を果たしていた。しかし彼らは、オリジナル版を開発したわけではなかった。テトリスの根幹をなす知的財産権を手に入れるには、ハンガリーと西側とのあいだにある境界よりもはるかに高い国境を越える必要がありそうだった。スタインはソ連の当事者と直接契約しなければならないのだ。

それはモスクワ行きの飛行機にとび乗るとか、長距離電話で交渉するとか、そんな単純な話ではなかった。ロシアは2つの超大国のうちの一国であるにもかかわらず、民間企業相手の交渉や取引となると、ロシア人はハンガリー人の足元にもおよばなかった。ハンガリーは2つの世界にまたがる橋のような存在だったが、ソ連はまちがいなくあちら側にあった。

しかしスタインは、そうしたロシア人たちのビジネス経験の不足を、逆に利用できるだろうと考えた。すべてはこの中毒性の高いゲームに関する契約を結べる人物を、ロシア科学アカデミーのなかから探し出し、その人物にアンドロメダとライセンス契約を結ぶことを認めさせられるかどうかにかかっている。それをソ連の複雑な官僚機構の手先がぞろぞろと出てきて、この取引にからみつき、息の根を止めてしまう前にやらなければならない。

ソ連との交渉は、とくに彼のような非政府組織の場合、ブラックホールに向かって叫ぶような状態になるおそれがあった。しかしスタインは幸いにも、ゲームがどこから来て、もとのディスクをハンガリー人に送ったのがだれかという、重要な情報を手に入れていた。

スタインはいったんロンドンに戻ったが、テトリスには、異なる国の消費者が理解しやすいようにプログラムを書き換える「ローカリゼーション」と呼ばれる作業がほとんどいらないことに色めき立っていた。通常は文字を翻訳したり、ひとつの文化や国だけでしか通用ないような話を理解できるように変えたりする必要があり、これには非常にコストがかかる。しかしテトリスの場合、その必要はほとんどなかった。テトリスにはストーリーもなければ、会話も、キャラクターも登場しない。テトリスはその抽象性ゆえに普遍的だったのである。

イギリスに戻ったスタインは、ただちにテレックス（初期のファックスのようなシステムで、電話線に接続されたプリンターを使用する）を通じて、RASのコンピューティングセンターにメッセージを送信した。ハンガリー人の情報が正確であれば、ふつうなら通ることのできない鉄のカーテンを抜けて、テトリスをソ連から持ち出すことができるだろう。

RASのオフィスでは、SZKIにディスクを送った張本人であるビクトル・ブリャーブリンが、スタインがテレックスで送った英語のメッセージを翻訳していた。彼はソ連の外からもテトリスに関する問い合わせが来ることに感心したが、アレクセイ・パジトノフに代わってゲームを売ることは、彼の経験や権限をはるかに超えていた。そこで彼は、少なくとも問い合わせが来ていると知らせて開発者を喜ばせようと、パジトノフにテレックスを渡すことにした。

パジトノフにとって、それは予想外の展開だった。エレクトロニカ60版とIBM版のテトリスにできるだけ手を加えたあと、彼は別の仕事に取りかかっていた。コンピューターで人工知能風のものを生み出す方法の模索をつづけていたのである。これは、心理療法を受ける患者から得られた詳細な情報を基にして定型的なアドバイスを提供していた、バイオグラファーというプログラム（パジトノフがそう呼んだ）を、実用的なものにするための研究だった。

思いがけなく送られてきた外国人からのメッセージによって、その仕事から引き離され、パジトノフはうろたえた。そのなかでテトリスのライセンス契約が提案されていたため、だれかがそれに対応しなければならなかったのである。しかし、テトリスを売るという、ほとんど忘れかけていた夢が、突如として目の前に舞い戻ってきたのだ。文字どおり、彼の膝の上に紙切れとして。

しかし他のＲＡＳ職員たちと同様、パジトノフの英語は怪しいものだった。なんとかテレックスを読み解くと、それは、テトリスをイギリスや世界の他の地域で販売するための仲介役を申し出る人物からの提案であることが理解できた。その提案では、ＲＡＳやロシア政府、そしてパジトノフ自身に、金銭的な見返りがあるらしい。

パジトノフは興奮したが、用心を忘れなかった。共産党員の神経を逆なでしないように、また自分に過度の注目が集まらないように、慎重に行動しなければならない。そして正式な回答をするためには、それが一般的であいまいな内容であったとしても、彼の慣れ親しんでいるコンピュータープログラミングの秩序ある世界とは似ても似つかない、幾層にも重なったソ連の官僚組織でうまく立ちまわらなければならなかった。

まずはロバート・スタインへの回答を作成しなければならない。肯定的な姿勢と慎重な姿勢を崩さず、自分が抜け出せなくなるほど深い穴を掘らないよう、十分に注意して。彼は伝えるべきことの要点をじっくりと考え、ロシア語で文章を書きはじめた。初めにスタインがテトリスに興味を示してくれたことに対し、丁寧に感謝の意を表わし、提案内容におおむね好意的な印象を受けたと述べたうえ

テトリス・メモ８

テトリスの最もヒットしたバージョンで使われていた、有名なテーマ曲は、19世紀のロシア民謡「コロベイニキ（行商人）」を基にしている。

で（この時点ではパジトノフも他のＲＡＳ職員も、国際的なソフトウェアライセンス取引において、何が良い契約で何が悪い契約なのかがわかってはいなかった）、締めくくりに交渉を行なう意思があると書いた。

草案ができたら、次は、読みやすくてかつ公的な文書のように感じられる英語に訳してくれる、信頼できる人を探さなければならない。そのためには、センターの所長に頼んで、別のセンター職員にロシア語から英語への翻訳を依頼することを承認する書類にサインをしてもらう必要があった。

一日、また一日と時間が過ぎてゆき、やっと翻訳された文書が返ってきたが、今度は、パジトノフはどうやってそれをスタインに送ればよいのかと頭を悩ませた。コンピューティングセンターでは、各職員のデスクの上にテレックスマシンが置かれているわけではない。スタインから送られてきた提案書も、所内のどこかにあるマシンで受信したものがブリャーブリンに渡され、さらにブリャーブリンからパジトノフへと渡されたのである。このステップを逆にたどるのは思った以上に難しく、そのうえテレックスを介した通信は厳重に監視されていた。

ロシアにおけるあらゆるものと同様に、何かを行ないたければ、署名や押印された書類という形の公式な承認をいくつも経なければならなかった。ＲＡＳの別部門が管理するテレックスマシンを介して返事を送信する許可を得るには、自分の上司に加え、他部門長のサインが必要だった。単純で明確だと思われたメッセージを送れるようになったのは、ようやく数週間が過ぎたあとのことだった。

しかし、ロシア語と英語のあいだ、そしてスタインの焦りとパジトノフの用心とのあいだで、少しずつ狂いが生じていた。

おそらくどちらかが、重要な言葉のあやや文化的な暗示を見逃すか、誤解するかしていたのだろう。もしくはどちらの側も、やり取りされたメッセージのなかに、自分が読みたかった内容だけを読んでいたのかもしれない。あるいはスタインが、何週間も返事を待ったあとで、ロシア人は金儲《かねもう》けに興味のないド田舎者だと決めつけ、そんなことで立ち止まりはしないと考えた可能性もある。

スタインへ送ったメッセージは、「はい、われわれは興味を持っています。この申し出を受けたいと思います」と読めたが、いずれにしてもパジトノフは、それはたんに交渉を始めたいという意味だったという見解を、そのとき以来ずっと崩していない。しかしスタインはこの返事を、自分がテトリスの公式ライセンサー（ライセンス供与者）として話を進めてもいいという承認と受け取った。

スタインはわずかな時間も無駄にせず、このゲームを英語圏に持ちこむため、資金を豊富に持つパートナーを見つけることにした。そして彼が狙いを定めたのが、自身と同じ東欧からの移民で、新聞社オーナー、政治家、ソフトウェア発売元社長として堂々たる成功を収めた人物だった。

その人物こそ、長きにわたりメディア界の大物、そして億万長者としての名声をとどろかせてきた、ロバート・マクスウェルだった。

8　ミラーソフトへ

ヤン・ルドヴィク・ホックは、本名を生まれ故郷であるチェコスロバキアのスラティナ・セロに捨ててきた。彼はそこで、貧しいユダヤ人家族の7人の子供の1人として生まれた。一家が住む土地は何度も所有者が変わったが、ホック家のように善良な家族のものにはけっしてならなかった。そこが1939年にハンガリーに併合されたとき（その後ナチスによって占領され、最終的にウクライナの一部となる）、彼はまだ16歳だったが、地平線に第2次世界大戦の暗雲が立ちこめているのが見えた。

戦争がヨーロッパ大陸全土をおおうようになると、ホックはチェコスロバキア軍の残党に加わり、フランスへと向かった。1940年にドイツ軍がフランスを席巻すると、部隊は戦場で敗走し、彼はイギリスへと逃れた。そこでヤン・ホックは、自分自身を作り替えることにし（それが最後ではなかった）、イギリス軍に兵卒として入隊して、英国風の名前「イアン・ロバート・マクスウェル」を名乗るようになった。

イギリス陸軍で活躍したマクスウェルは、語学の才能があったことから、諜報《ちょうほう》活動と戦地での宣伝活動に携わることとなった。1944年のノルマンディー上陸作戦のあと、彼は大尉に昇進し、戦功十字勲章を与えられた。そしてドイツ人居住地から残った敵を一掃するという、難しい任務を遂行した。

彼はドイツの町を無慈悲に砲撃して降伏させ、さらに伝えられたところでは、降伏したドイツ兵が発砲してきたかどで町長を処刑したようだが、それは正義心からの行動だった。戦争中、スラティナ・セロに残してきた家族のうわさを彼は耳にしていた。親族のほぼ全員がアウシュビッツで死亡し、母と姉妹の1人はチェコスロバキアを占領したナチスによって処刑されていたのだった。

戦争が彼をすっかり別の人間にしていた。チェコスロバキアの小さな町で行商をしていた、イディッシュ語を話す少年の面影はすっかり消え失せ、転向した者の激情を胸に秘めた英軍士官の人格だけが残っていた。彼がドイツ軍兵士に対して見せた残忍な報復という態度は、戦後も消えることはなかった。ビジネスマンとしてのマクスウェルは、兵士としてのマクスウェルと同じく、冷酷で好戦的だった。

戦争が終わってから数年、彼はベルリンに住み、イギリス外務省のプレス担当として働いた。マクスウェルはドイツ人を嫌悪していたが、ドイツの荒廃した首都での経験が、のちのメディア帝国を築く基礎となった。他の多くの将校と同様に、彼は占領軍と働くあいだにコネをつくり、それを利用して事業を始めていった。

彼の場合は、地元で出版された科学書を見つけて出版権を獲得し、利益を上乗せして再度発行するというものだった。イギリスに戻ると、マクスウェルは蓄えた利益で小さな科学出版社を買収して、パーガモン・プレスという名に社名変更した。そうやって出版ビジネスに乗り出すと、次々に事業を立ち上げ、メディア界で大成功を収めるまでに至る。その大物ぶりは、タブロイド事業における彼のライバルであり、伝説的な存在であるルパート・マードックに匹敵するほどだった。

第2次世界大戦後にイギリスにやってきたころのロバート・スタインと同じく、ロバート・マクスウェルも慎ましい生活からスタートした。しかし、英語が話せず、地位も金もない、エンジニアリングの学生としてイギリス入りしたスタインとは異なり、マクスウェルは輝かしい経歴を持つ退役軍人で、1940年代の終わりには、成長いちじるしい出版社の経営者になっていた。

しかしマクスウェルが持っていたこうした利点と、逆境をチャンスに変える力は、その後数十年にわたって何度も試されることになる。彼の愛するパーガモン社は、財務上の不正行為をしたとして告発され、マクスウェルは裁判で敗訴。その後、持ち直すものの、最後には売却される。また政界にも進出し、1964年から1970年にかけて労働党の議員としてイギリス議会に議席を獲得したが、けっきょく保守党のライバルに議席を奪われている。その後は新聞社や出版社の買収に乗り出し、イギリス最大手の新聞デイリー・ミラーや、ニューヨーク・デイリーニュース、出版社のマクミランなど、多くの会社をミラーグループの傘下に収めた。そして歴代の英国首相からソ連のミハイル・ゴルバチョフ書記長に至るまで、世界の有力者に近づくために新聞の影響力を利用した。

マクスウェルは歩く矛盾とも言うべき人物だった。社会主義者であることを認めていながら、ビジネスにおいては容赦なく人件費カットを進める億万長者であり、立派なビジネスマンでありながら、つねに財務不正の疑惑がついてまわった。また戦争で難民になりながら、英国紳士へと生まれ変わり、さらにはイギリスと同じくらい第二の故郷だというイスラエルの諜報機関モサドのスパイであるとまでうわさされた。

ビデオゲーム市場への参入も、そうした矛盾のひとつだった。新聞業界で確固たる地位を築いた、大戦の退役軍人ロバート・マクスウェルが、ソフトウェアの発売《パブリッシング》という現代的な業界でパイオニアになるなど想像できなかっただろう。しかしマクスウェルにとっては「パブリッシング」がキーワードであり、新聞だろうが、書籍だろうが、はたまたソフトウェアだろうが関係なく飛びついたのだ。ともあれ彼は、1982年に、同じ退役軍人仲間の英国海軍士官ジム・マッコノチーとともに、ソフトウェア関連の子会社ミラーソフトを立ち上げた。

えらの張った軍人のマッコノチーは、初期のホームコンピューターをいじるという趣味が高じて、フライトシミュレーターまで作ってしまうほどの人物だった。彼の父親はテストパイロットだったので、このことは家族の秘密にしていた。フライトシミュレーターはコンピューターゲームとは別次元にあり、マリオやマスターチーフ〔ビデオゲーム「ヘイロー」シリーズの主人公〕などからはかけ離れている。このジャンルのファンは、ソフトウェアのなかの物理の精緻化と、本物の航空機の再現を取り憑《つ》かれたように追求する。マッコノチーが発表した「フランカー」や「ファルコン」といったシリーズは、この分野で伝説的な存在になっている。

マクスウェルとチームを組んで新しいソフトウェアの開発会社および発売元を創設することで、マッコノチーは、軍やフライトシミュレーター開発での経験を巨大メディア企業の莫大な予算に掛け合わせることができた。もちろん、タブロイド紙業界で叩《たた》き上げられた人間の、「大衆に受け、売れるもの」をとらえる鋭い目も、それには活用された。

立ち上げ当初、ミラーソフトはゲーム以外のジャンルでヒットを飛ばしたのだが、それはマクスウェルの影響力と新聞業界とのコネを利用したものだった。彼らは、大手新聞社の本社が軒を連ねるロンドンの通りから名づけた「フリート・ストリート・パブリッシャー」という、デスクトップパブリッシング用ソフトを発売したのだ。ドットマトリクス・プリンターでオリジナルの新聞や同人誌を作ろうとしていた人たちは、このソフトに殺到し、ここから１９８０年代の学校新聞に見られるあらゆるデザインスタイルが生まれた。

しかしミラーソフトは、フライトシミュレーターとデスクトップパブリッシングソフトの他にもベストセラーが必要だった。１９８６年までに、マクスウェル帝国のいたるところでほころびが生じており、あらゆることがミラーソフトの描いていたバラ色の姿とはちがっていた。実際に、マクスウェルが管理していた一連の企業は、足元が崩れながらもなんとか表面を取りつくろっているという体《てい》だったのである。とはいえあと数年分は、ライバルを引き離しているだけの力はあった。

ロバート・スタインがやってきたとき、ジム・マッコノチーの目の前に広げられたのは、史上最も成功を収めることになるビデオゲームに一から関わる千載一遇のチャンスだった。スタインはこの業界の重要人物ではなかったものの、話を聞くに値する人間だという評判で、すでにハンガリーなど東欧諸国との関係を確立していた。そうした国々でソフトウェアを安く開発し、イギリスやアメリカに持ちこんで販売するパイプラインを構築しているという彼の主張は、信頼に足るものだった。ミラーソフトとアンドロメダは、以前にも共同でビジネスを行なったことがあった。ただそのとき手掛けたソフトの多くは、「シーザー・ザ・キャット」（スタインが掘り出した、ネコとネズミが鬼ごっこを繰り広げるゲームで、ハンガリーのソフト開発グループ、ミクロマティックスが開発した）など、すぐに忘れ去られてしまうようなものだった。

スタインにうながされ、マッコノチーはテトリスに手を伸ばした。しかしテトリス史上では初のことだろう、マッコノチーがその体験に感動することはなかった。テトリスがつまらなかったとか、プログラムがまずかったとかということではなく、フライトシミュレーターなど現実世界を可能なかぎりリアルに再現することに全力を傾けている人物にとって、テトリスはそもそも守備範囲に入っていなかったのである。マッコノチーの直感は、このソフトがミラーソフトの必要としているほどのベストセラーにはならないと言っていた。

スタインは引き下がらなかった。彼にとって、マクスウェルとミラーソフトはテトリスを手掛けるうえでの理想のパートナーだったし、ミラーソフトに入りこむ手段は他にもあるはずだった。彼はあちこち嗅ぎまわり、契約を実現するのに役立つ情報を探した。

すると、マクスウェルが他にもソフトウェアのブランドを所有していることがわかった。その2つ目の会社はスペクトラム・ホロバイトといって、カリフォルニアで別会社として運営されていたが、ミラーソフトとは複雑な関係でつながっていた。この会社はミラーソフトのアメリカ支社と言うとわかりやすいが、正確にはマクスウェルの出版社だったパーガモンから派生した会社だった。さらに事態を複雑にしていたのは、同社の経営権の一部を所有していたのが、アメリカからはるか遠くのリヒテンシュタイン（財務情報の開示を嫌う人々の天国として知られる、ヨーロッパの小国だ）に設置された、公益信託だったという点である。マクスウェルが支配していた企業では珍しくない話だったが、どの企業の実権をだれが持つかというのは家族間の問題になっていて、スペクトラム・ホロバイトの場合にはロバートの息子ケヴィンが取締役に就いていた。

ミラーソフトとスペクトラム・ホロバイトはそれぞれ独自のゲームやソフトを開発し、またお互いの製品の発売元にもなっていた。こうした関係は、競争がまだ緩やかだった初期のソフトウェア業界では、それぞれに十分旨みがあったのである。

一方でスタインの熱意はマッコノチーの心に種を植えつけていた。テトリスは自分の趣味ではなかったが、このゲームには人を魅了する何か特別なものがあることは否定しようがない。それが彼の心に引っかかった。大金を儲《もう》けるまたとないチャンスをふいにしたのではないかという感覚をぬぐいきれなかったマッコノチーは、スペクトラム・ホロバイトの関係者のもとを訪ね、彼らに意見を求めた。

当時スペクトラム・ホロバイトを経営していたのは、ゲーム業界のベテランだった2人の人物、フィル・アダムとギルマン・ルーイである。CEOだったルーイは、さまざまな顔を持つ天才で、気の向くままにキャリアを渡り歩いていた。その出発点となったのは、ミラーソフトとスペクトラム・ホロバイトに多くの利益をもたらしたフライトシミュレーター「ファルコン」のデザインだった。

その後、彼はサンフランシスコ州立大学に通いながら、両親が自宅を抵当に入れてつくってくれた資金でスフィアという名の会社を立ち上げた。スフィアは成功を収めると、ルーイもろともケヴィン・マクスウェルに買収され、スペクトラム・ホロバイトに吸収されることとなった。

幸いなことに、ギルマン・ルーイが知るかぎり、スペクトラム・ホロバイトの主人であるケヴィン・マクスウェルはほとんど会社に姿を見せなかった。ケヴィンをはじめとしたマクスウェル一族が取締役会を構成していたものの、ルーイが取締役会を招集してもだれも姿を見せなかったため、日常の経営においてイギリスの上層部を意識することはほとんどなかったのである。

のちにルーイはCIAに雇われ、CIAとテクノロジー系スタートアップを結びつけることを目的としたプログラムの運営を任されることになる。このプログラムでは、イン・キュー・テルという非営利企業が立ち上げられ、ルーイがCEOに就任し、アメリカの諜報活動に役立つテクノロジーを扱う団体への投資が進められた。要はCIAのベンチャーキャピタル部門というわけだ。

現在ルーイは、シリコンバレーの著名なベンチャーキャピタリストとして、ビデオゲームからも政府からも遠く離れた分野で活動している。しかし1986年当時、ソフトウェア会社のCEOを併任する一介《いっかい》のゲーム開発者だったルーイは、大西洋の向こう側にあった兄弟会社が関わる、幾重にも重なった複雑な契約に足を踏み入れようとしていた。のちにギルマン・ルーイをベンチャーキャピタリストとして成功させることになる鑑識眼が、そのときも発揮された。ルーイは一瞬にして、テトリス信者になったのである。

テトリスを先にプレイしていたのは、ルーイのパートナーであるフィル・アダムのほうだった。彼は当時スペクトラム・ホロバイトの代表取締役で、セールスとマーケティングに熱意を傾けるゲーム業界の先導者だった。アダムは定期的に、ロンドンを訪れて上層部との会議を行なっていたのだが、あるときミラーソフトのジム・マッコノチーからゲームが入ったフロッピーディスクを渡されたのだ。それはロバート・スタインから送られたものだった。

アダムは当初、このまったく新しいゲームをどう判断したものかと迷っていた。なんでもハンガリーから届いたらしい。いやロシアだっただろうか？　いずれにせよ、ちょっと聞いただけで複雑な背景を持っていることが伝わってきたが、ゲーム自体はまったくシンプルなものだった。そしてたった数回のプレイで、テトリスはすっかりアダムの心に根づいてしまったのである。

テトリスはコンピューターゲームの概念を打ち壊した。宇宙人もいなければドラゴンもいない、ストーリーもいっさい存在しない。グラフィックスは単純で、原始的とも言えるほどだ。そして30秒プレイするだけで、ゲームの全貌が見えてしまう。それでもアダムは、ゲームをプレイするのをやめられなかった。

すっかりロンドンの夜も更け、アダムは同僚たちとディナーの予定があったのだが、ＩＢＭ版のテトリスをプレイしているうちに時間を忘れてしまった。アダムが時計を見上げると、すでにディナーの時間は終わっていた。同僚たちがゲストハウスに戻ってきたとき彼らが目にしたのは、画面に釘づけになり、テトリミノを回転させているアダムの姿だった。最終的に彼は、無理やりキーボードから引き離されることとなった。

アダムは自分が何か特別なもので遊んでいることがわかっていた。そしてなぜマッコノチーがむざむざと自分にソフトを紹介してきたのだろうかといぶかしんだ。このゲームに大したインパクトはないと高をくくって、軽視しているだけかもしれない。ゲームと、その背景にあるユニークな物語が組み合わされれば、80年代のゲーム業界では大ヒットまちがいなしであることにミラーソフトが思い至らなかったというのは、まったく信じられない話だった。

アダムはマッコノチーのところへ戻ると、声高々にテトリスを絶賛した。しかし、マッコノチーにテトリスは「5ドルのテーブル小物くらいの値打ちだろう」と聞かされると、アダムは困惑して頭を振るしかなかった。それは、最終的には他の商品とともにレジの横に山積みにされ、二束三文で叩き売りされるようなチープなゲームという意味だった。兄弟会社の代表取締役がディナーの約束をすっぽかして、夜通し遊んでしまうほどのゲームだったにもかかわらず、マッコノチーにとってテトリスは、クリスマスの靴下に突っこまれる程度のものだったのである。

「ちがいます。まちがいなく、これはでかい話です」。アダムは食い下がった。「これはソ連からやってきた、最初の知的財産なんですよ」。彼はさらに、自分たちがこれに大きな関心を抱いている理由は、「商用化されたソ連製の製品は、私の知るかぎり、北米地域では流通していない」からだと付け加えた。

「よし、それならスタインを呼び出して契約を結ぶとしよう。あとは彼に任せた」。マッコノチーはそう言ったものの、まだ納得していなかった。さらに、自分には何も見えなかったが、アメリカの兄弟会社はほんとうに何か見えているのだろうかという疑問が、徐々に湧き上がってきた。

マッコノチーはアダムに、自社だけで取り組むだけの確証がないと告げた。そして、スペクトラム・ホロバイトが事業を展開するアメリカと日本での販売権を獲得する気はないか、とアダムとルーイに尋ねた。そうすれば、ミラーソフトがイギリスと他の欧州諸国で販売を行なって、財務リスクを分散させることができるという。

こうしてテトリスのコピーが、フィル・アダムとともにカリフォルニアに上陸し、ギルマン・ルーイの手に渡ったのだった。２人は意見を交換した。このゲームは従来の業界の常識からはかけ離れた存在だったが、大穴のにおいがぷんぷんしていた。ルーイはすぐにマッコノチーに電話をかけた。ルーイのアドバイスはシンプルかつ要点を突いており、テトリスがアメリカとヨーロッパで数百万もの人を惹《ひ》きつけることになる、巧みなポップカルチャー・アプローチの基礎を築くものだった。

テトリスはイギリスのミラーソフトからやってきたが、それはロバート・スタインのアンドロメダがハンガリーで見つけたものだ。しかしほんとうの出所は、鉄のカーテンの向こう側にあるロシアだった。スペクトラムの２人にしてみれば、これは唯一にして最大のマーケティング上の仕掛けになる要素だった。ゲームに流れる厳格なロジックと、角のとがった図形はすでに、西側の人々がソ連に対して抱くイメージそのままだった。ならばそれを利用して、この控えめで、ウィンドウショッピングをしている人々を惹きつけるという意味ではたしかにぱっとしないゲームに、ちょっとした味つけをしてもいいのではないだろうか？

ルーイはマッコノチーに、テトリスの権利をただちに確保すべきだと訴えた。マッコノチーもしだいに態度を改め、ゲームが持つ「ソ連発」という要素にクローズアップするというアイデアを気に入るようになった。１９８６年といえば、冷戦真っただ中の時期だ。ベルリンの壁はまだ健在だったし、大統領はロナルド・レーガンだった。しかし時代は動きつつあり、ロシアのゲームを政治的・軍事的な敵の象徴としてではなく、異質な文化を盗み見られるものとして位置づける余地があるかもしれなかった。

冷戦が雪解けを迎えつつあるという最初の兆候は、その年の初めに現れていた。レーガン大統領とゴルバチョフ書記長による、新年の挨拶を伝える各5分間のテレビメッセージが放送され、そのなかでお互いが、お互いの国の国民に向けて直接語りかけたのである。1978年以来となる、アメリカとソ連を直接つなぐ航空便も再開され、1986年の後半には、のちに歴史に刻まれるようになるレイキャビク・サミットの開催が両リーダーのあいだで決定された。

このように西側とソ連の関係にかすかな光が差しこんではいたものの、ミラーソフトとスペクトラム・ホロバイトの関係者たちは、政治的な一線を越えないよう慎重に配慮しながら、テトリスにロシア風の味つけを加えていったのである。しかし当時の彼らは気づいていなかったが、彼らが機嫌を損ねるおそれがあったのは、慎重に意見調査を行なったアメリカ人の消費者ではなく、ロシア人のほうだった。

ロバート・スタインが東欧中を奔走し、テトリスを掘り出して、ソ連の言葉と文化の壁を越えようと全力を尽くしたにもかかわらず、ミラーソフトとスペクトラム・ホロバイトとのあいだに交わすことになる契約は、大金を生み出してはくれなかったのである。

マッコノチーは将来の売り上げの前払い金として、3000ポンドを提示し、その後は売れ行きに応じて1桁台後半から10パーセント台前半まで漸増《ぜんぞう》するロイヤリティー率を提案した。より大きなアメリカの市場については、フィル・アダムは前払い金として1万1000ドルの小切手を切る用意があった。彼らの腹はこの金で、テトリスを展開するのに必要な、すべての権利を確保し、同時にアンドロメダがソ連側の権利をすべて管理しているという安心感を買うというものであった。

しかしスタインにとっては、それは棚ぼたで手に入れた大金などではなかった。その金は、モスクワにいるパジトノフという名のプログラマーからつたない英語の怪しげなテレックスを数回もらっただけの状況で、テトリスを買い取る交渉に臨む気持ちをずいぶん軽くしてくれた。

それにまだ、テトリスからもっと大金を儲けられるという予感があった。スタインはテトリスをさらに利益の大きいアーケード版として展開する権利を手に入れ、それに特化した企業に売却しようと目論んでいた。一方でミラーソフトとの契約では、ホームコンピューティング市場をにらんでおり、さらに家庭用ビデオゲーム機の市場も視野に入れていた。

家庭用ゲーム機の元祖と言えるアタリ２６００から始まり、１９７０年代を支配したアタリのコンソール・シリーズは、当時すでに華々しく燃え散っていた。何年かおきに繰り返されることになるビデオゲーム・ブームの最初のサイクルが終わり、次の時代をつくるマシンである、ニンテンドー・エンターテインメント・システム（ＮＥＳ）が、まさに歩を進めようとしているところだったのである。日本では「ファミコン（ファミリーコンピューター）」として知られるＮＥＳは、１９８５年にアメ

テトリス・メモ9

1992年、イギリスのアーティストであるドクター・スピンは、テトリスのテーマ曲「コロベイニキ」のダンスリミックスでミュージックランキングのトップ10入りを果たした。ドクター・スピンは作曲家アンドリュー・ロイド・ウェバーの芸名である。

リカに進出し、1986年後半にはヨーロッパでの展開も始まっていた。

スタインは契約書にサインされたとき、そこそこの前払い金が確約され、取引が順調に進んでいることを喜んだ。家庭用コンピューター、ゲーム機、モバイル端末、その他さまざまな種類のマシンのあいだにある細かい境界線や、法的な定義などというものは、現時点では大した問題ではないように感じられた。

それより重要だったのは、スタインがもうまもなくミラーソフト、そしてスペクトラム・ホロバイトとの契約を結ぶという段になっても、ロシア人とのあいだには、解釈の余地が存分に残されている数枚のテレックスを除けば、なんの書類も交わされていないことだった。

時間が刻々と過ぎていった。もはやスタインには、発信源まで戻り、テトリスの製作者と遡及《そきゅう》契約を結ぶのに必要な時間は残されていなかった。もしソ連政府が、スタインがまだ手に入れていないゲームの権利を売り渡していると知ったら、すべては白紙に戻ってしまう。

9　ロシア人がやってくる

1986年11月5日。ロバート・スタインは、テトリスについてのライセンス権を確実なものにするために、ソビエト連邦との交渉の糸口をつかもうと試みていた。スタインによれば、それは形式的なものであるはずだった。なにしろ彼はすでに、テトリスのコードを書いた人物であり、ロシア科学アカデミー（RAS）のドラドニーツィン・コンピューティングセンター側の代表者であるはずのアレクセイ・パジトノフと原則的合意に達しているのだ。

いずれにしても、スタインはドラドニーツィン・コンピューティングセンターの所長に直接テレックスを送っている。インターネットが到来する以前にここまでの行動ができたというのはみごとなものだ。そしてそのテレックスのなかで、彼自身の目から見れば完璧に明確な文章で、自分の会社であるアンドロメダと標準的なソフトウェアライセンス契約を締結するのと引き換えに、テトリスの製作者に支払われる報酬を説明している。

さらに言うと、かなり待たされたあとではあったが、肯定的な返事をパジトノフから得ている。スタインにとって、それは握手に等しいものであり、テトリスの発売パートナーを探しはじめるのに十分なものだった。

それからスタインがやるべきことは、適切な人物を見つけてコンピューターの前に座ってもらい、たんにテトリスをプレイしてもらうだけだった。数分間だけのデモだったはずが、数時間の熱狂的なプレイに変わることもあった。彼はすぐに、ミラーソフトとアメリカにあるその兄弟会社、スペクトラム・ホロバイトと契約を締結し、数千ポンドの前払い金も手にした。あとはロシア人たちと契約の細部を詰め、ロイヤリティー収入が入ってきたときに、どこに小切手を送ればいいのかを決めるだけだ。

そしてもし、彼がロシアの官僚機構の無限ループにとらわれたり、あるいはパジトノフが失踪してしまったりしても（なんらかの不文律に触れて「プログラマー版シベリア」のような場所に送りこまれてしまうことがあるかもしれない）、別ルートでゲームのコードは手に入れられる。

スタインは無数のハンガリー製ソフトのライセンス供与を受け、それを西側に販売してきた。そしてコモドールなどコンピューターメーカーと密に働くようになり、テクノロジー業界やコンピューター業界とも長年つき合ってきた。そのスタインが知るかぎり、彼が発見したゲームは、SZKIのプログラマーが開発したものだという認定を簡単に受けられる可能性があった。なにしろ彼らは、スタインがプレイしたアップル版やコモドール版をコーディングしているのである。

ロシア人が音信不通になってしまったら、ハンガリー人たちが一から開発したバージョンのテトリスをライセンス提供すればいいだけのことだ。

パジトノフはのちに、ソフトウェアのライセンス契約を求めるスタインのテレックスに対する返答は、たんにテレックスを受領したことを知らせるのと、より公式な交渉を始めることを申し入れる内容だったと主張している（翻訳や許可申請、テレックスマシンの確保などに時間が取られ、返答を送るまでに数週間かかったことは事実だったが）。パジトノフは書面での交渉における法的な側面に詳しいわけではない。結局のところ、彼はコンピュータープログラマーであり、ビジネス経験はないに等しく、国境を越えたソフトウェアライセンス契約の交渉をどう進めればいいのかなど、まったくわかっていなかったのだ。

スタインは、少なくとも契約の構成に関する説明については、自分がロシア人の一枚上手であることを理解していた。2回目のテレックスでは、売り上げの75パーセントという破格のロイヤリティーを提案しているが、それは発売元や卸業者の取り分を差し引いた額に対して75パーセントという意味だった。また彼は、ソ連政府がつねに外貨を求めていることを知っていたため、彼らの目に魅力的に映るだろうと、1万ドルの前払い金を一括払いすることを提案した。

驚いたことに、今回のメッセージに対するパジトノフの反応は予想以上に速く、テレックスでの回答が10日もたたないうちに返ってきた。ロシア人たちは明らかに食いついてきているとスタインには感じられた。パジトノフとユーリ・G・エフトゥシェンコ（コンピューティングセンターの所長）の2人の署名が入った手紙は、彼らに契約を結ぶ意図があり、準備も整っていることを示していた。

針にかかった大物をゆっくり手繰《たぐ》り寄せようと、スタインはつづくメッセージのやり取りのなかでさらに契約を具体化していった。ロシア人がビジネスをしたがっていると感じた彼は、支払いの一部を、自分がロンドン中に売りさばいたコモドール製のコンピューターという形で行なうのはどうかと提案した。驚いたことに、ロシア人たちはこの提案にためらうそぶりを見せなかった。スタインにはぴんときた。彼らは自分たちが金の卵を産み出せることに気づいていないカモなのだ、と。

パジトノフと彼の同僚たちは、テトリスと同じくらい好条件でライセンスを手にできる可能性のあるプログラムを、他にも持っているかもしれなかった。ソ連製プログラムをダイレクトにイギリスへと持ちこむパイプラインを築くことができれば、それがテトリスの半分の出来だったとしても、スタインは一生安泰だ。

スタインの頭の中では、パジトノフとエフトゥシェンコからの肯定的な反応は、最終合意と同じくらいの効力があるものだった。残るは契約書を作成し、署名してもらうだけだったが、それはあくまで形式的なものにすぎない。

しかし、パジトノフの見解はちがった。彼はたんに、丁寧な対応でこの怪しげな外国人の注意を惹《ひ》き、そのあいだに商用ソフトのライセンス契約という、まったくなじみのない世界をうまく進んでいくための最善の方法を探していただけだった。彼とRASの上層部は、スタインからの提案に受け身の姿勢を取っていたが、テレックスのやり取りはパーティーでの雑談程度のもので、合意に向けて交渉するという困難な仕事を先延ばしにしていたのだった。エフトゥシェンコの支援まで得て、パジトノフが非常に限られた権限を大きく超えて行動していても、なんの役にも立っていなかった。

そしてソ連の官僚機構も、その重い腰を上げようとしていた。直属の上司の承認を得ているとはいえ、組織の下層にいるプログラマーが国際的なビジネスの契約を結ぼうとしているのを、黙って見ているつもりはなかったのである。官僚たちの動きは非常にゆっくりとしたもので、とくにこのような未知の領域では慎重になっていたが、いずれにせよ彼らは動きだした。最初の一歩は、RASのなかで踏み出された。そのとき、アカデミーソフトという内部組織が、スタインとのライセンス契約の最終合意に関する作業を引き継いだのだった。

テトリスの権利について、ソ連側の責任者が変わるのはこれがはじめてではなかった。そしてそのたびに、アレクセイ・パジトノフは実際の交渉からどんどん遠くへと追いやられ、そのうえテトリスから収入を得るという望みからも意図的に締め出されていくことになるのだった。

パジトノフと直接交渉しているのか、アカデミーソフトを介しているのかにかかわらず、スタインはいぜんとして実効的な反応を得られていなかった。返ってくるのは、些細《ささい》な問題に関する指摘ばかりだった。たとえばロシア側は突然、交渉の対象となっているのはIBM互換機版のテトリスの権利だけであり、他のプラットフォーム版についてはあとで議論するということに固執するようになっていた。

スタインにとって、それは大した話ではなかった。いまやIBM互換機はイギリスをはじめとする西側諸国において主力の存在である。それに彼の手元には、このゲームを最初に紹介してくれたハンガリー人たちが作った、コモドール版とアップル版のテトリスがある。いざとなればハンガリー人に対価を払って、これらのプログラムの権利を手に入れることができるのだ。もしソ連がそれを気に入らなければ、せいぜい西側の裁判所に引っ張り出してくれたらいい。どうせKGBのスパイが、国に敵対する人物を毒の仕込まれた傘で暗殺するなどという話は、冷戦時代の都市伝説にすぎないのだろう?

とはいえ、交渉の結果を書面にまとめ、そこにパジトノフかエフトゥシェンコかアカデミーソフトのだれか、あるいはソ連側でほんとうに権限を握っているだれかに署名させる必要が迫っていた。ミラーソフトとスペクトラム・ホロバイトは、すでにスタインと仮契約を結んでいる。彼らがそうしたのは、スタインがソ連にいる製作者から、テトリスに関する権利を公式に獲得しているという前提に基づいてのことである。スペクトラム・ホロバイトのフィル・アダムはとくに、自分が関わる契約では、ソ連のオリジナル版製作者が直接関与することにこだわっていた。「鉄のカーテンの向こう側からやってきた」という神話を、マーケティング上の仕掛けとして使うことを計画していたからだ。

もちろんソ連はスタインと契約など結んでいなかったが、彼は一連の煩雑な書類が短時間で整うだろうと期待していた。スタインにとって、それはたんにタイミングの問題であり、けっきょく彼は商品を生産者から手に入れる前に第三者に売ってしまった。鉄のカーテンを越えて交渉するというのは、それほど複雑なものであり、公式な手続きを守って手順どおり物事を進めようとしていたら、商機を逸してしまい、だれもそこから利益を得ることなどできなくなってしまうだろう。

しかし契約書を作成し、それにサインをしてもらいたいといくら嘆願しても、沈黙か時間稼ぎにしか思えないやり取りがつづくようになると、さすがのスタインもRASのなかで本気で関与している人はだれもいないのではないかと疑念を抱くようになった。さらに彼にとって不都合だったのは、ミラーソフトが彼らのテトリスの発売を前倒ししようとしていたことだった。一般的には、契約締結から実際にゲームが店頭に並ぶまでには長い時間がかかるが、予定の出荷日が一日、また一日と迫ってきていた。

もしこのまま出荷日が来てしまったら、どうすればいいのか？　イギリス屈指の巨大なメディア帝国の傘下企業であるミラーソフトに、みなさんに販売したライセンスは実際には獲得していなかったので、テトリスの発売をやめてくださいとでも言うのか？　あるいは何が起きようが構わずに、テトリスをイギリスとアメリカで発売してしまい、ロシア人が気づかないか、気にしないよう祈るのはどうだろうか。

どちらの道も望ましくなかった。虚勢を張っていたものの、彼はアカデミーソフトと契約締結に至る前に、テトリスが店頭に並ぶことは避けたかった。それは最終的にどの程度の金額を、モスクワの取り分として渡さなければならないかがはっきりしないためだった。

しかし1987年に入っても、なんの進展も生まれなかった。少なくともスタインが望んでいたような、契約書にサインされ、前払い金を支払えるという状態にはなっていなかった。4月が近づくと、より直接的な行動が求められるようになった。いよいよ手の内を明かすときが来たのだ。

その月、アカデミーソフトに宛てたメッセージのなかで、スタインはすばらしいニュースがあると発表した。その内容は、ミラーソフトとスペクトラム・ホロバイトの2社が、テトリスのリリースについて合意したというものだった。

これについてはなんの心配もいらない、とスタインは保証した。最初のリリースはIBM互換機版のテトリスに限定されるからだ。しかし当然ながら、アップルやコモドールなどから発売されている家庭用コンピューターの人気が高まっているため、最終的にはこれらのプラットフォーム上で動くテトリスを発表する必要がある。それについては、別途ロイヤリティーの前払いが発生する予定だ。

他のプラットフォーム向けにもライセンスを供与すると、追加の報酬が手に入ることをちらつかせれば、ロシア人も正式な契約を結ぼうと食いついてくるだろう。この交渉が合意に達しなければ、追加の前金の話もなしになる。スタインは暗黙のうちにそう言っているのだった。

彼はアカデミーソフト経由で他のプラットフォーム版のテトリスを手に入れるという姿勢を明確にするようになっており、バックアップとして用意してあった、ハンガリーとのコネクションを犠牲にしようとしていた。しかしロシア人を交渉の席に着かせるという点では、それは意味のある犠牲だった。

東欧諸国との取引経験が豊富な人にとっても、ソビエト連邦との境界上で仕事をするというのはとくに苛立つことの多い経験だった。そしてスタインは、自分が交渉しているプログラマーとその管理者が、たんにビジネスについて無知なだけなのか、それとも何か華麗なゲームでも演じようとしているのか判断できなかった。

その謎を解くことは、1987年の春にはさらに重要な課題になっていた。ミラーソフトとジム・マッコノチーが、アンドロメダとテトリスに関する公式な契約を結ぶために、スタインのもとを訪れたのである。

ソ連との交渉が最終合意に至っていないにもかかわらず、対応を先延ばしにできなくなったスタインは、1987年6月に腹をくくって契約を締結した。

しかしその契約書類には、一歩対応をまちがえれば、スタインをバラバラにしていまいかねない時限爆弾が仕込まれていた。そのひとつは、契約でカバーされているプラットフォームがあいまいだったという点だ。ＩＢＭバージョンについては明確に定義されていたものの、「その他のコンピューターシステム」で展開するバージョンについての契約の文言には、解釈の余地が残されていたのである。だが、もっと重要な問題があった。ある条項において、スタインがすでにゲームの著作権とライセンス権を管理していると述べられていたのである。

実際には、彼が得ていた合意ははっきりとしたものではなかった。ロシア人との契約はまだ締結されておらず、契約の概要が何通かのテレックスと郵送された書類のなかでまとめられているにすぎなかった。しかもその文言はあいまいで、だれがどのバージョンのテトリスの権利を有しているのか、西側にライセンスを供与することでどの程度の報酬が得られるのか、だれもが自由に解釈することが可能だった。

１９８７年も終わりが近づくころ、スタインはミラーソフトとスペクトラム・ホロバイトと契約書を交わしていた。どちらの契約も、スタインが同様の契約をアカデミーソフトと結んでいるという、フィクションを前提としていた。しかしスタインにとっては、それは些細なカレンダー上の混乱程度の話だった。彼が描いていた最善のシナリオでは、ロシア人との契約がまもなく締結され、家庭用コンピューター向けのアップグレード版テトリスの発売には間に合うはずだったのである。みなが時間を節約できるし、２つの契約の署名日の順序が数か月逆さまになっていたことなど、だれも気にしないだろう。

それにソ連との契約が具体的にどのような構造になっているかなど、ロバート・マクスウェルの関係者らには関心がないかのようだった。当時の冷戦状態のなかでは、東と西によるビジネスの契約はいぜんとして危険で、避けたい話だった。西側の企業が国際的な仲介者を買って出るスタインのような存在といっしょに動いていたのは、それが理由だった。彼は面倒な仕事をすべて引き受け、すべてが合法的に輸入されるようにしてくれる（少なくとも、そうなっているという保証を与えてくれる）。そして政府があらゆる場面に関与し、理論上はすべてを所有しているソビエト連邦の、官僚的ブラックホールを渡りきる先導役を果たしてくれる。

スタインがソ連との契約に取り組んでいる一方で、ミラーソフトとスペクトラム・ホロバイトはテトリスの発表準備を進めていた。やるべきことは山のようにあった。マッコノチー、アダム、そしてルーイの3人とも、テトリスを売るには独創的なマーケティングが要求されることを理解していたからである。このゲームには派手なグラフィックスが欠けていて、主人公もいなければ、なんのキャラクターも登場しなかった。タイアップしている映画や本もなく、軍事物の熱狂的なファンたちにアピールできるような、英雄的な軍隊も登場しない。テトリスという名前すら、潜在的な買い手たちに説明する必要があった。

別の必要最低限で派手なグラフィックスのないローテクなゲームが成功していたが、その多くはインフォコムという会社が発表した「ゾーク」や「銀河ヒッチハイク・ガイド」といった、テキストアドベンチャーとよばれる種類のゲームだった。それは本質的に、ゲームブック〔短いテキストと選択肢が用意され、読者が自由にストーリー展開を選んで遊ぶことのできる本〕をコンピューター上で再現したもので、テキストだけの画面を、鋭く巧みな文章で補っていた。アレクセイ・パジトノフが開発したオリジナルのエレクトロニカ60版テトリスも、同様に文字と記号だけを使っていたが、類似点と言えるのはそれくらいだった。

とはいえ、プラス面もあった。それは西側の客向けに、翻訳やゲームを理解してもらうためのローカリゼーションの必要がほとんどなかったことだ。フィル・アダムのような、たまにしかゲームで遊ばない人でもすぐテトリスに夢中になってしまう理由のひとつとして、始める前の説明がいらないという点が挙げられる。はじめてのプレイヤーに基本を理解してもらうには、通常は60秒程度試してもらうだけで十分であり、その後はひたすらスキルを磨くだけだった。

残された疑問は、それだけシンプルなこのゲームがどのように着飾れば、アメリカやイギリスのコンピューター愛好家たちが40ドルや50ドルもの大枚をはたいて買ってくれるソフトになるだろうか、である。マッコノチーはいぜんとして、テトリスを5ドルで買えるノベルティーグッズとして商品化するアイデアに傾倒していたため、テトリスをたんにブロックを合わせる以上のゲームにする責務は、ギルマン・ルーイとフィル・アダムに課せられることとなった。

このゲームの起源が、ソ連のロシア科学アカデミーにまでさかのぼれるのを知っていたことで、アダムは発想を大きく飛躍させることができた。彼が考案したマーケティング上の謳《うた》い文句は、「北米で商品化された初のソ連製品」というものだった。それはたとえ厳密には正確でなかったとしても、良いキャッチコピーになるはずだ。

しかしイギリスにいる彼らの兄弟会社は、ソ連発という味つけをするのをほとんど手伝ってくれず、課題が山積していた。オリジナルのエレクトロニカ60版テトリスが開発されてからというもの、新しいバージョンが生み出される際には、みなゼロから開発しなければならなかった。オリジナル版のテトリスも、そしてゲラシモフ版、ハンガリー版も、そのたびに新しいコードが書かれたのである。そうしたことからミラーソフトとスペクトラム・ホロバイトも、このゲームに流れるDNAを書き換えることできた。皮肉なことに、これによってテトリスはより普遍的な存在になるのではなく、その起源が誇張された「鉄のカーテンを越えてやってきた、エキゾチックなゲーム」という性格を帯びることとなった。

スペクトラム内ではギルマン・ルーイのチームが、このあとテトリスと永久に結びつけられる、ロシア民謡を乗せた最初のサンプルを開発していた。ルーイはまた、テトリスのパッケージを赤くし、そこにモスクワの象徴とも言える聖ワシリイ大聖堂を描くというアイデアも進めた。

パッケージだけでなく、ゲームのなかにもロシア風のイメージがほどほどに必要だったが、それはソ連に恐怖心を抱く西側の人々に配慮するというだけの理由ではない。テトリスの風変わりな特徴として、ゲームのフィールドと、それが映し出されるコンピューターの画面の形が一致しないというものがある。テトリスは基本的に、縦長の瓶にブロックを詰めていくというゲームだが、その縦長の瓶は大きな正方形や長方形の画面の内側にあり、画面の左右にムダなスペースが生じるのだ。

これまでに開発されたテトリスのほぼすべてのバージョンで、このスペースは飾りの画像を表示することに使われている。抽象的なものもあれば、アニメーションが使われているもの、自社のプロモーションに使っているものなど内容はさまざまだ。しかしフィル・アダムとギルマン・ルーイには、ここは異国風でミステリアスな味つけをさらに加えるのに使える場所だった。そうしてテトリスの最初の商用版には、ソ連を連想させるカラフルな背景（レーニンスタジアム、ムルマンスクの潜水艦基地、メーデーの赤い広場、サリュート宇宙ステーションから地球を見下ろす宇宙飛行士）が表示されることになったのである。そしてあとにつづく多くのバージョンでもこの路線が貫かれ、ロシアをテーマとした各種のグラフィックスが使われている。

またスペクトラムのチームは、ブロックの色を整理し、各テトリミノにそれぞれ固有の色を対応させた。アダムはテトリミノの形状が7種類であることと、「人間の脳は一度に7つの変数しか覚えることができない（7桁を超える番号や文字列を覚えるのが難しい理由だ）」という広く受け入れられている説とのあいだのつながりに着目した。彼はテトリミノの形と色が結びつくことで、プレイヤーは遊べば遊ぶほど上手にプレイできるようになり、しまいには新しいピースが画面に表示され、その色が目に飛びこんできた瞬間に、脳が形状を認識するよりも早くなんのピースかを把握できるようになると考えたのだ。

他にもソ連を連想させるマーケティング素材が用意され、アダムは高まる冷戦熱を和らげる発売イベントを企画し、テトリスを正反対の2つの文化をつなぐ架け橋として売りこむことにした。テトリスが冷戦を終わらせられなくても、少なくともロシア人たちが、私たちとまったく異なる人間というわけではないと示すことでゲームを少しは販売できるだろう。

新しいテトリスがアメリカとイギリスの店に並ぼうとしている一方で、ロバート・スタインはいまだに、契約書にロシア人たちのサインをもらうのに悪戦苦闘していた。1987年12月までに、彼は飛行機に乗ってモスクワに乗りこむ以外のことはすべてやりつくしてしまった。じつのところ、最終契約のためでなくても、いつでもロシアを訪問して、しかるべき人に会うつもりがあると申し出ていた。そして少なくとも、ゲームのライセンスを他の発売元、とくにミラーソフトとスペクトラム・ホロバイト向けのライセンス供与に関する概要を記した覚書にサインしてもらおうとしていたのである。

１９８８年1月を迎え、いよいよミラーソフトとスペクトラム・ホロバイトが、２つの文化をまた ぐ博打《ばくち》のプロモーションに乗り出す時期がやってきた。とくにアメリカの消費者に向けては、より派手な宣伝と芸能人が起用されることになり、スペクトラム社長のフィル・アダムは、歴史的な発表イベントを開催するためにサンフランシスコのハープスト劇場を借りた。

サンフランシスコ戦争記念舞台芸術センターの一部であるハープスト劇場は、アメリカでソ連製のコンピューターゲームをお披露目する場所として最適の場所だったと言えるだろう。43年前の１９４５年6月26日、同劇場がまだ退役軍人講堂と呼ばれていたころ、当時のトルーマン大統領や世界各国の指導者が集まり、同じ舞台の上で国連憲章に署名したのである。

そして１９８８年のいま、テトリスのコンピューターゲーム関連のプレス向けイベントがハープスト劇場で開かれようとしている。マーケティング上でとくに大胆だったのは、フィル・アダムがソビエト領事館からロシア大使を招いたことだ。ソビエト領事館はサンフランシスコのロシアンヒルにあり、アメリカのテクノロジー企業をスパイするためにシリコンバレーの真ん中に開設したのだと長らく非難されていた。ビデオゲームのお披露目イベントというカジュアルな場であれば、ロシア大使がテクノロジーコミュニティとの関係を改善する絶好の機会になるだろう。

しかし大使は喜ばなかった。それどころか、フィル・アダムを問いつめ、ゲーム内容の変更を要求した。それが繊細な東西関係に影響をおよぼすことを恐れたのである。

じつは前年の1987年5月に、マチアス・ルストという名の西ドイツの若いパイロットが、セスナ機172を操縦してモスクワの中心部まで侵入し、クレムリンや赤の広場近くに着陸するという事件が起きていた。ソ連の空軍は撃墜しようとセスナを追っていたが、けっきょく撃墜許可は下されなかった。とはいえルストは逮捕され、「フーリガン行為」を含むいくつかの罪状で、ロシアの裁判所で有罪となった。彼はすぐ国際的な有名人となったものの、15か月後に米ソ間の中距離核兵器削減交渉をめぐる親善アピールとして特赦が下されるまで、ロシアで禁固生活を送ったのだった。

スペクトラム・ホロバイトが開発したテトリスの初期バージョンには、飛行機が赤の広場に着陸する絵が登場していた。大使はアダムに対し、このまだ記憶に新しく、決まりの悪いエピソードがゲームに含まれていることについて、上層部が気分を害していることを伝えた。

「どうかご理解ください」とアダムは大使に答えた。「多くの人々は、共産主義とロシアの人々が人間性に欠けるととらえています。無味乾燥なものと感じているのです。みなさんが行なっているプロパガンダが、どれほど非難されているかご存知ですか？　われわれはおなじくプロパガンダをやろう

テトリス・メモ10

玩具メーカーのハスブロは、テトリスをモチーフにしたジェンガ（積み木を積み重ねていくゲーム）を発売している。

としていますが、それをプロパガンダとは言いません。それはこの国が民主主義国家であり、共産主義国家ではないからです。ただ、やっているのは同じことです」

「たしかにそうだ。われわれの子供と、あなた方の子供が生まれたときの唯一のちがいは、それが昼か夜かということだけだ」。大使はモスクワとアメリカ西海岸との時差が10時間あることを引き合いに出した。

アダムは大使が出してくれた助け舟を拾った。「そのとおりです。他はみな同じなのだと、私たちが伝えます。アメリカ人たちも、ソ連の市民に自分たちと同じような人格があると気づくでしょう。このゲームがそれを教えてくれます。私たちの関係にとってマイナスではなく、プラスになってくれるはずです」

大使は態度を変え、うなずいて合意を示した。ソ連と西側の緊張がつづくことは、ビジネスにとって悪影響しかおよぼさないことを感じたフィル・アダムは、テトリスにソ連風の味つけをさらに加えることを決意した。ロナルド・レーガン大統領とミハイル・ゴルバチョフ書記長のそっくりさんを雇い、業界の見本市にテトリスを出品する際、彼らをスペクトラムのセールスチームに同行させるということまでやった。

ロバート・スタインはすべての契約条件が確定し、ロシア人がサインするまで、ゲームの発売を延期したかったかもしれないが、もはや彼にはどうすることもできなかった。テトリスははじめて商用化され、全世界に向けてリリースされてしまった。どのような反応が起きようと、彼はそれを黙って見ているしかない。テトリスが大ヒットするか、それとも大失敗に終わるか、そしてそれにソ連がどう反応するか、まったくわからなかった。

10　「悪魔の罠」

アメリカ各地のソフトウェア店で、奇妙なゲームの販売が始まった。なんとも大きな赤い箱に入ったこのゲームには、34・95ドルの値札が貼られていた。

まだ一般消費者のあいだでインターネットが普及しておらず、ゲームをクラウドからダウンロードしたり、アプリストアで購入したりできなかった時代、新しいゲームを探して購入するには、バベッジズやソフトウェア・エトセトラのような、物理的な店舗に足を運ぶしかなかった。ほとんどのゲームソフトが紙のように薄い5・25インチフロッピーディスクに記録されていたにもかかわらず、ゴテゴテに飾られた大きなボール紙の箱に入れられていたのは、それが理由だ。中身に対して不釣り合いに大きいパッケージを使うことで、似たような商品が並ぶ棚の前をぶらぶらと歩いている買い物客たちに、アピールしようとしたのである。

テトリスの場合、パッケージは真っ赤な大きい箱だった。そこにはキリル文字が書かれており（逆向きになったRの文字ですぐにわかった）、さらに見まごうことなきモスクワの建築物が描かれ、見た者に強烈な第一印象を与えた。しかしテトリスには別の特徴があった。当時発売されていた他のゲームとは、見た目から何からまったくちがっていたのである。テトリスを最初にプレイした人々は、自分を根っからのゲーマーだと思っている人や、テトリスと売り場を取り合っていたエイリアンやドラゴン満載のゲームをプレイしているところを絶対に見られたくないと思っている人ではなかった。

そうした理由とテトリスのユニークな宣伝文句から、これまでファンタジー・ロールプレイングゲームやSFシューティングゲームに1インチたりとも紙面を割こうとしてこなかった大手の新聞や雑誌が、テトリスを取り上げた。

ゲームが発売されるとすぐに、クチコミと好意的なメディア報道とのあいだで、情報が循環するという状態が生まれた。1988年1月にニューヨーク・タイムズ紙に掲載された、ピーター・H・ルイスの記事では、テトリスがソ連発であることに注目したうえで「シンプルで中毒性が高い」と表現している。

「テトリスと呼ばれるこの新しいコンピューターゲームは、アメリカではじめて発売されたソ連製のコンピューターソフトだと言われている。きょうこのゲームを発売するアメリカ企業、スペクトラム・ホロバイトの関係者によれば、テトリスはモスクワのソ連科学アカデミー内にあるコンピューター研究所のプログラマーらによって、IBM製のPCで開発されたという」

当時ニューヨーク・タイムズ紙は、開発者としてパジトノフとワジム・ゲラシモフに触れた数少ないメディアのひとつで、彼らをこう紹介した。「モスクワ大学に通う18歳の学生、ワギム・ゲラシモフと、科学アカデミー所属の30歳になる研究者、アレクシ・パスズィトノフ」

サンフランシスコに駐在するロシア大使を困惑させたマチアス・ルストや、彼の赤の広場への不法侵入にまで紙幅が割かれた。

「この国の教養ある消費者にアピールするため、このゲームには、ソ連のイメージを描いたカラフルなグラフィックスが追加された。オープニングのシーンでは、赤の広場のすぐ上を通過するセスナ機の姿まで描かれている」

一方でシカゴ・トリビューン紙の記事は、「グラスノスチ政策がコンピューターゲームにまでやってきた」と表現し、テトリスを「あまりにもすばらしく、ニェット〔ロシア語で「いいえ」の意味〕とは言えないだろう」と絶賛した。記事の残りの部分も同様に鼻につく表現がつづく（ただ公平を期していえば、こうしたジョークは１９８０年代にはもっと新鮮に感じられたのかもしれない）。

「テトリスは非常にシンプルなので、封を開けて5分ですべてのルールを理解できる。しかしその面白さは抜群で、一度プレイを始めると、何時間もコンピューターの前から離れられなくなること請け合いだ。あまりに時間を費やしてしまうので、テトリスはアメリカの生産性を下げるために、悪の帝国で開発された悪魔の罠《わな》ではないかと怪しんでしまうほどだ」

テトリス・メモ11

エレクトリック・ゲーミング・マンスリー誌の１００号では、テトリスを「史上最も偉大なゲーム」に認定している。

ロイターは電話を通じて、アレクセイ・パジトノフの上司であるビクトル・ブリャーブリンから次のようなコメントを取ることに成功している。「[テトリスを]西側諸国で商品化するというアイデアは、このゲームがソ連で、次いで東側諸国で流行したつい最近になってから出てきたものです」

テトリスを報じた初期のニュース記事のなかには、テトリスがロシア科学アカデミーで生まれ、それからハンガリーへと向かい、そしてアンドロメダとロバート・スタイン、ロバート・マクスウェルのミラーソフトとスペクトラム・ホロバイトへと伝わっていった複雑な経緯と、パジトノフ（およびゲラシモフ）が作者であることについて、驚くほど正確に記しているものもあった。しかし西側で膨らむテトリスの売り上げから、その開発者へとお金が流れているのかどうかをはっきり報道したものはいっさいなかった。

惜しかったのはニューヨーク・タイムズ紙で、テトリス発売を報じた１９８８年の記事のなかで、「売り上げがプログラマーに還元されるかどうかははっきりしていない」と書いた。しかしソ連にとって、その答えは明確そのものだった。パジトノフの住む国の政府にしてみれば、彼に渡すロイヤリティーの分け前はゼロ以外になかったのである。

テトリスには、マーケティング担当者が「クロスオーバー・アピール」〔特定の人々をターゲットにした商品が、ターゲット以外の人々からも支持されるようになる魅力〕と呼ぶものがあったが、競争の激しいビデオゲーム業界を追うジャーナリストや評論家たちと足並みをそろえ、一気に攻勢に出た。ふだんであれば、彼らはゲーマーでない人たちにも受け入れられるゲームが存在するなどとは思っておらず、大衆受けすることがゲームにとって最大の罪だとすら考える人々だった。

当時、コンピューターゲームのニュースやレビューは、おもに印刷媒体の雑誌に掲載されていた。現在そのほとんどは廃刊してしまったが、電子メールやウェブサイトが登場する以前には、ニューススタンドや定期購読で売られていたこうした雑誌がコンピューター愛好家たちの主要なコミュニケーション手段であり、人々はそれを通じて最新のニュースに接していたのである。1980年代でも、技術に精通したコンピューターユーザーたちは、初期のダイヤルアップモデム（その多くは受話器を黒いゴム製のカップに差しこむという形式だった）を通じてオンライン掲示板にアクセスしていたが、そうした掲示板サービスとは異なり、雑誌にはカラー写真が美しいレイアウトで掲載されていた。この点は今日も、おおぜいのビデオゲームファンが閲覧するウェブマガジンのサイトに受け継がれている。

そうした雑誌のひとつで、とっくの昔に消えてしまったACE（アドバンスト・コンピューター・エンターテインメント）誌は、テトリスを次のように評した。「幾何学的で魅力的で風変りなもの……これがパッキングという抽象的な数学のテーマをカルトゲームに変えた」。さらにこの記事では、ミラーソフトがすでにコモドール64やコモドール128、アタリST、そしてアミガ（コモドールが発売した上位機種で、価格が1200ドル以上したにもかかわらず、ゲーマーやプログラマーのあいだで人気を博した）といったさまざまなプラットフォームへの基本的な移植作業が完了していることにまで触れられている。これらのバージョンはもとのIBM版と並行して発売され、IBM版の34・95ドルに対し、24・95ドルの値札が付けられることがあった。

こうしたマルチプラットフォーム戦略は、ゲーム業界では一般的な慣行だったが、ソ連側の人々の目には驚きとして映ったかもしれない。彼らは当初、ロバート・スタインとアンドロメダに対し、原則としてIBM互換機版以外のものは、明確に許可していなかったのである。

別のコンピューター愛好家向けの雑誌コンピュートは、テトリスを「ベルリンの壁のこちら側で、屈指の中毒性の高いゲーム」と評し、「仕事や約束がある人はテトリスを始めるべきではない」と警告した。

またこのコンピュート誌のレビュー記事では、IBM版とコモドール版のテトリスに内蔵された「隠れ機能」も紹介している。これはテトリスの中毒性を考慮して追加された機能で、モスクワのように職場でこのゲームを禁止しようという動きが起きるのを回避するためのものだ。「もしチャンピオンラウンドをプレイ中に、上司が近づいてくる足音が聞こえたら、すぐにエスケープキーを押そう。するとロータス1-2-3のスプレッドシートを模したダミー画面が表示される。もう一度エスケープキーを押せば、ゲーム再開だ！」

いつの時代も、コンピューターとコンピューターゲーム、そしてSF・ファンタジー系の小説、映画、テレビ番組、コミックといった幅広い世界は、張りめぐらされた糸でしっかりとつながっている。ある分野のファンは別の分野のファンでもあり、「価値のわかる」人々は互いに強く結びついて派閥を形成する。これは、「指輪物語」や「アベンジャーズ」のようなオタクを象徴する作品が主流の大作映画から遠くにあった1980年代から90年代にかけてはとくに重要だった。

その意味で、SF作家オースン・スコット・カードが書いたテトリスへのラブレターは注目に値する。彼はコンピュート誌の連載で、テトリスが発売された直後、こんなことを書いている。「たまにだけれど、危険なほど中毒性があり、指からプレイヤーの脳を吸い上げてしまうゲームというのがある。……私はプレイしつづけて、ついには、読書中やテレビを観ているあいだ、運転中にも、四角が4つつながったあのいまいましいピースが目の前を落ちていくようになってしまった」

彼はまた、テトリスの最初のPC版にあった、奇妙な特徴について指摘している。発売を急ぐあまり、家庭用コンピューター版にはコピープロテクションが施されておらず、簡単にコピーして配布することが可能だったのである。ちょうど、モスクワでオリジナルのソースコードがそうだったように。

多くのプログラム、とくにコンピューターゲームを実行するには、マニュアルに書かれたコードキーが必要だった。それによって、不正な配布を不可能とは言わないまでも、難しくしていたのである。アドベンチャーゲームで有名なインフォコムは、これをちがう方向に発展させ、さまざまなおまけをゲームのパッケージに印刷していた。たとえばゲーム内の世界地図や偽物の新聞の切り抜きなどで、これらがゲームをクリアするのに役立つ情報になっていた。

テトリスにはそうしたコードキーなどが設定されておらず、ゲームをコピーしてシェアしたいと思わせるような感染性があった。そのうえ、プログラムのサイズも小さかった。さらにテトリスは直感的に遊ぶことができたので、たんにプログラムをコピーしただけのフロッピーを友人や同僚からもらえれば、紙の操作マニュアルがなくてもすぐ楽しめたのである。

オースン・スコット・カードにとって、これはテトリスがアメリカ中のコンピューターを乗っ取ろうとする、悪辣な共産主義者たちの罠であることを示す証拠だった。彼はこうつづける。「もしロシア人がペレストロイカ流のゲームマーケティングに真剣だったら、このいまいましいゲームにあらゆる手段を使ってコピープロテクトを施していただろう。忠実で血気盛んなアメリカ人がするように」

主要メディアに何度も取り上げられ、さらに簡単には満足しないことで有名なゲーム雑誌でも、同じように魅力的な記事が頻繁に掲載され、テトリスは絶賛の嵐のなか、デビューを果たした。ここまでの称賛を受けたゲームは、テトリス以降登場していない。現代のベストセラーゲーム、たとえば「バイオショック」や「コールオブデューティ」といった作品は、ホリデーシーズンの売り上げがビジネスニュースをにぎわせることはあっても、主要メディアで取り上げられることはめったにない。

この盛況ぶりを、スペクトラム・ホロバイトのフィル・アダムとギルマン・ルーイが喜んだことはまちがいない。ミラーソフトのジム・マッコノチーも同様だろう。ただイギリスでの売り上げと熱気は、アメリカで巻き起こっていたテトリス旋風に比べるとかなり落ち着いたものだった。

ロバート・スタインが、これを「東ブロック戦略」、つまりロシアとその衛星諸国から安いソフトを輸入して、そのライセンスを豊かな西側諸国で売りさばくという戦略の勝利として喜べたら、なんとよかったことか。しかしテトリスが家庭用コンピューターで突然大ヒットしたことは、ソ連の良からぬ場所の注意を惹《ひ》くだけだった。彼はいまでさえアカデミーソフトとロシア科学アカデミーの分厚い官僚機構を突破できずに四苦八苦していたのに、そこへ新しい別の国家機関が地平線の向こうからその姿を現わそうとしていた。その機関は、テトリスをめぐる交渉を乗っ取り、西側スタイルの強硬な姿勢で取引に臨もうとしていた。スタインは、押しの強い、プロの交渉人がそろったＥＬＯＲＧという不気味な呼称を持つ組織が交渉を引き継ぐと告げられたのだった。

11　ELORGへようこそ

アレクサンドル・アレクセンコは、テトリスをめぐる混乱をどうしたものかと悩んでいた。パジトノフとかいうプログラマーがソフトウェアだか、ゲームだかを作り上げ、それが西側企業の目を惹《ひ》き、彼らから金をもらおうとしているらしい。それはもちろん、数々の理由から問題だった。

彼がこの件に気づいたのは、まったくの偶然だった。それは別のソフトウェア開発プロジェクトに関して、アレクセンコが所属するエレクトロノルグテクニカという組織と、コンピューティングセンターがどのように協力すべきかについて、パジトノフらロシア科学アカデミー（ＲＡＳ）の所員たちと会話をしていたときのことであった。

エレクトロノルグテクニカという長ったらしい名前の組織は、ソ連外国貿易省によって設置され、コンピューターのソフトウェアやハードウェアなどの各種テクノロジーの輸出入がおもな業務だった。しかし、杓子定規《しゃくしじょうぎ》なソビエトの書記たちにでさえ、この組織は通常ＥＬＯＲＧと呼ばれていた。

パジトノフはとくに、自分が取り組んでいた疑似的人工知能プログラム「バイオグラファー」に潜在的な商業的価値があるのか、そして国境を越えてそれを販売することをＥＬＯＲＧが支援してくれるのかに関心があった。

「インテリどもが自作ソフトのライセンス契約を西側企業と結ぼうとしている」といううわさをＥＬＯＲＧが耳にする以前、彼らはエレクトロニカのブランド名で知られた計算機の販売を手掛けていた。パソコン登場前の時代、計算機を売るのがちょっとした商売になっていたのである。ソ連の軍事技術研究所で働くエンジニアたちに時間を割いてもらい、安い製品を作って売ることで、収入の足しにしていたのだ。しかし１９８０年代のブームが終わりに近づくにつれ、それはソ連が望むようなハイテクビジネスではなくなっていた。

じつのところ、計算機を売るというビジネスですら、彼らの手に余るものだった。ＥＬＯＲＧが販売していたモデルのほとんどは、アメリカや日本で販売されていた一般的な関数電卓の模造品であり、しかも模倣する過程で劣化してしまうことが多かった。そのため複雑な計算ではエラーが出てしまい、ハイエンドの関数電卓に求められるニーズを満たすことができなかったのである。ソフトウェアの販売であれば、もう少し勝算があるかもしれないと、ＥＬＯＲＧは考えるようになっていた。

そこに現れたのがパジトノフだった。彼はバイオグラファーについて議論しようとしていたのだが、雑談のなかで、自分とセンター直轄の機関アカデミーソフトがスタインという名前のイギリス人とトラブルになっていることを話しだした。どうやらこのスタインという男は、「テトリス」と名づけられた、バイオグラファーとはまったく別のプログラムに関して、契約を結びたいと熱望しているらしい。

アレクセンコは耳を疑った。そして話の内容がまちがいではないことを確認したうえで、RASから交渉の主導権を奪うことにした。「この状況について、私は何もアドバイスできない」。彼はRASの関係者に告げた。「それだけではない。きみたちがどう考えていようが、RASには国際的なライセンス契約を締結する権限はいっさい与えられていない。相手が外の企業であればなおさらだ」

それはまったく疑いようのないことだった。これ以上事態が悪化することを防ぎ、そしてこの一件が明るみに出たときに直面するであろう政治的リスクから関係者全員を守るためには、ただちにELORGが交渉を引き継ぐしかなかった。

アレクセンコは、パジトノフとアカデミーソフトがスタインと交わしたすべての書類を見せるように命じた。そこに書かれている内容を読んで、この貿易交渉人は震え上がった。交渉事に疎いプログラマーが、賢くて抜け目のない外国人ビジネスマン相手にあいまいな言葉で書かれたメッセージをやり取りしているではないか。言葉には力がある。パジトノフが使っていた不明瞭な言葉と彼の打ち解けた態度は、相手に誤ったメッセージを与えかねなかった。あるいは彼らが、意図的に意味を曲げよ

テトリス・メモ12

アレクセイ・パジトノフはのちに、テトリスの3D版である「ウェルトリス」をデザインした。ウェルトリスの画面は、上からのぞきこむような形にデザインされている。

うとしてくるかもしれない。

実際、アレクセンコの目には、両方の当事者が話し合いをしながら、別々の会話をしているかのように映っていた。スタインと彼の会社であるアンドロメダは、さまざまに異なる取引内容やロイヤリティーのオファーを繰り返し、テトリスについては、あたかもすでに合意がなされたかのように語っていた。さらにはイギリスとアメリカで、他のソフトウェアの発売元が、テトリスの販売を開始しようとしているとまで書かれていたのである。

滅茶苦茶と言うしかない状況だったが、アレクセンコはそのなかに2つの希望を見出していた。第一に、スタインはいぜんとして、最終的な契約書にサインするよう求めていた。つまり彼は、テトリスのライセンス契約がまだ確定していないことを認識しているのである。第二に、まだパジトノフやRASに対する対価の支払いは行なわれていないようだった。もし支払われていれば、別の問題というブラックホールが口を開けていたところだった。

なんといってもパジトノフはそこらの一般のソ連市民ではなく、個人が知的財産を基に利益を得るという概念を理解しないシステムのなかで働いていた。そのうえ彼は、政府が支援する研究所に雇われている身であり、外部から、とくに外国企業から金をもらうなどということは、アレクセンコにとっては想像もできないほどばかげた話であった。

アレクセンコはパジトノフとアカデミーソフトを交渉から外し、直接スタインに連絡を取った。そしてこのイギリス人に、いままでずっとまちがった相手と交渉していたことを伝え、彼が締結済みだと考えている契約は完全に無効だと告げた。ソ連の外でほんとうにテトリスが売れるのだとしたら、それを売るのはＥＬＯＲＧなのだ。

とはいえＥＬＯＲＧにとっても、それはばかげた主張だった。彼らは怪しげな関数電卓を共産圏で売るのにも苦労しているのである。どうすればヨーロッパやアメリカのソフトウェアの小売市場に参入する方法がわかるというのだろうか？

スタインは、タフな交渉が舞いこんだ際にそれを開始するスタンスを承知していた。実際、彼はこの新たな状況を歓迎していただろう。なにしろロシア側から契約交渉に精通する人物が登場して、さらに重要なことには、自分が意思決定の権限を持つと主張しているのである。

スタインはＥＬＯＲＧの艦首めがけて、警告のメッセージを送った。もしアレクセンコが取引を完全にやめてしまうようなことがあれば、ソ連は商売相手として信頼されなくなるだろうと説明したのである。

当時はゴルバチョフとペレストロイカの時代であり、テクノロジーによって国家間の距離が急速に縮まり、軍事よりも商業が優先課題となりつつある世界において、国際社会の一員として真剣に相手にしてもらえることをロシアは望んでいた。

テトリスをめぐって文化的な注目が高まっていることを考えると、スタインにテトリスの発売を中止させるよう強制した場合、それはＥＬＯＲＧ側の大失敗と見なされる可能性があった。テトリスはロシア最大の文化輸出品になろうとしており、テレックスのやり取りにいくつか誤解があったからといって、アレクセンコもその目と鼻の先にとんでもない国際的醜態をもたらすことは望まないだろう――スタインはそう示唆したのである。

ソ連では政治的・経済的な混乱が起きていた。変化のペースが加速していることを見ている人々にとって、それは明白だった。アレクセンコは自分が厳しい立場に立たされていることを理解していた。しかしそれは、スタインに便宜を図ってやらなければならないという意味でも、あらゆるドル、ポンド、ルーブルを取りこぼしてはならないという意味でもなかった。

スタインはモスクワにあるELORGを訪問した。両者は、草案という草案、条項という条項のまわりで、クルクルと複雑な求愛ダンスを踊ることに専念した。そして1988年2月末までには、どちらの側も完全には満足していなかったものの、ほぼ完全な草案が出来上がっていた。いくつかのポイント、たとえば発売されるテトリスのあらゆるバージョンにELORGが最終承認を与えるといった内容は、スタインから見れば無意味なものだった。認可されていないバージョンがすでに販売されており、今後世界中のソフトウェア開発者や発売元にサブライセンスを与えることを考えれば、すべてのバージョンを管理するなど不可能だからである。しかし彼らが望むというなら、試してみればいい。

スタインにとってより重要だったのは、アンドロメダがテトリスのライセンスをさまざまなハードウェア向けに供与できると、可能なかぎり明確な形で書かれた契約を結ぶことだった。交渉を開始したIBM互換機版だけのライセンスでは、若いゲームプレイヤーがどんどんアップルやコモドール、アミガなど他のブランドへと移りつつある世界では、あまり役に立たないだろう。

しかし両者がサインできる最終版が完成しないまま、何か月も過ぎていった。アンドロメダとELORGのあいだで2月に合意された草案が、ソ連の官僚組織の底なし沼にはまってしまったかのように思われたそのとき、突如としてスタインのもとに、サイン可能な最終版の準備ができたとの知らせが届いた。

それは1988年5月のことで、スタインがロバート・マクスウェルのミラーソフトとスペクトラム・ホロバイトにライセンスを販売してから、長い時間が過ぎていた。そして西側諸国向けの味つけがなされた、テトリスの新しいバージョンが、すでにソフトウェア店でにぎやかに販売されていた。しかしテトリスで一儲《ひともう》けしようという彼の野心によって、交渉はなんとか前進していた。スタインはソフトウェアライセンスに関する標準的な慣行を無視しているという汚名を返上できるところまで来ていたが、まだ十分ではなかった。

スタインはテトリスをアーケードマシンに突っ込み、家庭用ゲーム機の新しい波に乗せるという野望を抱いていた。とくに家庭用ゲーム機は、かつてのアタリやインテレビジョンから世代交代が進み、家庭内エンターテインメントの最前線にふたたび躍り出ようとしていた。

野望を達成するにはさらなる交渉が必要だが、少なくともスタインは正式にELORGと取引を行なえるようになったのだ。彼はミラーソフトに、すでに販売を開始していたコンピューターゲームに関する契約はまちがいなく締結されていると伝え、そして当時はまだゲームの発売元にとって重要な収益源であったアーケードゲームや、彼が「TVゲーム」と呼んでいた家庭用ゲーム向けの権利もまもなく得られるだろうと保証した。

関係者たちはみな、これまでのように、新しい展開に向けて準備を進めてもまったく問題がなく、ソ連との新しい契約も最終的には収まるところに収まるだろうと考えていた。しかしスタインは表に出さなかったが、ライセンスを他のプラットフォームに拡大することにソ連がどう出るか、いまひとつ確信が持てなかった。旧式のマシンを使っているロシア人たちは、テレックスやファックスを使ってメッセージを送ることはなんとかできたが、ニンテンドー・エンターテインメント・システムのようなテレビにつないで使うゲーム機については何も知らなかったのである。少なくともアーケードゲームについては、ロシア人たちは理解していた。1970年代後半から80年代初頭にかけての、スペースインベーダーやパックマン、アステロイドといったゲームの大流行は、鉄のカーテンの向こう側でも見逃されることはなかったのである。それに、ソ連のお題目をぎこちなく繰り返す、お粗末な外観のアーケードゲームの局地的な市場も、小さいながらしっかりと存在していた。

最初の契約が締結されただけだというのに、テトリスに関する権利はさまざまな企業のあいだで結ばれたサブライセンスという形で複雑にからまりつつあった。それぞれが利益の一部をライセンサーに払い戻し、それが最終的にアンドロメダへともたらされ、そのなかからスタインが決められた額をELORGに送金することになっていた。スタインがアーケード版の契約をまとめようとしていたころ、ミラーソフトはアーケード版のテトリスを開発するサブライセンスをアタリゲームズに供与していた。アタリゲームズは、かつてビデオゲーム市場のリーダーであったアタリが分割されてできた会社で、ゲーム機メーカーではなくゲームの開発・発売元として立て直しを図っている最中であった。さらにアタリゲームズは、日本市場におけるアーケード版のテトリスの権利を、ビデオゲーム界でのもうひとつの新興勢力だったセガに供与した。

ELORGとの最初の契約につづく勝利の瞬間が、スタインの目の前を通り過ぎようとしていた。

初めの契約からわずか数か月後、彼はふたたび同じ難局を迎えていた。すでに販売し、さらに転売されてしまったテトリスの権利を、ＥＬＯＲＧから得るのに苦心していたのだ。

７月の初め、スタインとアレクセンコはモスクワではなく、パリで再会した。今回の議題はアンドロメダにアーケード版のテトリスを発売する権利を与えるかどうか、である。スタインは交渉にあたり、具体的な金額を心に描いていた。前払い金３万ドルに加え、標準のロイヤリティー率である。金に困っているロシア人たちはこの条件に飛びつくと、スタインは踏んでいた。そして西側の現金をこれほど多くもたらしてくれたことに、感謝さえするかもしれない。みなで握手して、ウォッカを飲み、ハッピーな気分で家に帰れるだろう。

しかしアレクセンコは、金で片をつける気持ちはさらさらなかった。スタインとの取引に関わるすべてが、彼の気持ちを逆なでしていたのである。しかも、両者が最も基本的な事柄を決めようとするときでさえ、かならずなんらかの欠陥や弁解、問題が発生した。

アレクセンコはスタインを非難した。コンピューター版のテトリスが西側諸国で１月から販売され、数万本が売れているというのに、ＥＬＯＲＧにはいっさい報酬が入ってきていない。そんななかで、可能性でしかないアーケード版の権利など話し合ってどうするというのか？

スタインはそれを聞いても身じろぎせず、ロシア人のパートナーが不満を抱いていることにショックを受けたと訴えた。そして、だれも、とくに自分はＥＬＯＲＧが正当な報酬を得るのを妨げようとはしていない、と断言した。小売店から売り上げを集めるには、店から流通業者へ、そして発売元、その先へとお金が移動する必要があり、しかるべきところまで戻ってくるのに時間がかかっているだけなのだ。それは小売業の性質にすぎない、そう彼は説明した。

アレクセンコは説明に満足していなかったかもしれないが、彼がスタインから金を支払わせるのにできることは多くなかった。アレクセンコはいらいらして、支払いの遅れに関するペナルティーと利息を定めた、既存の合意内容に変更を求めた。しかしELORGの交渉人の腹は、ロイヤリティーの支払いとは別のところにあった。テトリスはロシア国内ですでに政治劇を演じており、それは金が入ってこないことよりも大きな問題になる可能性があったのだ。

サンフランシスコでスペクトラム・ホロバイトがテトリスを発表した際に、ロシア大使を悩ませたのと同じ問題が、本国にまで到達しようとしていた。テトリスのカルト的なヒットに関する国際報道がソ連外国貿易省内でも回覧され、ギルマン・ルーイとフィル・アダムが西側諸国向けのテトリスに施した味つけの仕方がやり玉に挙げられたのだ。ロシア風の景色や音楽、とくに数年前に赤の広場に飛行機を不時着させた、マチアス・ルストが描かれている点が大きな懸念材料となった。ロシア政府のなかには、これをひどい侮辱と見なし、テトリスをめぐる交渉を打ち切るのに十分な理由であると考える者もいた。

この問題を突きつけられたスタインは、それがロシア人にとっては金銭以上に重要な問題であるおそれがあると感じ取り、ミラーソフトのジム・マッコノチーに対して、次の改訂時にロシア風の味つけを修正するように求めた。「鉄のカーテンの向こう側」という雰囲気は残しつつ、あからさまにルストの飛行機とわかるシーンを取り除くように提案したのである。

アンドロメダとELORGの関係は、ほんの数か月で握手とサインから敵対へと乱高下し、振り出しに戻ってしまったかのようだった。しかしテトリスをめぐる交渉は、彼らの些細《ささい》な喧嘩《けんか》を超えたレベルに達しようとしていた。ライセンスとサブライセンスが織りなす網が、世界中に広がりつつあった。そのひとつに、ヘンク・ロジャースという名の、日本に住むオランダ系アメリカ人のプログラマーがサインをしていた。テトリスを取り巻く複雑な契約のなかでロバート・スタインが最も後悔することになるのが、このロジャースがからむ契約であった。

12 テトリス、ラスベガスをのみこむ

光と音が渾然一体《こんぜんいったい》となって、疲労困憊《ひろうこんぱい》した観客すらも容赦なくのみこんでいく。長いホールが延々とつづき、テントやテーブル、看板、ブースの海へと消えていく。頭上の高い天井は、この空間全体が、あたかもにぎやかなバザールへと生まれ変わった飛行機の格納庫であるかのような印象を与える。

そして、人、人、人。広大な空間が広がっているにもかかわらず、数万人もの人々の肩と肩がすれ合い、果てしれぬ人の波となって震えている。ビジネススタイルに身を包んだ人々は、会場の熱気を物ともせずジャケットにネクタイを着用し、エンジニアやクリエーター風の人々は、オーバーサイズのTシャツという出で立ちだ。大部分の人々は、この2つの中間の恰好《かっこう》をしていて、たとえば左胸に会社のロゴが入ったポロシャツを着ている男性たちが、自社のブースから周囲をぼんやりと眺めたり、次に流行るものを求めて、巨大なホールをさまよったりしている。

この地獄のような世界こそ、CES（コンシューマー・エレクトロニクス・ショー）である。CESは1978年以来、毎年1月にラスベガス・コンベンションセンターで開かれている展示会だ。

この数十年間というもの、多くのブランドやトレンド、テクノロジーが登場しては消えていったが、基本的な前提は変わらない。エレクトロニクス製品のメーカー、小売業者、流通業者、発明家、投資家たちがコンベンションセンターに集結し、数日をかけて、最新かつ最高のコンシューマー向けテクノロジーを見てまわるのである。

ある年には、注目を集めたのはハイファイのステレオだった。またある年には、3Dテレビやホームオートメーションが話題となった。近年のCESでは、少数の大手企業がおおかたのスペースを占めるようになっており、壁で囲われた巨大なブースを造って、まるで子供の「秘密基地」さながらに飾り立てるようになっている。その中にはミーティングスペースやラウンジ、プライベートのショールームが完備され、さらには自前の警備員まで配置されている。ソニー、サムスン、LG、東芝といった企業が、まるで中世の封建国家のように活動し、より多くの観客を惹《ひ》きつけようと互いに巨砲を撃ち合う。もし隣のブースで80インチのテレビを展示しているならこちらは100インチだ、といった具合だ。

現在、ビデオゲーム分野は単独で展示会を開催している。CESと同様におおぜいの人々でにぎわい、光の洪水に圧倒されるE3（エレクトロニック・エンターテインメント・エキスポ）である。しかし長いあいだ、ビデオゲームはCESの一大コンテンツだった。

1988年のCESで大きな話題となったのが、まさにビデオゲームとその端末だった。任天堂やセガといった企業がついにリビングルーム向けの端末ヒットの暗号解読に成功したようで、ニンテンドー・エンターテインメント・システムといった商品がアタリ2600の絶滅とともに仮死状態にあった市場を復活させたのである。

ヘンク・ロジャースは1988年のCESに参加し、なかなか進まない長い列に並んでいた。なぜその行列に並んでいるのか、自分でも不思議に思いながら。

ビデオゲームを展示するブースでは、新しいゲームを数分間体験しようとする来場者で、必然的に長蛇の列ができた。まるでゲームセンターで、お気に入りのアーケードゲームの順番を待つ子供たちのようだったが、ここで並んでいるのは調査の名目で新しいゲームを遊ぼうという業界の専門家たちだった。しかもゲームで遊ぶのにコインは必要なく、参加者に渡される公式のバッジを見せるだけでよかった。

ロジャースはスペクトラム・ホロバイトのブースで、あるものに強く興味を惹かれた。モニターの1台に、単純な幾何学模様のブロックが画面上部から現れて下へと落ちていく様子が映し出されている。それは1988年であっても原始的に見え、何かに強制されてミニマリズムを追求しているような、そんな印象を受けた。

しかし、派手なグラフィックスやカラフルなキャラクターが欠けていたにもかかわらず、プレイを待つ列が延々とつづいていることがロジャースは気になった。いちかばちかの思いで、彼は列の最後尾につき、何が起きているのかと先のほうをのぞいてみた。行列の先頭には、モニターとキーボードがつながれたデスクトップPCがあり、画面にはテトリスが映し出されている。そしてテトリスのデモコーナーの横には、スペクトラム・ホロバイトのフィル・アダム社長が立っていた。

ロジャースが見たところ、先に並んでいた4、5人は、順番が来てゲームの前に行くと、非常に短い説明を受けただけで遊びはじめた。どうやらさまざまな形状のブロックを積み重ねていくゲームのようで、ときおり数列のブロックが消えることもあった。数分すると、どのプレイヤーも画面をブロックでいっぱいにしてしまい、ゲームオーバーになった。

すぐ近くで見ても、テトリスの謎は深まるばかりだ。このゲームは画面をフルに活用してもいない。すべてのアクションが画面中央部にあるせまい垂直の井戸のなかで行なわれ、左右に残された大きな領域は装飾的な背景画とスコアカウンターで埋められている。ほとんどのゲームで(パズルゲームでも)一般的なルールは、画面という不動産を可能なかぎり活用し、ゲーム領域を画面の3分の1に制限したりしないことだった。

ようやくロジャースの番がまわってきた。最初のテトリミノが落ちてくると、彼はキーボードに身を乗り出し、キーを操ってそれを回転させたり落としたりした。最初はぎこちなかったが、何度も繰り返すうちに、すぐに画面の井戸を埋められるようになり、しばらくしてゲームオーバーになった。

ロジャースのテトリス初体験は、あっというまに終わった。魅力に圧倒されるなどというには程遠く、いま自分が何を見たのかさえ、よく理解できなかった。テトリスが大きな注目を集めているのに満足な様子のフィル・アダムをしり目に、彼はブースをあとにした。しかしロジャースは、テトリスと名づけられたこの奇妙な体験が、ゲームと呼ぶには値しないと感じていた。CESで展示されている他のゲームや、彼が海外販売のライセンスを得る候補として探していたゲームは、もっと強烈なグラフィックスや音楽が使われているものだったのである。そこにはキャラクターやストーリーがあり、運がよければ、観客を惹きつけるポップカルチャーの要素を持つものも見つけられた。

それに引き換え、テトリスは単純だ。あまりにも単純すぎる。それでもテトリスをプレイしようとする人の列が途切れることはなく、最低でも5、6人は並んでいた。1ラウンドをクリアするプレイヤーもいるのだが、するとその人は、次の人に席を明け渡して列の最後尾に移動し、ふたたび順番を待つのだった。他にも見るべきものが山のようにあるCESにおいて、それは異例と言うしかなかった。

はたしてこれはライセンスを得るに値するゲームなのだろうか？　ロジャースは世界での売り上げ見込みに思いをはせると、自分でも意外なことに、行列の最後尾に戻って、テトリスをもう一度プレイしてみることにした。

列に並んで順番を待ち、ゲームをプレイするというサイクルを5回繰り返したあと、ロジャースはやっと自分がテトリスに夢中になっていることに気づいた。多くの人々が発見したように、テトリスには気づかれることなくプレイヤーを中毒にする性質があった。それはのちにテトリスの年代記をワイアード誌に寄稿した、作家のジェフリー・ゴールドスミスが「ファーマトロニック効果」（ドラッグと同等の性質を持つテクノロジーをさす言葉）と呼ぶものであった。

ロジャースはようやく、なぜ自分がCESで展示されている、もっと華やかで現代的なゲームではなく、この奇妙なプログラムに心を惹かれるのかを理解した。テトリスは日本の伝統的なボードゲームである「碁」を思い起こさせるのだ。碁ではプレイヤーが黒と白の石で競い合い、一方テトリスでは、原色で塗られた単純な形状のブロックでプレイする。テトリスのブロックは碁の石と同じくらい単純だが、それが深さを生み出しているのだ、と彼は考えた。

1988年のラスベガス、CESの会場でテトリスの順番待ちをしていたその瞬間、ヘンク・ロジャースはテトリスを追いかけることを決意した。それからの彼は、ひと時も立ち止まらなかった。

CESでの出会いから、ロジャースはどうやったらテトリスに関与できるのか調査を重ねた。すでに世界の二大ソフトウェア市場でパーソナルコンピューター向けの製品として発売されているため、その最前列に加わるには遅すぎた。しかし彼の活動拠点は日本だ。そこには伝統的なパズルゲームと、最新のビデオゲームを愛する文化がある。テトリスは日本の市場に完璧にマッチするはずだ。さらにザ・ブラックオニキスの予期せぬ成功以来、ロジャースの仕事は、デザインとプログラミングから離れてマーケティングとライセンス契約に移っていた。それはロバート・スタインのビジネスに近いものがあった。

ロジャースが自分自身でゲームを開発するのではなく、マーケティングと販売を手掛けるようになったのは、ザ・ブラックオニキスの2作目がきっかけだった。しかるべき続編のザ・ブラックオニキス2を開発するために、小さなチームを組織し、ロジャースも腕まくりして大量のコードを書いていた。それは1984年のことで、チームは数か月もこのゲームに取り組んでいたにもかかわらず、ほとんど進捗が見られなかった。彼自身が作成した設計書に照らし合わせると、驚いたことに、完了しているのは全体の5パーセント以下であった。チームも不満を抱いていたが、彼らはロジャースが独自に見出していた、NEC－8801コンピューター上で開発を行なう際のショートカットや秘訣《ひけつ》をまったく知らなかったのだ。

1作目の大ヒットをテコにして、2作目を販売するというチャンスは急速に失われつつあった。ロジャースは昼夜を問わずプログラミングし、オフィスの物置で仮眠を取った。最終的にゲームは予定どおりに完成したものの、ロジャースはあまりの激務で子供に会うことすらできなかった。この経験から、ロジャースは二度と同じことをしないと誓ったのだった。

そうして彼は、自分の会社バレットプルーフ・ソフトウェア（BPS）の方向を転換し、世界中を旅して日本に輸入するソフトを探すようになった。日本ではアメリカの映画がもてはやされ、ヒット曲もアメリカのポップミュージックの二番煎《にばんせん》じであることに、当時の彼は気づいていた。島国根性で有名な日本の人々が、突如として海外からのエンターテインメントを受け入れるようになったかのようだった。ビデオゲームでも同じことが起き、海外のゲームが日本でもプレイされるようになるのではないか――ロジャースはそんな期待を抱くようになった。

彼は他国ですでにヒットしているゲームを探した。言葉と文化の壁があるため、とくに求めていたのは、理解しやすく遊び方を教える必要が少ないゲームだった。

候補のゲームが見つかると、彼はライセンス契約を結び、オリジナルのコードを自社のプログラマーチームに渡す。野心的なロールプレイングゲームをゼロから作るというのは、彼のチームには重すぎる仕事だったが、既存のゲームを日本市場向けに作り直す（とくに言葉の面で）のであれば、簡単で費用対効果も高かった。

このビジネスモデルは驚くほどの成功を収めた。ロジャースが「ソフトウェア人類学者」とでも呼べるような役割を果たし、国際的な視点でゲームを観察して、どのようなコンセプトなら文化と言葉の壁を越えられるかを見極めることができたからである。

テトリスはその理想に一致しているように思えた。ＣＥＳでは大人気で、自分を含め、へとへとになったゲーム会社の幹部を何度も列に並ばせたほどだった。そして実際に、その後ＰＣゲーマーのあいだでカルト的なヒットを飛ばした。しかもテトリスは、これ以上ないほどシンプルで、翻訳やローカリゼーションの面でほとんど何も必要としない。ロシアで誕生したあと、西側諸国で成功を収めているというのも、あと押しする要素だ。

状況は刻々と変化しており、ロジャースは、日本市場向けにコンピューターだけでなく、家庭用ゲーム機やアーケードゲームなど、テトリスのさまざまなプラットフォーム用のライセンスを得なければならないことを理解していた。テトリスのようにシンプルなゲームを遊ぶのに、パワフルで高価なデスクトップＰＣ（ロジャースのＮＥＣ－８８０１は１万ドル近くした）を使うというのは明らかにムダだ。テトリスはだれもが、どこでも簡単に楽しめるゲームでなくてはならない。

ミラーソフトのジム・マッコノチーは、ロバート・スタインとオリジナルの契約を結んでおり、マッコノチーの理解では、それはアーケード機からゲーム機までカバーされる幅広いものだった。仮に契約書に明示されていなくても、原則としてそのような契約になっているはずだった。サブライセンス契約を締結する際に、日付の変更など書類上の操作が必要だと言うのなら、そうすればいいだけのことだ。テトリスをめぐる契約交渉はずっとこのような調子であり、おそらく鉄のカーテンを越えて仕事するというのは、得てしてこういうものなのだろう。

いずれにしても、日本市場におけるテトリスの権利は、ミラーソフトの姉妹企業である、アメリカのスペクトラム・ホロバイトのフィル・アダムとギルマン・ルーイが管理している。そのためヘンク・ロジャースは、彼らと交渉しなければならない。

高校・大学時代をアメリカで暮らした経験から、ロジャースはアメリカ企業との交渉は楽勝だろうと踏んだ。彼はルーイとアダムを日本に招き、そこで3人は、バレットプルーフ・ソフトウェアにテトリスの発売を許可する契約について話し合った。契約のうち一部は、フロッピーディスクによるコンピューター版の流通を対象とし、また別の部分では、リビングルームにあるゲーム機が対象となった。一方でアーケード版テトリスの権利については、宙に浮いた状態となっており、スタインがELORGから合意を引き出そうと苦戦しているところだった。

2つの姉妹企業が同時にサブライセンス契約を拡大しようとすれば、両社ともメディア界の大物であるロバート・マクスウェルが所有しているとはいえ、縄張り争いが生じるのは避けられなかった。ルーイからの丁寧な電話で、スペクトラムが日本市場に関するライセンス契約を結んだことが伝えられると、マッコノチーは不満をあらわにした。

彼はルーイに対し、だれがどこにテトリスの権利を売るかについて、会社がどんな話をしていようとも、ミラーソフトは大手発売元に新バージョンのテトリスをライセンス供与するチャンスを手にし、契約を勝ち取ったところだと告げた。その大手企業こそアタリゲームズであり、締結された契約は対象となる地域と機器の点できわめて広範なもので、北米と日本におけるあらゆる種類の家庭用機器をカバーしていた。

アタリブランドは従来、アタリ2600やその後継機といったゲーム機のメーカーとして知られていた。しかしゲーム機市場は任天堂とセガが支配するところとなり、アタリはゲームの発売元として活路を見出そうとしていたのである。そしてアーケードゲームはもちろん、あらゆる家庭用ゲーム機向けに、開発元にこだわらずにゲームカートリッジを手掛けようとしていた。

このころまでに、X世代〔米国で1960年代初頭から70年代にかけて生まれた人々〕が記憶しているアタリは2つの会社に分割されていた。飲食店チェーンのチャッキーチーズなども生み出した、連続起業家のノーラン・ブッシュネルが創業したアタリは、1984年のビデオゲーム業界の失速により身動きが取れなくなっていたのだ。成功していたアーケードゲーム部門は「アタリゲームズ」として歩み、不採算であった家庭用ゲーム機部門は「アタリコーポレーション」となったものの、二度と日の目を見ることはなかった。

リビングルーム向けのゲーム市場に舞い戻り、任天堂のようなハードメーカーに対して、自分たちは競争相手ではなくパートナーだというシグナルを送るために、当時アタリゲームズの社長を務めていた中島英行《なかじまひでゆき》は、子会社のテンゲン（これも囲碁用語で、碁盤の中心点をさす「天元」という言葉にちなんで名づけられた）に家庭向けゲーム事業を移管した。そしてテンゲンは、家庭用ゲーム機とアーケード機向けのテトリスを手掛けることを画策し、ヘンク・ロジャースからその権利を奪おうと乗り出したのだ。

ロジャースとバレットプルーフ・ソフトウェアが、十分な額の前払い金を現金で支払おうとしているにもかかわらず、ミラーソフトがテトリスの権利をテンゲンに与えようとしていることに、ギルマン・ルーイは憤慨した。しかし、ミラーソフトとスペクトラム・ホロバイトによるコンピューター版のテトリスが絶好調であるとはいえ、売れ行きはイギリス市場よりもアメリカ市場のほうがつねによかった。ミラーソフトのマッコノチーは、心の底からテトリスの信者になったことはなく、テンゲンとの契約において、テトリスは交渉材料のひとつにすぎなかった。

交渉の相手側に立っていたのは、ビデオゲーム業界のベテランで、テンゲンの立ち上げにあたって中島英行から引き抜かれた、ランディ・ブローライトであった。実質、テンゲンの従業員第一号だったブローライトは、夢の仕事にありついたと感じていた。彼は、テンゲンの運営やオフィス探しや人事を一任されていた。「パンツァージェネラル」などの作品で知られる、ニッチなゲームメーカーのストラテジック・シミュレーションズ（ＳＳＩ）出身のブローライトは、大手ゲーム会社を一から立ち上げるという刺激的なチャンスに恵まれたのである。しかし中島から選ばれたことは、精神的にはかなりの負担だった。なにしろ中島は部下に熱烈な忠誠心を捧げられていたし、１９８６年には、大株主であり、同時にライバルのゲーム発売元だったナムコからアタリゲームズへの従業員買収に一役買った人物だった。

しかし早い段階で、アーケードゲーム事業出身のアタリゲームズの経営陣が、家庭向けゲームの小売りビジネスに不慣れなことが明らかになった。そのため、ブローライトは家庭用ゲーム機向けのソ

テトリス・メモ13

アレクセイ・パジトノフによって生み出された他のテトリス風ゲームには、帽子を積み上げる「ハットリス」、顔を積み上げる「フェイシズ」がある。

フトの準備から店頭販売へ至るパイプラインを一から整備した。その際、アタリゲームズの優秀なエンジニアやプログラマーを使い、同社が過去にヒットさせたアーケードゲームの家庭用ゲーム機版を開発するとともに、テンゲン・ブランドのもとで発売する他社開発のゲームを探した。このアイデアは理にかなっている。テンゲンはアタリの負の遺産を気にすることなく、そのブランドイメージだけを活用することができたのである。

テトリスが１９８４年にコンピューターの画面に映し出されて以来、何度も起きたように、取引は実行に移された。それというのは、テトリスを始めた人間がやめられなくなってしまったからだ。１９８８年のこと、テンゲンで働く数名のエンジニアがブローライトのもとを訪れ、彼らがスペクトラム・ホロバイト版のテトリスに中毒になっていることを告白した。そしてエンジニアたちは、スペクトラムがＰＣ版のテトリスしか発売していないことに乗じて、テンゲンが家庭用ゲーム機版のテトリスを手掛けてしまおうと提案したのである。それは一理ある話だと感じたブローライトは、これを中島に進言した。アタリゲームズのトップであった中島は、テトリスが家庭用ゲーム、とくにニンテンドー・エンターテインメント・システム（ＮＥＳ）向けのゲームとして優れた作品になるという意見に一も二もなく同意した。当時市場をにぎわしていたＮＥＳは、テンゲンが何よりもゲームを発売したいと考えるプラットフォームだった。

中島とジム・マッコノチーは簡単な口約束で契約を交わした。そのころのゲーム業界はまだ若く、こうした口約束は一般的な商習慣だった。その契約は、テンゲンがテトリスのＰＣ以外のバージョンをアメリカおよび日本市場向けに開発・発売し、一方ミラーソフトは全世界で、アタリが発表した前途有望なアーケードゲーム「ブラスターロイド」のPC版を手掛ける権利を取得するという内容だった。

少なくともアタリは、ブラスターロイドを前途有望だと考えていた。マッコノチーもそう考え、ミラーソフトとスペクトラム・ホロバイトが所有すると考えられていた、テトリスに関する権利の大部分を、現金ではなくブラスターロイドに関する権利と交換で与えることに合意した。しかしギルマン・ルーイとフィル・アダムにとって、それは完全に狂気の沙汰《さた》だった。彼らの目から見て、テトリスはだれもが遊ぶゲームとして、大きな利益を生み出す長い歴史をスタートさせたばかりだというのに、このブラスターロイドとやらは明らかに駄作だったからである。

前年にアタリからアーケードゲームとして発表されていたブラスターロイドは、アタリの名声を一躍高めた1979年の古典ゲーム「アステロイド」をリニューアルして、カラーのグラフィックスと新しい敵キャラクターを追加したものだった。しかし多少の色が追加され、名前が変更された程度では、1970年代にプレイしたのと同じゲームだという印象をぬぐいきれなかった。平らな宇宙空間に浮かぶ三角形の宇宙船が、巨大な小惑星を壊していくという基本的なコンセプトを、上手く進化させられていなかったのである。

またブラスターロイドは、オリジナル版であるアステロイドの開発者であり、当時最も偉大な古典ゲームプログラマーの1人とされていた、エド・ログがこだわった細部も省略してしまっていた。皮肉なことに、このあとすぐ、エド・ログはテンゲン版のテトリスを開発するという課題をアタリから与えられることになる。

しかし仮にブラスターロイドが佳作だったとしても、ミラーソフトがテトリスの権利をタダ同然で渡してしまったという事実は変わらなかった。そうして、ギルマン・ルーイと契約合意の握手をしたヘンク・ロジャースは、テーブルに金を出そうとしているにもかかわらず、交渉から締め出されてしまったのである。

ルーイはたとえ自分が正しく、スペクトラムがテトリスのサブライセンスを与える法的権利を持っていたとしても、いざとなればマッコノチーに負けてしまうと承知していた。ロバート・マクスウェルの目には、ミラーソフトがみずから立ち上げた愛しい会社として映っており、一方のスペクトラムは、自分が所有しているとはいえ、たんに外国企業を買収しただけの存在だったのである。ミラーソフトとテンゲンの契約には、マクスウェルという強力な後ろ盾があった。しかもミラーソフトのトップに座っていたのは、ロバートの息子、ケヴィンだったのである。

もはや打つ手はなかった。テンゲンがアメリカおよび日本市場向けの、新バージョンのテトリスを開発することになるだろう。ルーイはマッコノチーに対し、双方がメンツを守り、今後も友好的な関係をつづけるためには、少なくともヘンク・ロジャースになんらかの譲歩をしなければならないと訴えた。その結果、マッコノチーは少しだけ譲歩し、ヘンク・ロジャースは日本におけるPC版テトリスの権利を維持することとなった。これで部分的にだが、ギルマン・ルーイはロジャースとの約束を守ることができたのである。

ロジャースが望んでいた他の権利は、テンゲンが手中に収めた。それに対して、ロジャースがすぐにできることはなかったが、だからといって彼は諦めたわけではなかった。第二の故郷である日本で、すべての端末にテトリスを展開するという彼の計画を実現するには、もう少し駆け引きが必要になるだけのことだった。

テンゲンのランディ・ブローライトにとって、一連の動きは表面上、良いニュースであるように見えた。しかし少し上手く行きすぎていて、ほんとうのこととは思えなかった。エンジニアリングチームが熱望していたテトリスの権利を得たことは、大勝利と言えるだろう。さらに権利を得るためには、ほとんどコストがかからなかった（いまは忘れられている駄作ブラスターロイドの件は別にして）。しかし、テトリスがソ連を離れ、素性のわからない仲買人を通じてミラーソフトまでやってきたという一連の話は、あまりに特殊で不安を抱かせるのに十分だった。なにしろ鉄のカーテンの向こう側にいるという、オリジナル版の権利者に関するすべての情報が、たった1人の男――ロバート・スタイン――を通じて得られたものだったのである。

ブローライトはいつも不安にさいなまれていた。ゲーム業界はまだ若く、15歳足らずの青二才だったのだ。家庭用ゲーム機の第2次ブームに乗ろうとして生まれた新しい企業の多くは、しっかりとした基盤を持っておらず、財政的にも安定していなかった。しかしいまのところ、業界はにぎわっており、だれもが上手くやっていた。

もしもっと小さな発売元から来た話であれば、テトリスをめぐる状況はあまりに突飛で、ブローライトは耳を傾けなかったかもしれない。しかしライセンス契約を結ぶにあたり、発売や契約の保証能力の面でブローライトが信頼できる会社といえば、それはミラーソフトだった。彼らは巨大企業で、潤沢な資金とロバート・マクスウェルの名声に支えられていた。ブローライトにとって、取りも直さずそれはミラーソフトがゲーム業界で最も信頼できるライセンサーであるということだった。それだけで彼は、不安がすっかり晴れ、テトリスの新バージョン発売に向けフルスロットルで前進したのだった。

テトリスのさまざまなバージョンの権利をめぐり、ヘンク・ロジャースやランディ・ブローライト、ジム・マッコノチー、ギルマン・ルーイ、中島英行、フィル・アダムといった面々が、世界各地で駆け引きに没頭していた。しかし自分たちが交わしている契約書になんの価値もなく、ロバート・スタインが舞台裏で必死になって支えていた砂上の楼閣の上にすべてのビジネスの命運がかかっているかもしれない、などという考えを抱く者はだれもいなかった。

BONUS LEVEL 2

テトリスは永遠に

テトリスにおいて、「勝つ」ことは可能なのだろうか？　何をもって「勝利」と見なすのかについては、ゲーム理論家のあいだでいぜんとして議論がつづけられている。現代のゲームは、物語の要素やキャラクター、バーチャルアクター、映画のような表現が重視されており、勝つことよりも、物語を完結させることが目的になる場合が多い。

さらに複数のエンディングが用意されることも多く、ゲームの中での成績や、道徳や倫理に関係する選択、あるいは（プログラマー以外には）理解不能な、隠された評価基準と乱数によって結末が左右される。

一方で現代のゲームには、ストーリーの分岐をなくし、用意されたひとつの結末に向かってプレイヤーを導くというものもある。一定数の競争に勝ったり、一定数の怪物を倒したりすれば、勝利したことを示す映画のようなシーンを観ることができる。あるいは、ゲーム内での統計情報、たとえば盗んだ車の数やら歩いた歩数やら、プレイヤーが仮想世界で達成したことが示されるだけの場合もある。

ここが、現代のビデオゲームと古典的なゲーム、とくに１９７０年代から80年代にかけてのアーケードゲームとで最も異なる点だ。スペースインベーダーやパックマン、ドンキーコングといった黎《れい》明《めい》期《き》のゲームは、暗い実存主義を体現している。本質的にこれらの古典ゲームは、プレイヤーたちに「きみたちは死ぬために生まれたのだ」と告げている。どんなに頑張っても、いずれ奈落の底に落ちる。プレイヤーに可能なのは、巧みなプレイ、あるいはコインを投入しつづけることによって、かならず到来する終焉《しゅうえん》を先延ばしにすることだけなのだ。

その理由は、この種のゲーム（グラフィックスが原始的で、簡単な操作しかできず、物語の要素が少ない、反射神経だけを要求することの多いゲーム）に「ゴールしたという状態」が用意されていないからだ。プログラマーの使用できるメモリが限られていたため、初期のゲームでは、物語やバラエティーのある展開を実現するのが難しかったのである。ドンキーコングやパックマンでは、いくらレベルをクリアしても、基本的には同じ内容が繰り返される。このようにしてグラフィックスやサウンド、アニメーションが再利用されていた。こうしたことは、初期のゲームデザイナーやプログラマーが利用することのできた数少ない対応策だった。プレイヤーにゲームをつづけさせるうえで彼らに許された唯一の道は、所定の目標に到達したら、画面をリセットし、スピードを上げて難しくし、同じことを繰り返すだけだったのである。

最後には、どれほど熟練したプレイヤーでも、人間の反射神経ではコンピュータープログラムについていけなくなる。スピードは死を意味し、初期のビデオゲームでは、ゲームオーバーになるまで（あるいは次のコインが投入されるまで）敵や障害物がスピードアップして、プレイヤーの命《ライフ》を削り取っていくのだ。

というのが、これまでのセオリーだった。実際には、初期のビデオゲーム（少なくともハンディキャップを抱えていた当時のゲーム）のスピードに、人間の神経は驚くほど適応できることを実証した。ビンテージ物のゲームは、信じられないスピードを実現していたものの、それは人工知能もどきであり、プレイヤーに対抗して反撃したり、攻撃をかわしたり、戦略をその場で編み出したりしているように見えるのは、あくまでも幻想だった。実際はすべてのビット（コンピューターメモリの最も基本的な構成単位）がグラフィックスの表示に費やされ、画面上で決められた動きを繰り返しているにすぎなかったのである。こうしたゲームには、無限の適応力を持つシステムの真の尺度である「ランダム性」が欠如していた（現在でも多くの人々が、コンピューターによる乱数生成はほんとうはランダムではないと指摘している）。

そこにあるのはランダム性ではなく「パターン」だった。その例として、よく引き合いに出されるのはパックマンとドンキーコングだが、初期の反射系のビデオゲームのほぼすべてがそれにあてはまる。プレイヤーが障害物をジャンプで乗り越えなければならない場合、障害物は徐々にスピードを上げていくが、その出現は一定のパターンに従っている。つまり、ゲームではプレイヤーの死が運命づけられているとはいえ、その運命は事前に設定されたパターンを適用することでもたらされるのである。

１９８０年代初頭に物心がついていた人であれば、ありとあらゆるアーケードゲームの必勝法を解説する雑誌記事やペーパーバックの本があったのを覚えているだろう。そのなかで最も人気があったのは、パックマンだった。おそらくパックマンは、テトリスと史上最も重要なビデオゲームのタイトルを競い合う、唯一にして真のライバルだろう。

この古典的なアーケードゲームでは、「パックマン」と呼ばれる奇妙な生物がネオン色の迷路を進み、幽霊に捕まらないようにしながら小さなドットを食べてゆく。その創造神話によれば、パックマンは一切れ分が欠けたピザのイメージから生まれたという。それを信じるなら、彼（もしくはそれ）は文字どおり「食べ物を食べる食べ物」であり、入れ子になった存在である。それは迷路の両端にある出入口――画面の右と左がつながっていて、摂食と破壊の終わりなきサイクルを生み出すループ――とぴったり一致する概念だ。このように、パックマンの迷宮は理論上の湾曲した宇宙に似ていて、一方向に行ききってしまうと、ついには出発点に帰ってきてしまう。そして初期のビデオゲームの根底に流れる、「死ぬために生まれてくる」という哲学を思い知らせるのだ。

ラスベガスの訪問客向けのブラックジャックの指南書のように、パックマンの攻略本は、所定のプレイパターンを覚えてそれに従っているかぎり負けることはないと太鼓判を押す。ブラックジャックの完璧な戦略を遂行するのと同じように、本能と洞察力ではなく丸暗記することによって、初期投資（通常は25セント硬貨で、ブラックジャックの最低の賭け金よりも少なくて済む）だけでできるかぎり長く遊べるようにしてくれるのである。

最初期のアーケードゲーム攻略本のなかで、突出して売れた本がケン・ユーストンによって書かれたことは驚きではない。彼は悪名高いブラックジャックプレイヤーで、「カードカウンティング」戦術を編み出し、世界中のカジノから出入り禁止になったことで有名だ。１９８１年初版発行の『パックマンをマスターする』（*Mastering Pac-Man*）は、プレイヤーが覚えるべきパターンが網羅されていることと、ユーストンの遊び心あふれる筆致でアーケードゲームという新しい現象が解説されていることによって、このジャンルの古典になっている（たとえばパックマンは「笑顔を浮かべた小さな黄色いヤツ」といった具合だ）。

事実、オリジナル版のパックマンは、その作者である岩谷徹《いわたにとおる》によって、終わりのないゲームとしてプログラムされた。レベルが上がるごとに敵はより速く、よりタフになり、プレイヤーは最後には屈してしまうか、反応速度が十分に速ければ、理論上は永遠にプレイすることができた。しかしこのゲームは、当時のコンピュータープログラミングの限界を示す絶好の例だった。一度、２５５面をクリアすると（前の２５４面と本質的に同じ内容なので、寝てしまうかもしれないが）、ゲーム内の成績を管理する内部サブルーチンがバグにぶつかり、画面の半分がごちゃ混ぜになった文字や記号で埋めつくされてしまうのだ。

それはまるで、パックマンの湾曲した宇宙が、迷路やドット、クリーチャーたちを生み出したビッグバンにつづいてビッグクランチへと進み、崩壊を始めたかのようである。しかしゲーマーのなかのゲーマーたちは、この最終状態（「キルスクリーン」と呼ばれる）もゲームの一部として受け止めた。そしてパーフェクトスコアを達成するには、２５５の面をクリアしてこの崩壊した宇宙へと到達し、エントロピーに突入してしまう前に、まだ安定している画面半分に配置されたドットを食べつくさなければならないのである。

このようにパックマンは有限のゲームであり、プレイヤーが超えることのできない最終状態が存在する。これに挑戦しようという人向けに解説しておくと、達成可能な最高スコアは３３３万３３６０点で、これを最初に発見したのはビリー・ミッチェルという人物である。彼はビンテージ物のアーケードゲーム機の限界にチャレンジすることに特化しているプロ・セミプロのゲーマーたちからなる個性的なコミュニティーの一員だった（このサブカル世界については、２００７年に制作された、ドンキーコングのハイスコアをめぐる競争に迫ったすばらしいドキュメンタリー「ザ・キング・オブ・コング」のなかで紹介されている）。１９９９年にミッチェルがこのパーフェクトスコアを記録して以来、同じスコアを達成した人物は６人しかいない。彼らは、ツイン・ギャラクシーズという、１９８１年以来さまざまなアーケードゲームの世界記録を追跡してきた組織によって、記録が承認されている。

テトリスの場合、じつはただひとつの公式版というものが存在しないため、評価するのが難しい。パックマンやドンキーコング、ディフェンダーといったビンテージゲームには数十種類の公式版と非公式版があるが、純粋主義者たちが「アルファ版」として認めるオリジナルのアーケードゲーム版が、唯一絶対の公式版として扱われるのが一般的だ。

しかしテトリスには、こうしたゲームとは異なる複雑な歴史がある。それぞれのバージョンは基本的なガイドラインに従いつつも、開発された時代や手がけたプログラマー、プラットフォームによって、ほぼゼロから開発されているのである。ライトなプレイヤー向けのテトリス攻略テクニックや、テトリスの統計を考えるとき、私たちが考えなければならないのは、「どのテトリスの話をしているのか?」という点だ。

じつのところ、この問題は真剣な研究の対象になってきた。

ビデオゲームをテーマとした学術論文は、王道的な研究に対するインテリなあてつけであることが多い。たとえば「リアルタイム戦略プロセスのヒューリスティックサークル:スタークラフトーブルードウォーを事例として」や、「バイオショックにおけるポピュラーミュージック、物語、ディストピア」などといったタイトルの論文が書かれている。ゲームには、学問的に考察すべき興味深いテーマがたくさんあるのはまちがいない。しかしこの分野の研究の多く、たとえばゲーム世界の文化や、ゲーム内に再現された本物そっくりなバーチャル社会を調査するといった研究は、人文科学のなかでどっちつかずのまま大きな領域を形成している。

しかしテトリスを扱った研究論文は、非常に直接的なアプローチを取っている。テトリスには分析対象となる異文化や、凶悪なゾンビの大群の裏に隠された象徴も存在しないため、テトリスのプレイグリッドとテトリミノとの基本的な関係に、研究がフォーカスされるのである。

たとえばミネソタ大学のハイディ・バージェルは、1996年に発表した学術論文において「テトリスに『勝つ』ことはできるのか?」という問題を提起した。またセントメアリーズ大学のケイトリン・ツルダは2010年の論文で、次のようにより具体的な形で疑問を呈した。「テトリスを一定のスピードでプレイする場合、完璧なプレイヤーなら無限にプレイをつづけられるような戦略は存在するのか?」

こうした研究は、ゲームの仕様について確認するところからスタートする。プレイ領域はつねに幅10ユニット、高さ20ユニットで、何もない状態からゲームが開始され、そこに4つのユニットで構成される、7種類のテトリミノが満たされていく。

仮に光速なみの反射神経を持ったプレイヤーがいたとしたら、長時間ゲームをプレイすることなど造作もないだろうが、前述のルールでゲームをつづけた場合、そのプレイヤーは永遠にプレイすることは可能なのだろうか? あるいは、テトリスを完璧な戦略でプレイできるようなプログラムを開発して、そのプログラムとテトリスのプログラムとを、ハードウェアに障害が起きるまで、どちらかが優位になることなくずっとプレイさせつづけることはできるのだろうか?

この点について、バージェルは次のように述べる。「数学者はテトリスの研究に莫大な時間を費やしてきたが、このゲームの数学的性質についてわかっていることは驚くほど少ない」。実際、そうした研究は困難である。なぜならゲーム自体とプレイヤーの行動が、無限とも呼べるほどのバリエーションを持つからだ。10×20のグリッド上に7種類のテトリミノが配置されるパターンだけでも膨大な数のバリエーションがあり、そこにプレイヤーによる左右へのピースの移動や落下の加速が加わると、可能なパターンの数は爆発的に増加する。しかもテトリミノはたんに左右に移動するだけでなく、回転して4つの向きを取ることができるため、取りうる選択肢は指数的に増えることになる。

このシナリオでは、プレイヤーに優しいテトリミノとそうでないテトリミノが生まれる。細長い直線のピースは垂直と水平の向きを簡単に入れ替えることができる一方で、ジグザグになっている厄介なZピースはZ型と逆Z型の2種類があり、どちらもプレイヤーの役に立つことがきわめて少ない。どんなにピースを回転させても、Z型が逆Z型になることはないし、Z型が出てくれば水平のラインがそろうというときにかぎって、出てくるのは逆Z型だったりするのだ。

こうした厄介なピースをどう使いこなすかという奇妙なチャレンジが、テトリスの一部のバージョンにおけるテーマとなっている。「ヘイトリス」や「ビッチ・テトリス」という粗野な名前がつけられたゲームがその例で、コンピューターがすでに画面上に出ているピースを分析し、その時点で最も使えないピースをわざと落としてくる。実際にプレイしてみれば、落ちてくるピースがほとんどZ型と逆Z型であることがわかるだろう。

バージェルによれば、最良の状況下でも、通常のテトリスのゲームでは約7万個のテトリミノが出現するところまでで上限となるという。この数字にはまったく気が遠くなるが、とくに実時間でのプレイならなおのことだが、それでも永遠にゲームをプレイするという目標からは程遠い。

問題は例のZ型・逆Z型をした煩わしいピースから生まれる。これらZピースが奴らのワールド・ウォーZをプレイヤーに仕掛けてくるのだ。実際、仮にゲームが本気でプレイヤーを打ち負かそうとし、Zピースだけを画面に送り出したとすると、どんなに完璧にプレイしてもピースが120個出されたところでゲームオーバーになってしまう。さらに統計的に考えると、出現するピース7個のうち2個がZ型か逆Z型のピースだった場合、どんなにたくさんのラインを消しても最終的にはゲームオーバーを迎える。バージェルの計算では、6万9600個のテトリミノに達するまでに、いちばん上のグリッドを埋めるのに十分な数のZピースが出現するのだという。

とはいえ私たちのような平均的なプレイヤーは数十ラインを消すのが関の山で、ほとんどの人はこの問題に直面しない。

しかしこの計算は、あくまで伝統的なテトリスのルールに従った場合だ。テトリスには無数の派生形が存在し、意図的にゲーム内容を変えているものもあれば、たんにさまざまなプログラマーがさまざまなプラットフォーム向けに一から開発したために、わずかなちがいが生まれてしまった場合もある。

　さまざまなハードウェア向けに複数のバージョンを持つ、他の多くのソフトウェアと異なり、テトリスでは伝統的な意味での「移植」（プログラムをひとつの言語から別の言語に翻訳すること）は行なわれていない。むしろ口承作品に近いものがあり、世代から世代へと引き継がれている。80年代のＩＢＭコンピューター向けであろうと、マック向けであろうと、ニンテンドー・エンターテインメント・システム向けであろうと、あるいはスマホ向けであろうと、テトリスのほぼすべてのバージョンがゼロから再プログラミングされている。まるでルネサンス期の職人による贋作《がんさく》をふたたび模倣するようなものだ。

　こうして生まれたバージョンのなかには、ちょうどカラオケで他人の曲を歌うように、オリジナルをまねつつもちょっとしたちがいを織りこみ、独自性を出したものがある。あるいはファンク・ブラザーズやＭＦＳＢがオリジナルを圧倒するコピー音楽を生み出すように、最高のミュージシャンによって奏でられたカバーバージョンといったおもむきのテトリスもある。さらには、長年のあいだに何度も試みられてきた３Ｄゲームのテトリ

テトリス・メモ14

オレゴン州ポートランドで毎年開催される「クラシック・テトリス・ワールド・チャンピオンシップ」では、１９８９年に任天堂から発売されたニンテンドー・エンターテインメント・システム版のテトリスを使用している。

スのように、ルール自体がゼロに戻されることもある。

これはつまり、テトリスは架空のバージョンをいくらでも考えられ、それぞれの背後にある数学をモデル化できるということである。したがって、たとえば正方形や直線のテトリミノだけが出現するゲームにすれば、永遠にプレイすることは簡単になる。

ウォータールー大学の数学者ジョン・ブルツトフスキーは、1992年に発表した論文で、テトリスに「勝利する」という問題について考察した。ブルツトフスキーにとってのテトリスは、敵対者という、より邪悪な空気をまとっていて、プレイヤーをゲームオーバーに追いこもうと積極的に攻撃を仕掛けてくる存在である。プレイヤーの動きや意思決定を追跡して反応するテトリスのプログラム相手では、ユーザーが無限にプレイできる望みはない、と彼は主張する。

しかし、私たち人間には武器がある。多くの学術論文では無視されている、プレイヤーに有利な条件のひとつが、ピースの「先読み」だ。これはオリジナル版テトリスの仕様ではないが、ほぼすべてのクラシックなテトリスの不可欠な要素となっているもので、10×20ユニットのゲーム画面の横にある小窓から先読みができるようになっている。5秒先を見通すタキオンビームを利用した未来をのぞく窓のように、次に何が落ちてくるかを事前に教えてくれるのだ。

とはいえ、7種類のピースに対応するというのは簡単な話ではない。ボタンを押す、あるいは画面をタッチすることにより、ピースを回転させられるため（一部のバージョンでは時計まわりの回転のみが可能）、各ピースは4つの異なる方向を取る。そのため理論的には、28種類の形状に対処しなければならない。

実際には、プレイヤーに有利な要素も少しある。いくつかのピースは向きを変えても、かならずしも形が変わらないのである。たとえば、正方形はどんなに回転させても正方形だし（そのためこのタフなゲームではつねに一息つけるポイントになっている）、直線のテトリミノは水平か垂直の2種類しか向きがない。あの厄介なZ型・逆Z型のピースでさえ、2通りの方向しか取らない。諸々考慮すると、テトリミノが取りうる形状は19種類しかない。とはいえ、これはいぜんとしてテトリスの戦略を十分複雑にする数で、テトリスが数学者を長年にわたって虜《とりこ》にしつづけている理由のひとつでもある。

学者たちを悩ませてきた問題のひとつは、着地する最後の瞬間に行なわれる回転である。これは通常、L型とZ型・逆Z型、そして直線のテトリミノで可能で、ゲーム内の世界が現実世界と同じ物理法則に従うと仮定した場合には、自然に落ちてきたのでは入らないような場所にピースを滑りこませることができる。

この技は一部のバージョンで使うことができる。真剣勝負の競技会中や、通勤途中のｉＰｈｏｎｅのスクリーン、あるいは子供時代の昼下がりにニンテンドー・エンターテインメント・システムの画面で見たことがあるかもしれない。それが可能になるのは、ピースが「オーバーハング（突出部）」と呼ばれるものの上に浮いているあいだに、回転ボタンが押されたときだ。正確なタイミングで回転させることで、ピースを完璧にフィットする場所に入れられる。観客の前で成功させれば、ちょっとした一体感が生まれること請け合いだ。しかし注意深く観察している人には、インチキくさいテクニックのように見えるだろう。これはチート、すなわち「いかさま」なのだろうか？

オーバーハングのまわりで行なわれる、この最後の回転のなかには、ふつうなら画面内に積まれているピースにぶつかって回転不可能であるべきケースがある。しかし一部のバージョンでは、それが許されている。テトリスの研究者は、この動きが認められるべきかどうかで意見が分かれているが、一般的に言って、あなたがプレイしているバージョンで許されているのならば、それはまったく問題ない。バグだろうと何だろうと、プログラムされていることがすべてというのが、ビデオゲームの黄金律なのだ。次にだれかがゲームのコントローラーを投げ捨て、「いかさまだ！」と叫ぶのを見たら、それを思い出すといい。

ブルツトフスキーの分析では、もう少し厳しい立場が取られている。「ピースで満ちている空間の近くで回転が許されるかどうかをめぐる議論は、ユークリッドの審判によって解決できる。井戸とピースは平面上に再現されており、もともとの井戸で回転が許されるのは、平面上でピース同士がぶつからない場合のみである」。簡単に言えば、たとえプログラム上可能な行為だったとしても、けっきょくそれはいかさまだというのが彼の意見だ。

しかし、ブルツトフスキーが最終的な結論を下すわけではない。現代のビデオゲームでは、物理法則を正確に再現していることを売り物にしているものが多いが、1984年のエレクトロニカ60では、ちゃんとしたグラフィックス表示など望めなかったし、まして落下速度のモデル化などもってのほかだった。それに正確な物理学は、かならずしも求められていなかった。だからこそ、テトリミノはふつうの落下物のように加速することはなく、一定の速度で落ちてくるのである（プレイヤーが加速させた場合はその限りではないが）。

もしあなたが裏庭に実物のテトリスを再現できたとしたら、落としたピースは地面に近づくにつれ、落下速度を上げることがわかる。それはニュートン物理学の基本だ。つまり地球の引力は、地面に近づくにつれて強くなるのである。ただし、仮に無限の高さを持つテトリス空間があったとしたら、そこを落ちていくテトリミノは、いずれそれ以上加速しない、終端速度に達するだろう。しかしそんな心配をする必要はない。ほどほどの大きさのテトリスでも、町内会の人々がその建設を黙って見過ごしたりはしないはずだから。

つまりテトリスの世界は、ほぼあらゆるバージョンにおいて、現実と同じ物理法則には従っていないのである。したがって、どんなふうにピースがはまるのであれ（着地の瞬間に魔法が起きてオーバーハングの周囲をまわろうと）、合法と見なされるべきなのだ。

とはいえ、テトリスがゲーム内の世界と、プレイヤーが座っている現実空間との差を完全に無視しているわけではない。おそらくテトリスの単純さによって失われている物理モデリングの穴埋めとして、テトリスのほとんどのバージョンでは、レベルが進むごとにテトリミノの落ちる速度が上がるようになっている。最初のうちは、テトリスは精神と反射神経を試す簡単なテストにすぎない。しかしレベルが上がると、ちょうどパックマンのゴーストがスピードを上げて迫ってくるように、テトリミノが速く落ちるようになって、考えたり反応したりすることが難しくなる。

そして最終的には、人間の目と手が協調して反応するのよりも速く落ちるようになる。競技で使用されることの多い、ニンテンドー・エンターテインメント・システム版のクラシックなテトリスでは、ピースはコントローラーからの回転や移動の入力信号が達するよりも速く落ちるようになるため、新たに画面上に現れるテトリミノはまっすぐに落ちるしかなくなる。そしてすぐに画面の上まで積み上がって、ゲームオーバーになるのだ。

これは長年にわたって、プログラミングの世界で繰り返されてきた議論である——「それはバグなのか、それとも仕様なのか？」というわけだ。ほとんどの人の考えでは、ピースを1ユニットたりとも左右に動かせないほどスピードが速くなる状態は、テトリス版のキルスクリーンにほかならない。パックマンやドンキーコングといった古典ゲームが、コンピューターの回路がプログラムを適切に処理できない状態になると、おかしな挙動をするようになるのと同様に、「速すぎて動かせない」レベルのテトリスはプレイヤーにとって破滅そのものだ。
それはたしかにキルスクリーンかもしれない。しかしその状態に達するころには、あなたはすでに、世界でもトップクラスのテトリスプレイヤーになっているだろう。この問題に対処しなければならないのは、ごく限られた人々だけなのである。

こうした状況もあり、テトリスの勝利に関するアカデミックな研究はつづいている。2003年には、MITの学生トリオが「テトリスは難しい、近似値を求めることさえも」と題された論文で、このテーマ全体を総括した。

この論文のなかで彼らは、たとえゲームを始める前から落ちてくるピースの順番が決まっていたとしても、テトリスの計算上の複雑さは、恐ろしい数学用語でいうところの「NP完全」であると論じた。これを聞いても怖じ気づかない人のために言うと、NPとは非決定性多項式時間という意味で、テトリスがNP完全であるとは、スーパーコンピューターのなかのスーパーコンピューターを使ったとしても、合理的な時間内にすべての可能性を検討することができないことを意味している。

テトリスで遊ぶ時間が無限にあるという人は、それはそれで幸せかもしれない。しかし幸いにして、ふつうの人であればその心配はなく、働いたり、家族と過ごしたり、食事をしたり、寝たりして、24時間365日テトリスをプレイしつづけることなどない。しかし、果敢にもこの問題の研究に何学期もの勉強時間と貴重な大学生活を費やした、この数学者たちは、いくつかの問題では意見が分かれていながらも、別の問題では合意している。つまり、ロボットのような反射神経に加え、適切な順番で落ちてくるテトリミノ、もしくは通常と少し異なるプレイ領域があれば、特別にあつらえたテトリスを無限にプレイすることは理論上はたしかに可能なのだという。

しかしこれでは、私や読者のみなさんが知るテトリスではない。だとすると、最終的な答えは8

ビットアーケードゲームの時代へと舞い戻ることになる。パックマンやジャンプマン（ドンキーコングの宿敵だった配管工で、のちのマリオ）を無理やりゲームオーバーへと追いやる、避けることのできない消滅イベントがプログラムの一部に組みこまれていた、あの時代だ。

テトリスを十分長くプレイし、無限個のテトリミノをランダムに画面に出現させると、いつかはピースの取りうるあらゆる順序が実現され、かならずそのなかにはゲームオーバーに導くのに十分な数のZ型・逆Z型ピースが連続して現れる。言い換えると、絶対にクリアできないテトリミノの出現順序などというものがあるとするなら、無限にプレイしているあいだにかならずそれが現れることが数学的に保証されるのである。

したがって、クラシックなテトリスではゲームオーバーは避けられず、数学者たちは、私たちがなんの気なしにプレイして数十ピースで死んでしまったときと同じ反応を示すことになる——あのいまいましいZ型ピースを口汚く罵るのだ。

Part 3

13 防弾《バレットプルーフ》の契約

テトリスの権利をめぐる紆余曲折《うよきょくせつ》は、1988年のあいだずっとつづいた。とはいえ、ヘンク・ロジャースは日本でPC版のテトリスを発売する権利を手にしており、彼のような弱小プレイヤーにしてみれば（ロジャースのバレットプルーフ・ソフトウェアは、海外のゲームをマイナーチェンジして日本市場へと持ちこむ、小規模なソフトウェア輸入業者にすぎなかった）、それだけでも十分な勝利と言えただろう。しかしロジャースにとっては、満足のいく状態からは程遠かった。彼は欲しいと思ったものを、どんな代償を払ってもとことん追い求める癖があった。だからこそ、彼はアメリカから日本へと渡ったのであり、日本初のファンタジー・ロールプレイングゲームである大ヒット作、ザ・ブラックオニキスを生み出したのである。

それだけでも彼は、小さいながらも重要な役割を演じたことで、ゲーム業界の歴史にしっかりと名を刻みつけていただろう。しかしテトリスは釣り上げるまで絶対にばらしたくない獲物だった。ロジャースはザ・ブラックオニキスのことをまだ引きずっていた。それは輝かしい将来を予感させるゲームで、大手企業がビジネスチャンスを見出すずっと前に、ロジャースが切り拓いた新たな市場だった。にもかかわらず、彼がみずからの手で成功をつかみ取るやいなや、大手企業がすばやく参入してきてロジャースを追いやってしまったのだった。ドラゴンクエストやファイナルファンタジーといった新しいロールプレイングゲームが日本中の店に並びはじめ、彼の小さなチームではとてもそれに対抗できなかったのである。

ロジャースはそのときと同じように、今回も水面下で大手が動いているのではないかという予感がした。いまはまだ、穏やかな水面から突き出た氷山の一角でしかないのではないか。セガやアタリやどこか他の会社にいるライバルがそれをさらっていくのを、彼は黙って見ているつもりはなかった。たとえ、セガとアタリがテトリスの流行にすでに乗っかっており、アメリカとイギリスでPC版のテトリスがカルト的なヒットを飛ばしていたとしても関係ない。ヘンク・ロジャースの当面の関心は、現在の祖国である日本において、可能なかぎりの権利を確保することだ。彼は直感で、テトリスが風変わりな冷戦の遺産程度の存在で終わらないことを嗅ぎ取っていた。

ロジャースは、すでに手にした日本市場におけるPC版の権利をしっかりと握りつつ、電話とファックスを駆使してさらにそれを拡大しようと乗り出した。ギルマン・ルーイから、ミラーソフトが家庭用ゲーム機版とアーケード版の権利をアタリの子会社であるテンゲンに売却したことを聞いた彼は、すぐにランディ・ブローライトのもとへと向かった。

ブローライトはこの騒動の意味をまったく解せなかった。彼にとって、それはマイナーリーグの試合に等しく、いまは忘れ去られたブラスターロイドの権利をミラーソフトに渡し、代わりにテトリスの権利（もともとロバート・スタインとアンドロメダが保有していたもの）を得ただけのことだった。彼にしてみれば、どちらのゲームも取るに足らないものだったのだ。

ブローライトはテトリスを目にしていたし、実際にプレイしたこともあったのだが、彼の技術者チームが感じたような強い引っかかりは覚えなかった。「それは私が筋金入りのゲーマーではなかったからだ」というのが彼の残した言い訳だが、これは真実とは言えない。実際には、ブローライトは長年のロールプレイングゲーム愛好家だったし、ヘンク・ロジャースがテトリスに関する話し合いを呼びかけたとき、彼らはRPGの細かいシステムや、ダンジョンズ＆ドラゴンズ型のゲームがもたらした偉大な進化について深く語り合ったりしたのである。

ロジャースはこうした会話を通じてブローライトに探りを入れ、テンゲンが手にしたテトリスの権利の一部、とくに日本市場に関する権利を削り取ることができないかと考えた。ところがいくら頑張っても、彼が望むような返事は返ってこない。それどころか、当時はまだ大きなビジネスだったアーケードゲーム版の日本市場向けの権利は、すでにセガへと転売されており、もはやロジャースの手の届かないところにあるという。

それなら、日本市場における家庭用ゲーム機版の権利を売ってくれないか？　ロジャースは切りだした。テンゲンは日本人をトップに据えてはいたが、その関心はアメリカの巨大なゲーム市場に向いていた。ならば彼らは、どこか別の会社に、日本で人気のファミコン版のテトリス開発を任せようとするかもしれない。そうロジャースは考えたのである。

ブローライトはヘンク・ロジャースとの会話を楽しんだが、彼はテンゲンの米国事業を拡大することに没頭していた。その成功は彼の双肩にかかっていたのである。テトリスの権利を細分化して、地域ごとに切り売りするなどというのは、優先順位のきわめて低い仕事だった。

ヘンク・ロジャースは業を煮やして、テンゲンを率いる中島英行に直接話を持っていくことにした。ロジャースはそれを、テトリスをめぐるドラマに登場する他のだれよりも容易にできた。日本に住んで、仕事をしているというアドバンテージを持っていたからである。日本のビデオゲーム業界では、彼はいぜんとして部外者のような扱いを受けていたが、わずかながらもこの交渉に役立てられる地盤を日本に築いていた。

ロジャースと中島は、夕食をとりながらライセンス契約をまとめ上げた。しかし、いまやロジャースも関与することになった複雑なライセンス合意によれば、日本でなんらかのバージョンのテトリスを発売するには、さらにゲームのオリジナルライセンスを持つロシア人たちから承認を得なければならないということだった。そのためには、ゲームが動いているところをビデオに収めてミラーソフトに送り、そこから先のロシア人との合意についてはミラーソフトに動いてもらう必要があった。

ロジャースにしてみると、それは何重にもつながった知的財産権の鎖を構成する1つの輪にすぎなかった。理屈では、その鎖はこんなふうな仕組みになっているらしい。まず、ロバート・スタインとアンドロメダ・ソフトウェアが、西側および極東市場向けにテトリスを販売する権利をソ連から得た。それから、スタインはその権利を、イギリスのメディア王ロバート・マクスウェルが所有する、ミラーソフトと兄弟会社のスペクトラム・ホロバイトに売り渡した。そして、ミラーソフトは手にした権利をさまざまな形で転売し、そのなかに、ヘンク・ロジャースに売却された日本市場向けのPC版の権利や、テンゲンに売り払われた家庭用ゲーム機版とアーケード版の権利があった。さらにテンゲンは、アメリカで家庭用ゲーム機版のテトリスを販売しようと考えていた一方で、日本市場向けのアーケード版の権利はセガに、日本の家庭用ゲーム機版の権利はロジャースのバレットプルーフ・ソフトウェアに転売した、という次第だった。

世界各地でパーソナルコンピューター文化が興隆しつつあり、家庭用ゲーム機も数千万台と出荷され、アーケードゲームが文字どおり毎四半期トップの利益を叩《たた》き出していた当時、デジタルエンターテインメントのビジネスは西部開拓時代さながらの様相を呈していた。いくつもの契約がからみ合っていたとしても、無限に膨れ上がるかのようなビデオゲーム・ビジネスから利益を得ようとする人々の野心は、まったく削がれなかったのである。

自分の開発したテトリスがソ連の権利者から承認されたという連絡を受けたとき、ヘンク・ロジャースは日本市場向けのPC版と、肝心のファミコン版のテトリスを発売する準備ができていた。彼の

テトリス・メモ15

テトリスファンによる非公式のノベライズ作品に、アダルト向けの『フィフティ・シェイズ・オブ・テトリス』〔SMをテーマにした女性向けの小説として話題を集めた『フィフティ・シェイズ・オブ・グレイ』をもじったもの〕**や『テトリス・ブロックに魅せられて』などがある。**

本能はふたたび大当たりを引きあてていた。ザ・ブラックオニキスが残した売り上げ記録を、テトリスは軽々と上まわったのである。日本もテトリスに魅了された国々の仲間入りを果たし、とくにファミコン版はあっというまにベストセラーに輝いた。

ただ、問題がひとつだけ残されていた。ロジャースが開発したファミコン版のテトリスを、ロシア人たちは承認していなかったのである。彼らはそれを見たこともなかった。しかもそれは氷山の一角でしかなく、テトリスを管理していたソ連政府の組織ELORGは、みずからが所有するゲームのことも、それが大金を生み出していることも把握していなかったのである。

14 秘密のプラン

任天堂の全権を握り、内外に恐れられた代表取締役社長、山内溥《ひろし》には秘密があった。世界中で何百万人という人々が、ニンテンドー・エンターテインメント・システムとファミコンでマリオやゼルダを楽しんでいる最中、彼の研究開発チームは、これまでのゲームのDNAを書き換えてしまうようなプロジェクトを完遂しようとしていたのである。

任天堂最古のアイデアラボ「R&D1」から、それまでどんなゲーム機も成し遂げたことのない、独創的なチャレンジに挑んだプロトタイプが生み出された。それはのちに、多作なエンジニア、横井《よこい》軍平《ぐんぺい》の代表作となるものだ。横井は任天堂の組み立て工場で働いていた一介《いっかい》の機械工だったが、1965年に山内が見学に訪れた際、休み時間に自作したおもちゃのロボットアームを見せて、彼の心をとらえた。その後20年間、横井は任天堂専属のエンジニアとして自由に行動することが許され、さまざまなゲームや玩具を生み出した。そうした製品の打率はきわめて高く、横井はR&D1で45人のチームを率いるまでになっていた。

当時、彼の最大の発明だったのが「ゲーム&ウオッチ」である。これはハンドヘルド型のデジタル時計で、簡単なゲームをプレイすることができた。発売された1980年の標準から見ても、液晶ディスプレイのグラフィックスは古臭いものだった（たんに静止画をオン・オフすることで動きを表現していた）。しかしビデオゲームを小型化するという着想は、文化的にも意外なほどの好評を博し、それに触発された横井は、1987年に新たなハンドヘルド型ゲーム機の試作品を開発したのである。

のちにスティーブ・ジョブズがアップルで取り組んだように、横井はニンテンドー・ゲームボーイとして知られるようになるモバイル機器から、ムダな電力を消費したり、プロセッサーに負荷を与えたり、コストを膨らませたりする余計なものを徹底的に取り除いていった。ゲームのトレンドを巻き戻し、画面は小型でモノクロにし、標準的な単三電池4本ですべてが動くようにした。

そうしてできたものは、だれの目から見ても、スタートラインに立つことさえおぼつかない代物だった。競合他社はすでに、より強力なハンドヘルド型機器を準備していたのである。たとえばアタリのアタリ・リンクスには、ゲームボーイよりも大きくて、フルカラーの画面が装備されていた。しかしそのぶん価格も高く、バッテリーの持ちは悪かった。一方で横井が生み出した、マス向けのハンドヘルド型ゲーム機は、それほどハイスペックでない代わりに安価で持ち運びやすく、単三電池4本で最大30時間も遊べた。任天堂が世間一般の常識に基づいて決断を下すことはほとんどなく、そして当時の社長は、何が売れて何が売れないのかについて、不気味なほど第六感が働くことで知られていた。

当時60歳で、いかめしい顔つきをした山内は、任天堂がリリースするゲームをすべてひとりで承認していた。それはゲームボーイについても同じで、さらに横井が手掛けた、そのプロトタイプもそうだった。山内はゲームボーイを眺め、触れ、試し、任天堂のコンシューマー向けラインナップのなかに置かれている姿を想像した。新しいアイデア、さらにはリスクのあるアイデアを追う際、彼は勘に基づいて行動し、外部からの情報やセカンドオピニオンを求めることはほとんどなかったという。R&Dプロジェクトについては、たとえ横井のような実績のあるスター社員が手掛けるものであっても、一度しか山内に売りこむ機会が与えられず、私情をいっさい挟まない山内から、プロジェクトをつづけるか打ち切るかの判決をその場で下されるのである。提案やプロトタイプを提示しようという人々にとっては、それは胃の痛くなるような瞬間だっただろうが、少なくとも最終決定を短期間で下すことのできる仕組みであった。

山内はゲームボーイから、何かを感じ取った。それは過去のヒット作であるゲーム&ウオッチシリーズと、いま大ヒットしている家庭用ゲーム機の要素を組み合わせたものだった。これは数年以内に2500万台は売れるだろう。そう踏んだ山内に、製品化・発売を拒む理由は何もなかった。

彼以上にゲームボーイを気に入ったのが、トップシークレットだったゲームボーイのプロトタイプを目にした、2人目の幹部だった。その人物とは、当時存在感を高めていた任天堂の米国法人、ニンテンドー・オブ・アメリカの社長を務めていた荒川實《あらかわみのる》だった。山内の義理の息子の荒川は、2人のあいだの数十年来の確執もあり、気乗りしないまま任天堂の事業に引き入れられていた。

荒川はニンテンドー・オブ・アメリカの第一号社員として任天堂でのキャリアをスタートさせ、過去7年をかけて巨大なアメリカ市場に風穴を開けた。妻は陽子といい、山内溥の娘で同社の2番目の社員だった。家庭用ゲーム機冬の時代だった当時のアメリカで、荒川は小売店にニンテンドー・エンターテインメント・システムを置いてもらおうと悪戦苦闘していた。その少し前に彼は、任天堂の日本オフィスから1人のエンジニアを引き抜いている。それが宮本茂《みやもとしげる》で、彼はニュージャージーの倉庫でホコリをかぶっていた、数千台のアーケードゲーム機（もとは「レーダースコープ」という作品が入っていた）の中身を入れ替えるという仕事を任された。そのとき売れ残ったゲーム機のために宮本が考え出したのが、ポップカルチャーの寄せ集めのようだったが意表を突く作品で、それには意味不明なタイトルがつけられた。「ドンキーコング」（ロバのコング）である。

その後、宮本はドンキーコングで生み出したキャラクターを使い、「スーパーマリオブラザーズ」シリーズを開発する。さらに「ゼルダの伝説」も手掛け、最近では「Ｗｉｉ Ｆｉｔ」（大ヒットした家庭用ゲーム機Ｗｉｉ向けの、体を動かすことを目的としたテニス／ゴルフゲーム）を開発している。

こうした成功により、荒川はたんなる社長の義理の息子から、任天堂帝国における2番目の有力者という位置にまで上りつめた。

ゲームボーイは1億台を売り上げるだろう。荒川はプロトタイプを見て、そう宣言した。それは山内が定めた野心的な目標の4倍である。この目標を達成するためには、気の利いたハードウェアだけでは足りない。優れたハードは優れたソフトを組み合わせなければならず、それも手と手袋のように2つがぴたりとフィットするような、最初からいっしょに設計されていたのではと思わせるほどのソフトが必要だ。

テトリスは、クチコミとフロッピーディスクのコピー、再開発されたさまざまなバージョン、込み入ったライセンスの迷宮を通じて、じわじわと世界に広がっていったのとちょうど同じように、ゲームボーイへもいくつかの経路から同時に侵入していった。

１９８８年の後半、ヘンク・ロジャースには、任天堂が張りめぐらしていた鉄のカーテンの向こう側をのぞきこむ機会があった。ＰＣで独自のゲームを開発するビジネスから、他社が開発したソフトをファミコン向けに輸入・再開発するビジネスへと軸足を移していた彼は、山内社長にファミコンの囲碁ゲーム開発への資金提供をかけあって以来、任天堂の内部に近づけるという部外者としては異例の立場を得ていた。山内と彼の義理の息子に話を聞いてもらえたという事実は、ヘンク・ロジャースが文化の壁を越えられるほどのユニークな営業手腕を持っていることを雄弁に語っており、それは当時すでに語り種《ぐさ》になっていた（出来上った囲碁ゲームを山内が気に入らなかったことを考えると、さらに感慨深い）。

いつも陽気な荒川は、義父とは対照的だった。ロジャースを京都に招いた荒川は、この友人に発売前のゲームボーイのことを秘密にしておけなかった。ロジャースの目には、それはゲーム機というよりもポケット電卓のように映った。しかしその先にあるものを理解し、彼はすぐに頭を働かせた。

ゲームボーイのようにユニークな機器向けにテトリスを開発する権利など、ソ連政府の役人はもとより、テンゲンからミラーソフト、アンドロメダに至るまでの関係者のだれひとりとして、思いつかなかったことではないだろうか。つまり、その権利は空いている可能性が高いわけだ。ゲームボーイのパッケージにテトリスを入れて売るのはどうか、とロジャースは荒川に提案した。

当時、多くのゲーム機はパッケージの中にゲームソフトを１本入れて販売されていた（そうしたゲームのことを「同梱《どうこん》ソフト」と呼ぶ）。そうして、ゲーム機を買った人も、プレゼントとしてもらった人も、開封してすぐに遊べるようにしたのである。新しいカミソリを買うとサンプルの替え刃が付いてくるのと同じで、初めの1つを試しているうちに、もう1つ、また1つと買い足していくことになる。

ハンドヘルド型ゲーム機向けの権利を持たずに、テトリスをゲームボーイに売りこむのはリスクがあった。しかしロジャースの胸算用では、きっとその権利は獲得できる。なにしろゲームボーイはまだ秘密にされており、任天堂関係者のなかでも限られた人間しか知らない状態なのだ。

荒川のような人物にこうした売りこみをするのはかなり分が悪い。彼はすでに、マリオやドンキーコング、ゼルダといったゲーム業界中にその名をとどろかすブランドの数々を管理していた。それなのに、このソフト会社はおろかにも、ただでさえリスキーな新しいハードウェアの立ち上げに際し、パッとしない（少なくとも任天堂のヒット作品とは比べ物にならない）パズルゲームを新ハードの主力商品に据えろというのだ。

「マリオがあるのに、なぜそんなことをする必要がある？　男の子はみんなマリオが大好きじゃないか」と荒川は返した。彼は純粋に、ロジャースが何を考えているのか、その真意を知りたかったのである。

「もちろん、もともと任天堂を愛してやまないおおぜいの子供とティーンエイジャーの男子は、マリオのゲームに大喜びするでしょう」とロジャースは認めた。しかし裏を返せば、入っているのが新しいマリオだった場合、ゲームボーイを買うのはそうした男の子たちだけになってしまう。「みんなに遊んでほしいのなら、それこそ母親や父親、兄弟や姉妹にまで楽しんでほしいのなら」ゲームボーイが選ぶべきはテトリスにほかならない。彼はそう訴えた。

荒川はこの提案に興味をそそられていると認めざるをえなかった。ロジャースはマーケティングの重要な点をみごとに突いていたのだ。自分たちの領域でトッププレイヤーになるのと、新しい顧客を勝ち取るのとはまったく別物である。しかしテトリスはそれを、世界中のPCゲームでやってのけていた。

ロジャースは自分の提案が大きな賭けであるとわかっていたが、ニンテンドー・オブ・アメリカの社長はそれに乗り気なようだった。この提案が通れば、紹介料からゲームボーイ版のテトリスが1本売れるごとに発生するロイヤリティーに至るまで、ロジャースにはさまざまな利益が見込まれる。しかし、それはまだまだ先のことだ。もしほんとうに荒川がゲームボーイにテトリスを同梱することに興味を抱いているのなら、その第一歩として、まずはテトリスの権利関係をめぐる泥沼にふたたび飛びこまなければいけない。

もし、テトリスがゲームボーイにとって最適なゲームだというロジャースの提案に、荒川が驚いたように見えていたとしたら、彼はたんに手の内を見せないようにしていただけだった。実際には、荒川は少し前からテトリスをレーダーにとらえていた。任天堂内の研究開発エンジニアたちが、このゲームを荒川に紹介していたのである。そのうえ、ゲームボーイの小さなモノクロ画面でテトリスの操作感を確認するために、プロトタイプを作る作業まで行なわれていた。

その数か月前、CES展示会の夏バージョンにおいて、荒川はアーケードマシンで実際に動いているテトリスを目にしていた。他の任天堂の首脳陣とともにテトリスを体験した荒川は、このゲームに感銘を受け、テンゲンのランディ・ブローライトから任天堂の家庭用ゲーム機向けにもリリースされると聞いて喜んだ。当時ゲームボーイのプロジェクトについては緘口令《かんこうれい》が敷かれていたため、一言も語ることは許されなかったが、そのとき任天堂とテトリスの命運は強く結びついたのである。

その展示会で荒川とともにテトリスのデモを体験していたのが、任天堂の長い歴史のなかで最重要クラスの役員の1人である、ハワード・リンカーンだった。彼は当時ニンテンドー・オブ・アメリカの副社長兼法務顧問を務め、のちに会長に昇格する人物である。

48歳で、どこからどう見ても企業弁護士という風体のリンカーンは、ビデオゲーム業界のイベントには場違いな人物だった。彼はゲームやゲーム文化にとくに興味を持っていたわけではなく、計算された単調な声と、ニュースキャスターのようなきっちりとしたロマンスグレーの髪は、荒川の情熱や山内の製品に対する完璧主義とは対照的に見えた。しかしその穏やかな外面とは裏腹に、法律面では任天堂の番犬そのもので、敵対する企業の弁護士やCEO、さらには議会の委員会メンバーに至るまで、彼に対峙《たいじ》する人は法廷の内だろうと外だろうと、容赦ない猛攻撃にさらされた。

ハワード・リンカーンから最も嫌悪された敵は、究極の制裁を受けた。リンカーンはその相手を個人的なメッセージで罵倒したのである。そして時にそれを詩に乗せることすらあった。そうしたメッセージのなかで最も有名なのが、1992年にセガ・オブ・アメリカの社長だったトム・カリンスキーと口汚い言い争いを演じたあとにしたためた詩である。「親愛なるトムへ　バラは赤い。スミレは青い。それであなたは機嫌が悪い。エーンエーン、かわいそうに。心を込めて、ハワードより」

しかし1988年の段階では、ハワードは任天堂には似つかわしくないマスコットのドンキーコングを、強大なアメリカの映画業界が仕掛けた卑劣な騒動から救ったことで有名になったにすぎなかった。

売れ残ったアーケードゲームを改造するという荒川實の賭けは当たり、ドンキーコングは大ヒット作品となっていた。ところが1982年4月、荒川は上司であり義理の父でもある山内溥から、ある知らせを受ける。スティーブン・スピルバーグという若い才能を「発見」したことで有名な映画スタジオ、MCAユニバーサルの社長シド・シャインバーグから、恐ろしい内容のテレックスが送られてきたというのだ。

テレックスの文面は、シャインバーグの攻撃的で断固とした意志をまちがえようがないほど明確に伝えていた。アメリカ中のバーやゲームセンターで流行しているドンキーコングは、ユニバーサルスタジオの作品「キングコング」の商標を明らかに侵害しており、48時間以内にゲームから得られたあらゆる利益をMCAユニバーサルに渡すと同時に、任天堂の所有するアーケード機すべてを破壊すること――テレックスはそう要求していた。交渉の余地はなく、回避策を見つける時間もなかった。明らかにシャインバーグは、任天堂のビジネスを破壊しようとしていたのである。

荒川は追いつめられた。彼はいやいやながらニンテンドー・オブ・アメリカの社長に就任して以来、自分のアイデンティティーを確立し、ビジネスを拡大しようともがきながら、その一方で、著名で厳格な義父にも注意を払わなければならなかった。ニンテンドー・オブ・アメリカが独立した一大エンターテインメント企業へと成長しつつあったこの時期に、MCAユニバーサルから送られてきた脅しは、本国日本では荒川のリーダーシップの失敗として受け止められかねない。

そのとき、この先何年にもわたって繰り返されるように、ハワード・リンカーンが助けに現れた。息詰まる交渉を何度か重ね、リンカーンがシャインバーグとMCAの弁護士らとやり合ったあとで、この件は法廷で争われることとなった。それこそまさに、リンカーンが望んでいたことだった。彼はニューヨーク州の連邦地方裁判所で、MCAユニバーサルがキングコングの商標を保有していなかったこと、さらに同社が、1933年公開のオリジナル版「キングコング」を製作したRKOピクチャーズと法廷で争った際には、このキャラクターがパブリックドメインになっていると主張していたことを示したのである。略式判決で任天堂は勝訴し、MCAユニバーサルは損害賠償および法廷手数料として、180万ドルを支払うよう命ぜられた。

この一件の教訓は明らかだった。ニンテンドー・オブ・アメリカを法廷に引き出せば、そこでハワード・リンカーンと対峙することになる。ドンキーコングをめぐる裁判が終わったとき、リンカーンはもはや部外者ではなく、同社において荒川に次ぐ地位に就き、主要な意思決定のすべてに深くかかわるようになった。

彼が次にかかわった任天堂の転換点が、ゲームボーイ版のテトリスを実現するための戦いだった。1988年の夏に荒川とアーケード版をプレイしたころまでには、リンカーンは漠然とではあるが、任天堂がハンドヘルド型製品の開発を進めていることを把握していた。しかしそれが正確にはどのようなものなのかや、「ゲームボーイ」という名前がつけられていることは知らなかった。

その後しばらくして、彼がこの画期的な新製品の情報を方々から手繰《たぐ》り寄せたとき、リンカーンは椅子から転げ落ちんばかりに驚いた。「いったい、だれが『ゲームボーイ』なんて名前をつけたんだ？」と。とはいえリンカーンは、これが任天堂ではふつうのやり方で、彼らがフォーカスグループやマーケティングの専門家には頼らず、直感や偶然の思いつきを重視していたことを知っていた。けっきょく彼は、製品名について争うことをやめた。

ハワード・リンカーンはどこから見てもゲーマーではなかった。それどころか、ゲームをしていると飽きてしまうことがふつうだった。任天堂が１９８０年代後半に発表したヒット作の数々をプレイしていても、である。しかしそんな彼ですら、テトリスはちがった。そのため、荒川がハンドヘルド版のテトリスの権利の保有者（そんな人物がいるのであれば）を必死に探そうとしていることを知ったときも、リンカーンは驚かなかった。

しかし現場からの最初の報告には落胆させられた。荒川とリンカーンは、任天堂の弁護士であるリン・ホバルソから、調査が行きづまってしまったとの連絡を受けたのである。ライセンスとサブライセンスが入り組み、プラットフォームごと、地域ごとに異なる権利所有者がいるような状態だった。

テトリス・メモ16

ニューヨークにあるニンテンドーワールド〔２０１６年２月にニンテンドーニューヨークに名称変更された〕**には、１９９０年代の湾岸戦争において、爆撃によって黒焦げになったゲームボーイが展示されている。まだ電源が入り、テトリスが表示されている。**

しかもそれはゲームボーイやスマートフォンが登場する前の時代であり、ハンドヘルド版の権利などだれも明確には考えておらず、そもそもこの調査自体が不可能なタスクのように思われた。

何かふつうではないことが起きている、そうリンカーンは結論づけた。このゲームのライセンスを管理している人物の姿は、ますます遠のいていくばかりだったのである。並の企業であれば、ここで怖気づいてしまうところだろう。しかし荒川は、テトリスとゲームボーイが完璧な組み合わせであることにさらに自信を深めていった。

荒川は社内のエンジニアに命じて、ゲームボーイで動くテトリスのプロトタイプを開発させた。それは何世代ものプログラマーたちが再開発を繰り返し、さまざまな色や機能やグラフィックスが追加されるずっと前のことであり、ハードからの制約によって、そのプロトタイプはオリジナルのソ連版に近いものとなった。

小さなゲームボーイの画面上では、テトリスは白黒、正確に言えば濃い緑とグレーで表示された。音楽もなければ、余分なグラフィックスもなかった。プログラムできたとはいえ、それはＰＣやアーケード、さらには家庭用ゲーム機版とは比較にならないほど、ずっとシンプルだった。

この非常に粗っぽい、いちばん初めのプロトタイプであっても、荒川にはテトリスをゲームボーイに移植できることが十分に確認できた。シンプルで幾何学的な形のブロックは、小さなモノクロ画面でも見やすく、十字キーと２つのボタンという必要最低限のコントローラーも、テトリミノを回転し、下に落とすのに十分だったのである。

荒川はゲームボーイ版テトリスのプロトタイプをはじめてプレイした瞬間に、ライセンスの入手ルートさえわかれば、大ヒットまちがいなしだろうと確信した。しかしそのライセンスが、荒川にとって最大の悩みの種だった。テトリスはすでに、各国でさまざまなプラットフォームに移植され、あらゆる場所でプレイされており、ニューヨーク・タイムズ紙からCBSニュースに至るまで、メディアでもさかんに取り上げられている。にもかかわらず、ゲームボーイ用にその権利のわずか一部を削ぎ取ることは、とんでもない難題であることがわかってきた。

任天堂の弁護士によれば、ゲームボーイ版のテトリスを開発する権利を与えられるのは、鉄のカーテンの向こう側に隠れている人たちであった。つまりライセンスを手に入れたければ、ソ連と交渉することは避けられないのである。

荒川とリンカーンは、アメリカと日本、さらにはヨーロッパのゲーム・エンターテインメント市場については熟知していたが、ロシアは西側企業にとって、ブラックホールに等しい存在だった。だれと交渉すればいいのか？　どのくらいの対価を期待しているのか？　そもそもオリジナル版テトリスの製作者を発見できるのか？　すでに競合他社が、同じ権利を求めてロシアに旅立ったあとではないのか？

任天堂のような大企業がやみくもに動くのは、トラブルを招くだけだろう。よくてもライバルに情報が洩《も》れることは避けられない。そこで荒川は、社外にだれか適任者を探す計画を考えていた。この微妙な状況に上手く対処することができ、それでいて目立たない人物を。

そして荒川はハワード・リンカーンに、ヘンク・ロジャースを代役に立てるつもりだと告げた。彼らに代わってロジャースがロシアへと赴き、ライセンスをその源までさかのぼるのである。リンカーンにとって、それは手に負えない問題に対する最高の解決策のように感じられた。彼と荒川はロジャースのことをゲームの仕事を通して何年も前から知っていたし、リンカーンは彼のことを、明敏で、狡猾《こうかつ》とさえ呼べるほどの人物であり、何よりも契約を勝ち取るためには邪魔者を――政治家から「悪の帝国」などと評される国さえも――すべて排除する起業家だととらえていた。

15　迫りくる嵐

ヘンク・ロジャースは、先に行動していた人々と同様に、ロバート・スタインという問題にぶつかっていた。どんなプラットフォームにせよ、テトリスに関する権利は最終的にこの1人の男へと集約され、その後、ソ連とELORGへと消えていた。

そこへ、日本で働く欧米人のロジャースが参入してきた。シアトルのニンテンドー・オブ・アメリカを経営する日本人ビジネスマンの荒川實《みのる》から命を受けた彼は、ソ連から新たなテトリスの権利を得ようと動いていた。それは大きな利益を生み出す可能性のある取引だった。成功すれば、任天堂はロジャースの会社であるバレットプルーフ・ソフトウェアからゲームボーイ版のテトリスのライセンスを供与されることになり、カートリッジが1本売れるたびに、ロジャースの懐に利益が転がりこむのである。

それなのに任天堂は、みずからロシアに行って契約を結ぶのではなく、ロジャースをあいだに立てることを選んだ。ロジャースはこれが意味するところを理解していた。つまり、事態は彼が想像している以上に入り組んでいるのだ。ロジャースが日本市場向けに獲得したわずかな権利ですら、交渉を繰り返し、そのうえ、契約を反故《ほご》にされたり他の会社に権利をかすめ取られたりして、ようやく手にした成果だった。任天堂が調査で何を発見したのかはわからないが、企業弁護士の一団が取り組んでもこれは簡単には対処できないという決断を下したのである。

すべての道の終着点は、ロバート・スタインだった。彼はけっして手の内を見せようとせず、ミラーソフトとだけ仕事をしていた。そしてそのオーナーであるロバート・マクスウェルの庇護《ひご》のもと、他のライセンシー（ライセンス契約者）たちと直接会話することはなかった。

1988年の末、ロジャースはスタインにファックスを送り、携帯型ゲーム機向けのテトリスに関する権利について話し合うことを提案した。当時、そのような機器の前例は少ないながらも存在しており、たとえば任天堂のゲーム&ウオッチシリーズのように、名刺大のマシンで1つのゲームだけが遊べるようなものや、高価だけれど野暮《やぼ》ったい端末（遊べるゲームのタイトルは限られていた）がそうだった。その提案はシンプルでなければならなかった――なにしろ、任天堂が何を計画しているのかは極秘にされていたのだから。

しかしこの申し出に対する反応は、ロジャースの期待とは程遠いものだった。スタインは、彼の交渉相手であるロシアの機関、ELORGに確認が必要だという趣旨の話と、後日改めて連絡するというメッセージを返してきた。ロジャースが提案のなかで、2万5000ドルという高額の前払い金を提示していたにもかかわらず、である。スタインの評判から考えた場合、現金が簡単に手に入る機会をふいにするなど、まったくありえない。すぐにロジャースの心に、疑念が湧き上がった。

ロバート・スタインにとってみれば、突然寄せられたハンドヘルド版のライセンスへの関心は、テトリスでの彼のあやふやな立場に加えられる新たな一撃以外の何物でもなかった。彼はミラーソフトのジム・マッコノチーに相談し、ハンドヘルド版の権利が最優先の課題になったと訴えた。そしてこの権利に関して、既存のライセンス取得者や、新たな候補者から問い合わせが来た場合には、それを可能なかぎり保留しておくことを提案した。

スタインが突如として弱気になったのには理由があった。彼はＥＬＯＲＧ側の窓口となったアレクサンドル・アレクセンコと何の苦もなく交渉を行なってきたのだが、ソビエト側に新たな交渉人が登場してきたのである。相変わらず時代遅れのテレックスを使って、ＥＬＯＲＧはスタインに対し、今後はニコライ・ベリコフという名の人物がこの件を扱うと伝えてきた。ベリコフなる人間はまったくの未知数だったが、これまで彼が相手にしてきたロシア官僚と同じタイプであれば、取引の障害と要求が増えることはまぬがれない。最悪の場合、ＥＬＯＲＧの新体制はテトリスに関する収支情報を詳細に確認し、世界中で膨大な売り上げがあるにもかかわらず、彼らの手元にはほとんど還元されてい

テトリス・メモ17

アレクセイ・パジトノフはマイクロソフト向けに、「ヘキシック」というゲームをデザインしている。このゲームは数百万台ものＸｂｏｘ ３６０にプリインストールされている。

ないことに気づいてしまうかもしれない。

ヘンク・ロジャースがハンドヘルド版の権利について嗅ぎまわっているなか、機嫌を取らなければならないロシア人たちが新しく出てきた。スタインはまさに薄氷を踏む思いだった。テトリスの熱狂がスタインの想像をはるかに超えてしまっていたのだろう。世界中で遊ばれている、さまざまなアーケード版のテトリスは、アンドロメダとELORGのあいだで締結された契約では実際にはカバーされていなかった。スタインはアーケード版の契約を確定させようと努めてきたのだが、その目標を達せず、アレクセンコが去ったいま、交渉は一からやりなおしとなるだろう。ならば新たに持ち上がったハンドヘルドの件も巻きこんで、あらゆる形態のテトリスを網羅した包括的な契約を結ぶのが次善の策だ。

その場合、他のだれよりも一歩先を行く方法は、直接モスクワを訪れて、このベリコフとやらに面会することとだった。そして西側のカネに物を言わせれば、パジトノフやアカデミーソフト、アレクセンコなどに対して上手くいったように、アーケード版からハンドヘルド版まで、考えられるかぎりのあらゆるテトリスの権利を得られるはずだ。それさえ済めば、ヘンク・ロジャースが払うという2万5000ドルをありがたく頂くことができる。そのころには、ハンドヘルド版の権利にはもう少し高値が付いているかもしれないが。

しかし、スタインがロジャースの問い合わせに対し不自然な反応を示したことは、ビジネスパートナーの注意を惹《ひ》いただけだった。ハンドヘルド版のテトリスの権利は、突如としてミラーソフトのなかで大きな話題となったのである。ジム・マッコノチーはスタインが急にハンドヘルド版のライセンスについて興味を示したことを同僚に報告し、それがスペクトラム・ホロバイトのフィル・アダムに加え、ロバート・マクスウェルの息子で、傘下のテクノロジー系企業を管理するケヴィンの耳にも伝わった。

もう少しで30歳になるところだったケヴィン・マクスウェルは、父親と同様、部下を長期間放置しておきながら、急に細かい部分まで管理しだす癖があった。彼は少し前からテトリスに関心を寄せていたが、それはスペクトラム・ホロバイトとミラーソフトが、テトリスの権利をヘンク・ロジャースとテンゲンのどちらに渡すかをめぐって兄弟喧嘩《げんか》を始め、介入を余儀なくされたことがきっかけだった。それだけでも十分問題だったのだが、スタインが突然あやふやな行動を取ったのを見て、若きマクスウェルはこの問題を自分の手で解決してやろうと考えた。それにソ連と新たな商談をまとめることができれば、父親を感心させることもできるかもしれない。一方でマッコノチーも、ロシアへ出向いてELORGと交渉する役目に立候補し、あいだに立つアンドロメダを完全に中抜きしようとしたが、マクスウェルはそれをはねつけた。

アメリカでは、フィル・アダムもテトリスをめぐる新しい展開に頭を抱えていた。ミラーグループという母船を無視して事業を運営することに、マッコノチーよりもずっと慣れていたアダムは、スペクトラム・ホロバイトがテトリスをめぐるあらゆる権利交渉に乗り遅れることのないよう、ロシア行きを計画した。しかしイギリスから返ってきた回答は、やはり彼に動くなと命じるものだった。その理由を問いただすと、モスクワ行きの航空券3000ドルは認められないという。ケヴィン・マクスウェルがモスクワへと向かい、ELORGと交渉してテトリス問題を解決するのだから、それは不要な支出というわけだ。

アダムはわだかまりを募らせた。あの若いマクスウェルは、ゲーム業界のことを何もわかっていない。にもかかわらず、アダムが大きくしたあのテトリスの交渉から自分を外してしまったのだ。しかし彼にできることは何もなかった。アダムはただ黙って、ロバート・スタイン、ケヴィン・マクスウェル、そしてヘンク・ロジャースがモスクワへと飛び、ＥＬＯＲＧとの契約を獲得しようと互いに蹴落とし合うのを、遠くから見守るしかなかった。

16 大きな賭け

1989年2月の終わり、ヘンク・ロジャースはモスクワに到着し、謎の組織であるELORGのオフィスの探索を始めた。凍えるような冬のロシアで、彼は危うく道に迷いかけたが、役に立たないホテルスタッフと役に立たない地図との格闘を経て、なんとかモスクワの囲碁コミュニティーと地元ガイドの助けを借り、目標へと近づいていった。

しかしロジャースは、扉を開け（比喩的にも、文字どおりの意味でも）、ELORGのだれかと話をしても、それはたんにスタートラインに立っただけであることを理解していた。彼の競争相手は十中八、九、何歩も先を進んでいる。事実、ロバート・スタインとケヴィン・マクスウェルはELORGのオフィスに招かれ、話し合いを持つ予定だった。そうした細かなちがいがソ連の官僚相手では重大な影響をおよぼす。一方ロジャースはと言えば、観光ビザでロシアに訪れているというありさまで、いろいろ干渉してくる外国人に優しくないこの国では、だれかとビジネスの話をしただけで違法行為と見なされかねなかった。

いかにも共産主義者といった見てくれの、しかめっ面をしたＥＬＯＲＧの職員たちが、ロジャースを追い出さなかっただけでも驚きだった。彼はそれが良い兆候であって、官僚たちが目論んだ悪夢の始まりではないことを願った。しかし、もうダメかと思ったそのとき、目の前に地元のガイドが現れて、一見しただけではわからないＥＬＯＲＧのオフィスに連れてきてくれたという奇跡は、彼がモスクワに到着してからずっと監視されていたことを意味するのかもしれなかった。

ロジャースはそうした不安を頭から追いやり、建物から放り出されるのではなく、会議室に通されようとしているという事実だけに集中した。いまこそ気合を入れて、ハンドヘルド版のテトリスという新たな権利をつくり出し、それを彼の会社バレットプルーフ・ソフトウェアを通じて、世界最大のゲーム会社である任天堂に供与することを認めさせるために、ロシア側の交渉人に言うべきセリフを考える時だ。

会議室で待っていたのは、エフゲニー・ニコラエビッチ・ベリコフだった（ロジャースはただ「ニコライ」と記憶した）。ベリコフは電気技師であり、きちんと英語を学んだことはなかった。テトリスの権利をめぐって国境を越えて広がったごたごたを整理し、しかるべき金が得られていないという問題を解決するというのが、彼がＥＬＯＲＧに配属された理由のひとつだった。ベリコフは前任者のような、パリへと旅行して、ワインとフランス料理を前にロバート・スタインとリラックスして交渉に臨むというようなタイプではなかった。それどころか彼のなかでは、ソ連が手にすべき金があるのに、共産主義と資本主義の思想的な溝の向こう側にいるだれかが、それを独占しているのではないかという疑念が渦巻いていた。

アンドロメダからミラーソフトまで、西側企業というものに対してベリコフが不信感を抱いていても当然だったし、さらに彼はビジネスや交渉の経験不足をソ連人らしい素っ気《そけ》ない態度と戦車のような体躯《たいく》で補おうとした。彼はライセンスをめぐる交渉やロイヤリティーについては詳しくなかったとはいえ、きょうテトリスに新たな求婚者が現れたことは、後日予定の入っていた2人のゲスト、ロバート・スタインとケヴィン・マクスウェルとの交渉において、使えるカードが増えることを意味するのは理解できた。

この新参者を正面玄関から通しただけでも、重大なルール違反だった。そうしてでもベリコフは、スタインとマクスウェルを競わせるという彼の狙いに、ヘンク・ロジャースが使えるかどうか見極めようとしていた。彼の計画はシンプルだった。まずこの新たにやってきた男に、翌日出直すように言う。そうして時間を稼ぎ、アレクセイ・パジトノフをロシア科学アカデミー（RAS）から呼び寄せれば、会談はより公式なものとなり、競争は2社ではなく3社の争いとなるだろう。

こうしてロジャースは、今度は公式に招かれる形で翌朝ELORGを再訪した。そして華麗な装飾がほどこされた会議室へと通され、ずらりと並んだ仏頂面をした威圧的なELORG職員たちと対面することとなった。彼はその場に、数種類のプレゼンを用意していた。どれを使うかは、ベリコフ以下の人々がビデオゲーム業界やソフトウェアのライセンス、そして国際的なビジネスに関する知識をどの程度持ち合わせているかによって判断するつもりだった。何より重要なのは、彼には任天堂の莫大な予算が味方についているという点だ。ロジャースの見積もりでは、それでライバルよりも高値をハンドヘルド版テトリスの権利に提示できるはずだった。

彼が案内された部屋は、数十人が楽々入れるほどの広さがあった。町では気の滅入るような構成主義の建築物と、徹底したソビエトのミニマリズムばかりを目にしてきたロジャースにとって、このような部屋があること自体、国家機密のように感じられた。虚飾じみた浪費に出合うなど、モスクワに来てはじめてのことだったのである。

ロジャースは長いテーブルの片側に座り、遠く反対側にELORGのチームが着席した。まるで別居中の夫婦が夕食で同席したときのような光景だ。そしていかにもソ連人といった風貌の男たちの列のなかに、ひげを生やしたやせ型の男が座っている。場違いなほどに落ち着き払っていた彼こそ、西側の人々が、わずかなテレックスを除いて、だれも直接対話したことのない人物——アレクセイ・パジトノフだった。ベリコフは、RASのコンピューティングセンターで働いていたパジトノフを同席させることで、みずからが計画したスタインとマクスウェルとの会談に権威づけしようとしていた。ゲームの製作者が横にいれば、この部屋のなかで行なわれるテトリスに関する話し合いの席で、最高の指揮権を持つのは自分をおいてほかにいないというわけだった。

ロジャースとパジトノフはお互いを慎重に観察した。画期的なビデオゲームを独力で開発するという、ロジャースをだめにしかけたような苦労を理解できる人物がいるとすれば、それはパジトノフにほかならない。ロジャースの評判を確立した名作、ザ・ブラックオニキスは複雑さではテトリスのはるか上を行っていたが、エレガントさではテトリスの圧勝だった。またロジャースはみずからが立ち上げたロールプレイングゲームという日本初のジャンルが、あとから参入してきた日本の有力企業によって席巻されるのを経験したが、それは自分の生み出したみごとなまでにシンプルなゲームがソ連政府によって乗っ取られるという、パジトノフが味わった苦渋と通じるところがあった。ＥＬＯＲＧはテトリスで一儲《ひともう》けしようとしていたが、創作者であるパジトノフはたまに担ぎ出されては、うわべをつくろうことしかできなかった。

ふたを開けてみると、ＥＬＯＲＧの交渉人たちの仏頂面はたんなる演出にすぎなかった。主導権を握ったのはロジャースで、実質的に会議を仕切ったのも彼だった。これから契約を締結しようというのに、なぜ彼らはこんなに不勉強なのだろう。ロジャースには不思議だった。交渉人たちが沈黙しているのを、経験不足を隠すためだと見抜いた彼は、ケヴィン・マクスウェルやロバート・スタインとはまったくちがう形で、この機会を利用することにした。彼は時間をかけて、国際的なソフトウェア取引がどのように行なわれるのか、いまいかに多くの企業がテトリスに関与しているのかを説明したのである。

ＥＬＯＲＧ側の状況はロジャースの想像以上に厳しいものだった。世界規模にまでなったテトリスの権利をめぐる混沌《こんとん》状態を解決するチームを率いているにもかかわらず、ベリコフは金融について驚くほど無知だった。銀行口座からクレジットカードに至るまで、現代の金融サービスを利用した経験がいっさいなく、ＥＬＯＲＧからの給料を現金で受け取っていたほどだった。

来訪者に質問を浴びせるＥＬＯＲＧ関係者の姿を、パジトノフは静かに眺めていた。そんな彼のもとにロジャースがようやく近寄れたのは、長引く会議の休憩時間になってからだった。ロジャースは手を差し出して、自分がテトリスに魅了されていること、そしてやっとパジトノフに会えて嬉しく思っていることを伝えた。

パジトノフも、この外国人が賢く、好感の持てる人物であると感じていた。ロジャースは具体的な要求をいきなり突きつけたりはせず、話し合いを進めるうえで重要な定義や概念を説明するのに時間をかけてくれた。思えばスタインから何度も送られてきたテレックスは、厚かましくて注文が多く、契約の文言もころころと変わった。アカデミーソフトとELORGの連中も大差なく、テトリスを彼の手から奪ったばかりか、製作者の権利や要求にはなんの関心も払ってくれなかった。

ヘンク・ロジャースはベリコフを相手に、即席の「ソフトウェア・ゲーム業界入門」講座を開催した。ロバート・スタインの不快な交渉スタイルは、ロシア人の気持ちを逆なでしているのかもしれず、ならばこの控えめのアプローチが、スタインのとは逆の効果をもたらすのではないだろうか。彼はそれに賭けたのである。一方で、この対応が正解だったかどうかにかかわらず、ベリコフは、その週の後半に予定されていたロバート・スタインとケヴィン・マクスウェルとの公式な会談の際の当て馬として、ロジャースを必要としていた。ロジャースを利用すれば、2社競争を3社による争いにできると判断したベリコフは、ロジャースが待ち望んでいた交渉参加への正式な切符を与えることにした。「明日あらためてオフィスに来てほしい」。ベリコフはロジャースに告げた。「テトリスのハンドヘルド版に関する権利について、正式な提案を聞く準備を整えておくことにしよう」

ロジャースはプレゼンに手ごたえを感じていたが、ソフトウェアビジネスが宝石ビジネスと変わりがないこともよくわかっていた。どちらもけっきょくは人と人との関係で成り立っているのだ。これこそ、彼が山内と荒川という日米2つの任天堂の社長と関係を築けた秘訣《ひけつ》であり、それさえ築ければ、今回のテトリスの交渉も揺るぎないものになるはずだとロジャースは見込んでいた。

会議が終わったとき、ロジャースとパジトノフは互いに惹《ひ》かれるものを感じた。ロジャースはロシア語がほとんど話せず、パジトノフができるのは簡単な英語だけだったが、プログラマーとゲーム開発者の言葉に国境はなかった。たどたどしくではあったが、2人はコミュニケーションを取ることができ、パジトノフは非公式なツアーガイドの役を買って出たのだった。彼はロジャースを質素な自宅に招き入れ、自分が開発した他のソフトウェアを誇らしげに披露して、その後、会議でのお互いの幸運を祈って2人で伝統的なロシア式の乾杯をした――ウォッカを酌《く》み交わしたのだ。いまや2人は、口にさえ出さなかったが、同盟にも似たきずなを感じていた。ただ、敵がだれなのか、その目的は何なのかはまだはっきりとしていなかったが。

ロジャースはホテルに戻り、滑稽《こっけい》なほどに素っ気ない部屋で、またもや眠れぬ夜を過ごした。火花が飛び散るテレビは感電しないようにコンセントを抜いておかねばならなかったし、ホテル内のレストランで夕飯を取るには事前に予約が必要で、ルームサービスという概念はここでは存在してさえいないようだった。しかしそんなことは問題ではなかった。いま彼には、テンゲンからスペクトラム、セガに至るまで、すべてのライバルを出し抜き、テトリスの権利者から直接ライセンスを受けられる最大のチャンスが訪れていた。

翌日、時間より早くELORGに到着したロジャースは、会議に向けて万全を期していた。ブリーフケースには、彼が任天堂から発売したいと考えているハンドヘルド版のテトリスの売り上げとロイヤリティーの予測資料に加えて、ベリコフに好印象を与えようと考えて持参した視覚に訴える重要な小道具も忍ばせていた。それはバレットプルーフ・ソフトウェアが日本で発売しているファミコン版のテトリスで、権利の迷宮が世界中に張りめぐらされているにもかかわらず、テトリスはいぜんとして人気で、ファンを増やしつづけていることを示す証拠でもあった。

ふたたびベリコフの向かい側に座ったロジャースは、任天堂が開発していたゲームボーイの本質的な部分には触れないようにうまく立ちまわった。とはいえそれは、ロシア人には理解しがたい概念だったと予想される。当時のソ連のビデオゲームシーンには、いくつかの輸入PCゲームと、テトリスのようにローカルで開発された作品、そして見つけることすら難しい、ごくわずかなアーケードゲーム機しかなかったからである。

ロジャースは居並ぶロシア人に向かい、いまロバート・スタインからいくらロイヤリティーが支払われていようとも、それは忘れてもらいたい、と訴えた。新たな契約がもたらすロイヤリティーはすぐに現状を上まわり、膨大な金額になるのだ。彼はそれが攻撃材料になることをしっかり押さえていた。スタインとアンドロメダとのあいだで結ばれた既存の基本契約では、モスクワに支払われているロイヤリティーが雀《すずめ》の涙ほどでしかないことは明白だった。

この点を納得させるために、ロジャースはブリーフケースに手を伸ばし、彼のテトリスに対する専心ぶりを物語る、これ以上ない具体的な例を取り出した。ロジャースが日本で売り出しているファミコン版のテトリスである。それはすでに、日本でベストセラーとなっていた。ロジャースの理解では、バレットプルーフ・ソフトウェアはPC版と家庭用ゲーム機版のサブライセンスを正式に供与されているはずだった。

長方形をした手のひらサイズのファミコン用カートリッジは黒色のプラスチック製で、そこに赤いシールが貼られ、さらに赤いボール紙の箱の中に収められていた。それだけが、このゲームの生まれた国に関する唯一の手掛かりだった。ロジャース版のテトリスでは、他のバージョンのようには、キリル文字やロシア風の装飾がほどこされていなかったのである。

ロジャースはベリコフの顔色をうかがいながら、ゲームの入った箱を差し出したが、その表情からはベリコフにはそれがなんなのか見当もついていないことが読み取れた。「いったいこれは何だ？」完全に不意を突かれた様子で、ベリコフは尋ねた。ロジャースは顔から血の気が引くのを感じた――このロシア人たちは、ゲームカートリッジとは何か、そして日本の家庭用ゲーム機がどのようなものかも理解していないのか。

彼は自分がテトリスのライセンシーとしていかに苦労してきたか、手短に説明した。自分の会社であるバレットプルーフ・ソフトウェアから、テンゲン、スペクトラム・ホロバイト、ミラーソフト、アンドロメダについて触れ、そうしたすべてのソフトウェアの発売元が、PCからアーケード、家庭用ゲーム機に至るまでのさまざまなプラットフォーム向けに自社のテトリスを開発し、世界中の主要なマーケットですでに販売を開始していることを。

説明をつづければつづけるほど、ベリコフがこの状況をまったく把握していなかったことが明らかになり、そしてからみ合ったライセンス契約を解きほぐしていけばいくほど、ロシア人の怒りは膨らんでいった。「いったいこれは何事だ」。ベリコフは詰め寄った。「テトリスの海賊版か何かが、許可なく売られているというのか？」

「もちろんこれは正規のものだ」とロジャースは弁明した。パッケージには、テンゲンおよびミラーソフトとのサブライセンス契約において定められているとおり、バレットプルーフ・ソフトウェアとELORGの両方のクレジットが記載されている。さらには開発者としてパジトノフのクレジットも「アレクセイ・パジノフ（Alexey Pazhinov）」と明記されていた。

ロジャースはテンゲンから日本市場における家庭用ゲーム機版の権利を得るために、かなりの額を払ったことも説明した。しかしベリコフは態度を硬化させたまま、テンゲンなど聞いたこともないと言って譲らなかった。それどころかELORGの知るかぎり、ライセンスを供与したのはロバート・スタインとアンドロメダだけであり、それも家庭用コンピューターだけに限定した話だ。ベリコフの怒声が響く。アーケードも、ゲーム機も、ハンドヘルドも、ELORGの知るところではない。

「待ってくれ」とロジャースはさえぎった。ライセンシーは自社のテトリスの映像を収めたビデオを作製してそれを送り、まさにこの部屋にいる人々から許可を得なければいけないことになっている。「あなたがたはそれを見ているはずだ。その記録が残っているだろう?」

ベリコフはそんな話をひとつも聞いたことがなかった。ビデオなど見ていないし、契約も最初のコンピューター版以外は感知していなかった。しかもその契約からも、ほとんどロイヤリティーは入っていない、と彼は付け加えた。

遠路はるばるやってきて、このなじみのない国でうまく立ちまわり、ソ連の秘密の貿易機関の門をくぐり抜け、やっと話を聞いてもらえたというのに、時計の針が一秒刻むごとに、ロジャースはチャンスが指からすり抜けていくような感覚にとらわれた。もっと悪いことに、彼は20万本ものファミコン版テトリスのカートリッジを製造しているところであり、もしロシア人に交渉を打ち切られるようなことがあったら、会社はおしまいだ。彼はバレットプルーフ・ソフトウェアを通じて築き上げたものすべてを、この20万本のカートリッジに懸けていたのだ。それにもしロジャースが、ハンドヘルド版の権利を得られずに帰国しただけでなく、不注意にもニンテンドー・エンターテインメント・システム版とファミコン版のテトリスの販売までふいにてしまったとしたら、荒川や他の任天堂の幹部たちはどう思うだろうか？

ベリコフは怒り心頭ではあったが、事の真相にヘンク・ロジャースが本心から驚いていることを見て取った。そして、いま聞かされたさまざまなバージョンのテトリスは、自分たちELORGの職員が承認したものではけっしてありえないことを示すために、ベリコフはロバート・スタインとの契約をまとめたファイルをロジャースのほうへと押しやった。

彼はロジャースに書類を見るようにうながし、2人はスタインとアンドロメダに供与される権利について記した個所を探してページを一枚一枚めくっていった。その結果わかったのは、契約書で明確な記述があるのはコンピューター版のテトリスについてだけで、他のプラットフォームについては何も触れられていないということだった。

ロジャースは何年ものあいだ、これと似た取引を無数に繰り返してきたため、部屋にいるだれよりも契約の文言について深く理解していた。どうやらだれかが、途中で境界線を踏み越えたか、契約書の文言を非常にゆるく、きわめて大づかみに解釈したようだった。

たとえ意図せずこの件に関与していたにせよ、ソ連政府が承認を与えておらず、彼らが違法だと見なすテトリスの一連の契約において、ロジャースは重要人物だった。それを、ハンドヘルド版の権利を特別に計らってもらえるよう、かしこまってELORGを訪問している最中に明らかにしてしまったというのは、間が悪いどころの話ではなかった。

ロジャースは何か気の利いたことを言おうと、ロシア人たちが怒気にあふれた目で視線を交し合うのを見ながら、頭をフル回転させていくつかの選択肢を検討した。この絶体絶命の状況から逃れられるとしたら、いましかそのチャンスはない。どうすれば彼らの心を動かせるだろうか？

モスクワで過ごした数日間から彼が受けた印象は、前向きなものばかりではなかった。貧困がはびこり、消費者経済は実質存在しておらず、基本的なモノやサービスすら行き届いていない。彼はベリコフらELORGの交渉人たちが、何度も金について文句を言うのを耳にしていた。とくにテトリスからわずかな利益しか得られていないことに、不満がたまっているようだった。

そうだ、それこそがカギだ。目の前にいる男たちは、世界的な超大国の一部などではない。ゆっくりと、しかし着実に崩壊しつつあるソ連というシステムの犠牲者なのだ。彼らもまた、この国にいる他の人々と同様、土壇場に追いこまれている。ベリコフの心をつかもうとするなら、万国共通の言葉で語らなければならない。ロジャースはすばやく計算を行なうと、ベリコフのほうへ身を乗り出した。

彼は、いましがたロシア人たちを激怒させたファミコンカセットの入った赤い箱を指さしながら、これまでに自分がおよそ13万本のテトリスを販売してきたこと、そしてそれこそが問題を解決できることを説明した。ロジャースは走り書きした小切手を、テーブルの向こう側にいるベリコフに向かって差し出した。それはELORG宛てに振り出されており、額は4万ドルを超えていた。

ベリコフは厳しい表情を崩していなかったが、内心では驚いていた。スタインとアンドロメダと直接行なった取引、あるいはミラーソフトなどの会社と間接的に行なった取引のすべてを振り返っても、こんなふうに実際の金をすすんでテーブルの上に置いて交渉しようとする人物ははじめてだったのである。ロジャースは圧力をかけるのでも、脅すのでもなく、まずは支払いをした。

ロジャースはその金がＥＬＯＲＧのものだと説明した。なんの条件も付いていない、ＥＬＯＲＧが受け取ってしかるべきロイヤリティーであり、すでに販売されたゲームカートリッジの分だ、と。これで交渉の席から離れ、まちがいを正せたことにわずかながら満足して、会談をお開きにすることもできる。「しかし」とロジャースは訴えた。「支払いの問題がすっかり取り除かれたいま、われわれはさらに先へと進んで、新たなビジネスチャンスについて話ができるのではないか？」

ロジャースがアンドロメダとの契約をさらに詳しく語るあいだ、ベリコフは上の空だった。彼の心はすでに、後日予定されていたケヴィン・マクスウェルとロバート・スタインとの２つの会談にあった。自分にとっては海賊版以外の何物でもない、さまざまなバージョンのテトリスが存在していると知ったことは、この２人との交渉にまったく新しい視点をもたらした。ベリコフは彼らを守勢にまわらせるような新たな交渉材料を得たわけだが、それはどちらかが契約を締結するに値する相手であれ

テトリス・メモ18

ヒューレット・パッカード製オシロスコープの一部には、隠れ機能が備わっており、特定の組み合わせでキーを叩《たた》くと、テトリスが遊べるようになる。

ばの話だ。

目の前には、昨日までまったく見知らぬ相手だったヘンク・ロジャースが座っている。しかも突然現れたこの男は、すでに4万ドルをベリコフの手に握らせた。その源泉には、いったいあとどれだけの金があるのだろうか？　一方、ミラーグループよりも資金力のあるパートナーをベリコフは想像できなかったが、もし彼らからのロイヤリティーの支払いがきちんと行なわれなかったり、遅れるようなことがあったりしたら、同社との契約になんの利点があるというのか？

そのとき、ベリコフはヘンク・ロジャースをこのゲームに引き入れ、ELORG、ミラーソフト、アンドロメダと対等な立場で交渉に参加させることに決めた。そしてロジャースに、現時点でテトリスの権利に関する有効な契約はELORGとロバート・スタインとのあいだに結ばれたものだけであり、しかも対象となるプラットフォームはコンピューターに限られていて、任天堂のファミコンのような家庭用ゲーム機は考慮していないことをあらためて述べた。ロジャースはそれに同意したが、いぜんとして「コンピューター」という言葉がどこまでをさすのか、その定義にあいまいなところがあることに気づいた。

「当初要求していたハンドヘルド版の権利だけでなく、家庭向けのすべてのゲームプラットフォームに関する権利への競売に参加するつもりはあるか？」ベリコフはそうロジャースに尋ね、その額はけっして安くないだろうと警告した。

「問題はそれ以上だ」とロジャースは返した。そうなれば、ミラーソフトやテンゲンといった大企業を激怒させることになるだろう。しかもテンゲンは、いまもって業界の有力企業であるアタリゲームズの子会社ときている。しかし、ベリコフの質問がこの件により多くの金を出せるのか、またより多くの弁護団を組織することができるのかという意味なのであれば、ゲームに参加する準備はできている。ロジャースはそう答え、高らかに宣言した。任天堂にいる自分の盟友たちなら、並み居る入札者たちを蹴散らして、永続的な同盟関係を築き、関係者すべてに利益をもたらせる、と。

ベリコフはその答えに満足した。少なくとも、ロジャースにチャンスを与えるには十分すぎるものだった。ベリコフは他の交渉相手との準備があるからと退席する際、ロジャースにいったん帰国し、日本の後援者と相談のうえ、正式なオファーを持ってくるように、と告げた。

「期限は3週間だ」

17 詰め寄るライバルたち

ロバート・スタインはニコライ・ベリコフとの会談が始まるのを待っていた。いまやベリコフとの交渉ではヘンク・ロジャースの後塵《こうじん》を拝し、あとにはケヴィン・マクスウェルがつかえていて会談が終わればすぐに通りに追い出されるという、テトリストリオの二番手に自分がなっていることなど、スタインは知る由《よし》もなかった。

ロジャースがモスクワを訪れ、テトリスの権利を得ようと画策していることをスタインが知ったら、ハンドヘルド版のテトリスの権利として提示された2万5000ドルをはねつけてしまったのを後悔していただろう。

だがそのときスタインの頭にあったのは、不愛想なベリコフが目に留まった過失の数々にどのような文句をつけてくるだろうかという心配だった。ELORGの前任者は御しやすい相手で、少なくともスタインがテトリスから儲《もう》けを得るために必要な書類上の対応をしてくれた。時には契約書で決められている内容を逸脱するビジネスまで手を出したが、アレクセンコが相手なら、最終的には言いくるめて必要な契約をまとめ上げられる自信があった。

今回彼が望んでいたのは、テトリスのアーケード版の権利とハンドヘルド版の権利に関して、書面で契約を結ぶことだった。2番目のハンドヘルド版は、その後ロジャースか、もっと金を惜しまないだれかに再販すればいい。だが何より重要なのは、すでに流通を始めてしまっていたアーケード版のほうだった。とはいえスタインは、モスクワの連中はだれもそのことに気づいていないと考えていた。

しばらくすると、ベリコフが会議室に入ってきた。いかにもロシア人といった図体《ずうたい》のベリコフは、書類の束をスタインのほうへ押しやった。それは9か月前の1988年5月に締結されたオリジナルの契約書で、ELORGはそれに対して、多大な修正を求めていた。「これはすでに合意済みの事項だが……」。スタインは訴えた。「……それより今回は、新しいビジネスの話をしようじゃないか」

しかし、ベリコフはそれにまったく耳を貸さず、契約内容の改訂に関するページを指さして、なぜこの改訂版に署名することがスタインにとって重要なのかを指摘した。そこにはロイヤリティーの支払い遅延に関する条項が盛りこまれ、さらにその規定は最初の契約日にまで遡及《そきゅう》すると書かれていた。

ついに彼らは、本気で金の問題を追及しはじめたのだ。スタインは、自分がELORGが受け取るべきものの上前をはねていたとはけっして認めなかっただろうし、少なくとも長い目で見ればそんなつもりはなかっただろう。しかしロシア人たちが支払い期日の厳守を望んでいるのなら、テトリスは世界的なビッグビジネスになっているのだから、それにともなう余計な手間を取るのはやぶさかではなかった。

そんなことより、スタインはアーケード版とハンドヘルド版の話がしたかった。「いや《ニエット》」。ベリコフは頑としてそれを認めようとしない。「改訂版へのサインが先だ。そのあとであれば、新しい取引の話をしよう」。ベリコフの表情から、少なくとも今日のところは、このロシアの熊を動かすのが難しいことは明らかだった。

新しい書類を持ち帰り、その内容を精査するのが最善だと判断したスタインは、ホテル「コスモス」へと戻った。コスモスは馬蹄形《ばていけい》をした、黄金に輝くけばけばしいホテルで、1980年の夏季オリンピックにおいてソ連の威信を示す建物になるはずだった（実際には60か国以上の国々がソ連のアフガニスタン侵攻に抗議し、オリンピックをボイコットしたことで、その機会は失われてしまった）。

彼は改訂された文書をホテルでさらに慎重に検討したあと、渋々ながら署名することに決めた。それからいくつかの事務仕事と収支計算で休む暇もなかったが、それもあらゆるバージョンのテトリスの権利を手元に置いておくためなら大した代償ではなかった。スタインは紙とペンを手に取り、手書きでアーケード版とハンドヘルド版の権利に関する包括的な文言をまとめた。それは翌日、ベリコフに対して拘束力のある契約書類として提示するためで、タイプや複製を行なっている時間はなかった。

そのときスタインがオリジナルの契約書に加えられたわずかな言葉の変更を見落としてしまったのは、一連の作業に忙殺されてしまったからなのかもしれない。しかしその小さな変更は時限爆弾として機能し、彼が抱いていた希望を跡形もなく吹き飛ばしてゲームを振り出しに戻すものであった。

ロバート・スタインがホテルに戻り、契約書の改訂事項と格闘していたとき、ELORGのオフィスにはもう1人の来訪者が現れていた。その人物、ケヴィン・マクスウェルは、ミラーグループのソフトウェア発売元であるミラーソフトとスペクトラム・ホロバイト両方のトップに立っていたが、実際はビデオゲームビジネスの経験は皆無に等しかった。彼はその地位を濫用して、ビジネス上というよりも家庭内の事情から、テトリスをめぐる交渉に乱入してきたのである。

父親のロバート・マクスウェルはロシアとは付き合いが長く、さらにはゴルバチョフ書記長が耳を貸すほどの人物だった。ソ連で難しい契約交渉をまとめ、トラブルメーカーであるロバート・スタインからテトリスの権利を奪うことができれば、ケヴィンは一躍脚光を浴びるだろう。それはマクスウェル帝国の上層部で起きている、家族内および家族外での権力争いにおいて、ケヴィンの追い風となるはずだった。

マクスウェル家独特のヒエラルキーのなかで、そつなくふるまうことの難しさは世間に知れ渡るほどで、ケヴィンは息子として、そして従業員として、老マクスウェルを喜ばせなければならないというプレッシャーを痛いほど感じていた。ロバートには9人の子供がおり、そのなかで最も若い2人であったケヴィンと兄弟のイアンは、父親の持つ並外れた個性を自分たちも身につけていた。イアンはセールスマンとしての魅力と天賦の才という面で父親の生き写しだった。それは、会議でひときわ目立つ大胆なネクタイ選びにまでおよぶ徹底ぶりだった。その一方でケヴィンが取りこんだのは、父親の暗い一面だった。彼はミラーグループを創り上げた攻撃的なビジネス戦略と断固とした態度に惹《ひ》かれていたのである。ちょうど1年前、父親が65歳を迎えた誕生日に、彼は乾杯をしながらこう言った。

「なんといってもぼくは、あなたがお手玉のように数々の事業を手掛ける姿に興奮し、それをうまい具合に着地させていることに感動すら覚えます」

それこそケヴィン・マクスウェルが興じていたギャンブルであり、みずからモスクワに乗りこみ、自分の管轄するミラーソフトにテトリスの権利を勝ち取らせようとした理由だった。冷戦で対立する東西の両側で活動できる数少ない国際的な大物として、ソ連と長年にわたる関係を築いてきた人物を父親に持っているとすれば、この「お手玉」を落としてしまうのは言語道断の大間違いだった。

ＥＬＯＲＧの本部でベリコフと面会したマクスウェルは、父ロバートお得意の、魅力と威厳を織り交ぜた態度で臨むことにした。ひととおり気軽なおしゃべりをしたところで、テトリスを取り巻く未解決の問題を迅速に解決するように要求したのである。しかしベリコフは、少なくとも今日のところは、わが物顔でふるまう大物二世に恐れをなすことはなかった。

この会議が設定されて以来、2つの要素が新たに入りこんでいた。ひとつは、ヘンク・ロジャースが潤沢な資金をもってベリコフの代替案として急浮上してきたこと。もうひとつは、契約書の改訂事項に埋めこまれた時限爆弾に気づかせることなく、ロバート・スタインをまんまと追い払ったことだ。2人がベリコフの望みどおりとなったいま、今度はケヴィン・マクスウェルの鼻をへし折る番だった。

ベリコフはマクスウェルの話をさえぎり、赤い箱をテーブルの向こう側へと滑らせた。その中には、ベリコフがつい最近その存在を知らされた、ヘンク・ロジャースとバレットプルーフ・ソフトウェアが開発したファミコン版のテトリスが収められている。ロジャースのブリーフケースから取り出されたそれが、ＥＬＯＲＧの交渉人たちを啞然とさせたように、ケヴィン・マクスウェルも予期せぬものの登場に不意を突かれることになった。

「いったいこれは何だ？」ベリコフは来訪者を問いつめた。マクスウェルは頭をフル回転させて、何が起きているのかを理解しようとした。どうやらこれは、何かのバージョンのテトリスらしい。パッケージの半分には、日本語が書かれている。デザインに見覚えはない。そしてこのカートリッジは、ミラーソフトが現在販売しているPC版ではなく、家庭用ゲーム機版のようだ。マクスウェルはこの箱や、このバージョンのテトリスを見たことがないと正直に答えた。

「では、なぜパッケージにミラーソフトの名前があるのか?」ベリコフの尋問はつづいた。「それだけでなく、テンゲンやバレットプルーフ・ソフトウェア、さらにはELORGの名まで記されているではないか」。テトリスが複数の国にまたがり、複数のソフトウェアの発売元を通じて売られるようになっているいま、マクスウェルは自分のビジネスに近いバージョンを除き、その全体像をまったく理解していなかった。たしかに自社がライセンスの一部を転売していることは知っていたが、彼はマクスウェル帝国の上層部にいたため、繰り返されるサブライセンス契約について最新情報を把握できていなかったのである。

彼は慌てて、目の前にある赤い箱のつじつま合わせを考えはじめた。ビジネスについて無知同然の共産主義者たちの建物に入ってきたときに感じていた優位を、なんとかして保とうとした。そして彼が選んだ手段は、はったりだった。

「これは海賊版にちがいない」。マクスウェルは落ち着いた声で説明した。ミラーソフトは任天堂のゲームカートリッジを販売するビジネスを手掛けていない。まさにこのために、ELORGとミラーソフトは連携を強化しなければならないのだ。そうすれば、こんな海賊版など一掃できる、と。

当然、マクスウェルの話は完全にまちがっていたし、はったりは空振りもいいところだった。ベリコフは何も言わなかった。彼は机の上に置かれたテトリスの出所を正確に知っていたし、ポケットの中にはヘンク・ロジャースから過去のロイヤリティー分として支払われた小切手が入っていた。ベリコフの見立てでは、マクスウェルとスタインはなんらかの形で共謀し、オリジナルの契約とは明らかに違反するのに、他のソフトウェアの発売元をいくつも経由する契約を結んで、テトリスの家庭用ゲーム機版のライセンスを販売した。

マクスウェルはこの部屋で平然と嘘を吐き散らしているか、そうでなければ、それを海賊版と勘違いするほどのあほうなのだろう。どちらにせよ、この会話でマクスウェルがどのような人物かはよくわかった。しかしベリコフにはまだ問題があった――この業界の大物とやらをどうしてくれたものか？　やつを追い出せばすっきりするだろうが、ミラーソフトがライバルより多額の金を出せるのであれば、そうしてしまうのは短絡的というものだ。それに父親のロバート・マクスウェルはソ連の有力者にコネがあり、息子をぞんざいに扱えば、そうされて当然の男とはいえ、好ましくない結果を招くおそれがある。

テトリス・メモ19

一連のテトリス作品のなかで、最もレアなもののひとつが、セガ・ジェネシス〔セガが1989年に北米で発売した家庭用ゲーム機で、日本ではメガドライブとして1990年に発売された〕**版である。現在ではごくわずかな数のカートリッジしか、その存在が確認されていない。**

マクスウェルはベリコフの沈黙にしびれを切らし、いまだ自分のものであると信じて疑わない、ハンドヘルド版とアーケード版の権利に関する訴えを再開させた。ロシア人は手を振ってそれをさえぎると、席から立ち上がった。そして海賊版のテトリスをつかみ、苛立ちを募らせるマクスウェルを残したまま部屋から出ていった。

来訪者がうろたえはじめたころを見計らって、ベリコフは部屋に戻り、新たな現実をマクスウェルに突きつけた。「状況が変わった。だが貴社には、すべての権利を総取りにするチャンスがまだ残されている」と彼は説明した。「きょうは何も確定できない」。ベリコフはつづける。「少なくともこの海賊版の謎が解けるまでは」。とはいえマクスウェルは、テトリスの新しい権利への限定的な先買権が与えられ、家庭用ゲーム機に関する権利についても、すぐに前払い金の提案をあらためて持ってくるよう告げられた。

ベリコフにとって、この最後の部分はとくに重要だった。マクスウェルは、すでに家庭用ゲーム機版のテトリスが販売されているにもかかわらず、それを否定した。ここでもし、家庭用ゲーム機版のライセンスの入札にマクスウェルが参加すれば、それは取りも直さずこの権利がELORGによってだれにも与えられていないという考え方を肯定することになる。

ベリコフはそれで終わりにはしなかった。彼は、その日のうちにライセンス契約が締結されないことをマクスウェルが悟ったと見るや、さらにたたみかけた。先買権を与えるという、非常に寛大な対応と引き換えに、ELORGも何か価値のあるものを手に入れるべきだろう、というのである。その代償としてELORGは、マクスウェル・コミュニケーションズが手掛ける、各種参考図書のロシア語の出版権を要求した。これはマクスウェルが議論しようとしていたソフトウェアに関する問題とはまったく関係がなかったが、海賊版の存在をとがめられる立場から一転、家庭用ゲーム機版テトリスの権利という究極の報酬を手にするチャンスを与えられた彼は、どんな要求ものむ心づもりができていた。

ベリコフは参考図書の出版権という小さな勝利を得て、会議室をあとにした。しかしもっと重要なのは、テトリスの競売に参加し、金を差し出そうとしている人物をもう2人手に入れたことだ。一方のケヴィン・マクスウェルが手に入れたのは、「合意プロトコル」と記された書類だけだった。それは何百万ドルという価値を生み出す可能性があったが、同時にただの紙切れになるかもしれないものだった。

きょう1日の成果としては上出来だと、ベリコフは満足していたが、まだ重要な個所に詰めの甘い部分が残っており、すべてが台無しになるおそれもあった。ロバート・スタインが改訂版の契約書に署名して持ってくるかどうか、明日になってみないとわからない。彼はスタインが契約書の内容を細かくチェックしないことを祈った。

その夜、ヘンク・ロジャースはアレクセイ・パジトノフと再会した。ロジャースは新たな友人にぜひ見せたいものがあるということで、今回はパジトノフのアパートではなく、ロジャースが泊まっていた味気ないホテルの部屋で落ち合うことになった。彼は荷物のなかから、日本から持ちこんだ小型のポータブルテレビを取り出した。ロジャースの説明では、ロシアと日本では放送規格が異なるのでテレビを見ることはできなかったものの、パジトノフにとって、それは信じられないほどのハイテク製品だった。彼らの後ろでは、火花を噴き上げる危険のあった部屋のテレビが、プラグを引き抜かれてたたずんでいる。

ロジャースが視聴できないテレビを持ちこんだ理由、それはファミコンだった。アレクセイ・パジトノフはこれからはじめて家庭用ゲーム機版のテトリスをプレイするのだ。パジトノフは興奮を抑えきれなかった――少なくとも初めのうちは。

ロジャースは赤いカートリッジをファミコンにセットし、電源を入れた。テレビが少しずつ明るくなると、パジトノフは画面に目を凝らした。テトリスのグラフィックスはぼんやりとしており、ゲーム機から出力される低解像度の信号は、彼の目には不鮮明に映った。パジトノフはコンピューターの世界を生きてきた男であり、テトリスのように単純なものであっても、高い解像度と鮮明なグラフィックスに慣れていた。彼は肩をすくめた。とはいえ、コンピューター用のくっきり映るモニターならいざ知らず、ふつうのぼやけたテレビ画面でゲームをプレイする際の技術的な限界はどうしようもなかった。

パジトノフは長方形をしたファミコンのコントローラーを握り、悪戦苦闘しながらテトリスを数ラウンド遊んでみた。ブロックが画面の中でどんどんと積み上がっていくと、なぜすぐにゲームオーバーになってしまうのだろうと首をかしげた。このゲームの製作者なのだから、もっと上手くプレイできるはずではないか？　ロジャースのテトリスは、彼のオリジナル版よりもスピードが速かったが、だからといって簡単にゲームオーバーになってしまうほどではなかった。

問題はコントローラーだ、とパジトノフは気づいた。コンピューター版では、キーボードの右端にある矢印キーを使うだけで、片手で操作できる。彼のような右利きのプレイヤーには完璧な設定だった。しかし、ファミコンのコントローラーは両手で操作しなければならず、そのうえ最も重要なテトリミノの移動を操作するキーは、左手の親指の下にあるのだ。

パジトノフはどういう反応をすればいいのか、わからなかった。新しい友人と2人の同盟にけちをつけたくはないが、家庭用ゲーム機版のテトリスはどうもしっくりこない。タイミングはずれるし、テトリミノが落ちる速度は速すぎ、左手を酷使するコントローラーは操作しづらい。彼はロジャースの業績をできるかぎり誠実に称賛したが、本心ではそれほど感心してはいなかった。とはいえ、テトリスが世界のこれほど遠くにまで広がっていることを知っただけでも頭がくらくらするほど興奮したし、彼のオリジナル版とまったく同じチューニングができていないバージョンが存在するというのも、無理もない話だった。

翌朝、ロバート・スタインはＥＬＯＲＧのオフィスに戻ってきた。ベリコフへの報復として、改訂された契約書の草案とともに提出する、ハンドヘルド版とアーケード版のライセンスに関する手書きのメモも用意しており、交渉の主導権を取り戻す準備は万端だった。ベリコフはスタインから書類を手渡されると、提案内容に目を通した。しかしそれは演技だった。ハンドヘルド版の権利はほぼヘンク・ロジャースのものとなっており、あとはだれが家庭用ゲーム機版に最高額を入札するかの勝負になっていたのだ。

だがベリコフは、スタインがぎりぎりまで追いつめられていることを感じ取った。ベリコフの計画にとって重要なのは、スタインに改訂版の契約書へサインさせることだ。「われわれはまだハンドヘルド版の権利に合意する状況ではない」とベリコフは告げ、たとえスタインには手が届かないものだとしても、その件を宙に浮いたままにした。それと同時に、スタインの関心をつなぎ留めておくため、彼は別のエサをぶらさげることにした。アーケードゲーム版の権利である。

アーケード版のテトリスがすでに日本とアメリカで稼働していることを、スタインは知っていた。そのため彼は、だれかにその権利を奪われてにっちもさっちもいかなくなる前に、書面での契約を勝ち取らなければならなかった。ならばしかたない、ロイヤリティーの支払い遅延に罰金が科せられるのは痛いが、改訂版の契約書にサインするしかないだろう。彼は懸案が片づいたことを喜んだが、それも束の間だった。ベリコフが、アーケード版のロイヤリティーの前払い金として、15万ドルを6週間以内に用意するようにと言いだしたのである。

高額な前払い金と支払い遅延の罰金、そして見え隠れするハンドヘルド版のライセンス――これだけ課題があっては、ロバート・スタインがELORGとの会合において、最も重要な点を見逃してしまったとしても無理はない。スタインが見落としていたもの、それは昨年締結された契約書の文言に加えられた小さな修正である。新たな文言によれば、この契約はコンピューター版のテトリスについて言及するだけでなく、「PCコンピューターはプロセッサー、モニター、ディスクドライブ、キーボード、オペレーティングシステムで構成される」と定義していた。

これは非常に具体的な定義であり、その内容がオリジナル版の契約締結日まで遡及されることになった。のちにこの変更は、世界の反対側にある法廷において、きわめて重要なものであると判明することになる。しかしいまのところ、それはベリコフの手中に収まって、いざという時に切られるのを待つ手札の1枚にすぎなかった。

少し前まで、二流の計算機を東側諸国に売ることすらままならなかったソ連の官僚たちが、突如として経験豊かなテクノロジー営業マンであるかのように駆け引きを始めていた。ヘンク・ロジャースの起業家精神が、彼らを刺激したのかもしれない。あるいはテトリスの分け前にあずかろうとする人全員から世間知らずの田舎者のように扱われることに、嫌気がさしたのかもしれない。いずれにせよほんの数日のうちに、ベリコフはヘンク・ロジャースから4万ドルの小切手を手に入れた。それだけでなく、任天堂とかいうロジャースの謎の後援者と数百万ドルの契約を締結できる可能性も出てきた。そしてケヴィン・マクスウェルにほとんど何も与えずに、家庭用ゲーム機版ライセンスへの入札の対抗馬として、このメディア王の二世をしばらく泳がせることにした。おまけに、ロバート・スタインに対する復讐《ふくしゅう》も着々と進みつつあった。彼は今後、ELORGへの支払いを期日どおりに行なわなければならないうえに、アーケード版の権利を得ようと15万ドルの前払い金を持ってくるだろう。

そのとき、ホテルにいたヘンク・ロジャースは、彼の想像をはるかに超えた大きなゲームの一部となっていた。ハンドヘルド版のテトリスの権利という、中規模の契約を結ぶにとどまらず、テトリスに関する権利のほぼすべてをカバーする中核的な契約で、ELORGと任天堂のあいだを仲介するチャンスまで得たのだ。そのような契約では、おこぼれにあずかるだけでも何百万ドルもの価値がある。彼自身承知していたように、ロジャースはわずかな時間も無駄にできなかった。ロシア人たちはいつまでも待ってくれはしない。それなのに、これだけの契約を結ぶためには、任天堂のトップを動かし、少なくともビデオゲーム事業を率いる幹部数名を連れて、モスクワに戻ってこなければいけない。

しかし、彼には希望の光が射しているのが見えていた。ＥＬＯＲＧやミラーソフトにいるだれも、そして自分とおそらく荒川實《みのる》以外のだれも、任天堂のゲームボーイがどれほど革新的な製品に化ける可能性があるのかを知らなかったし、テトリスとタッグを組むとなればなおさらそうだった。しかし彼ならそれを実現することができた。そしてそれを実行に移す時はまさにいま、この瞬間だったのだ。

18 チキンで会いましょう

ハワード・リンカーンは耳を疑った。モスクワから戻ったヘンク・ロジャースから、ボンド映画に出てきそうな名前のソ連政府の組織がテトリスを管轄しているという報告を受けたところまではよかった。それに、ELORGが他のビデオゲーム会社数社からひどい扱いを受けており、彼らの代わりに任天堂を有望視していると聞いたときは、心から大喜びした。しかしひとつだけ、リンカーンを激怒させたことがあった。それは、くだんのライバル企業のひとつがアタリの子会社であるテンゲンだったこと、そしてテンゲンが近々、ニンテンドー・エンターテインメント・システム（NES）版のテトリスのリリースを予定していたことだった。

リンカーンは、任天堂およびニンテンドー・オブ・アメリカの他の経営幹部とともに、アタリゲームズとそのカリスマ的リーダー、中島英行との法廷闘争に、もうかれこれ長いあいだかかりきりになっていた。かつては密接な同盟関係にありながら、いまや宿敵同士になってしまった両社は、テンゲンが任天堂のゲーム機器類に実装されていたロックアウトチップ・システムをハッキングしようとしたことで仲たがいしていた。「10NES」というそのシステムは、NES用のゲームを開発できる企業を厳しく管理するために任天堂が開発したもので、こうした「デジタルの鍵」をかける仕組みはさまざまな形で、プレイステーションやXboxといった、その後のほぼあらゆるゲーム機に組みこまれている。

この技術の基本はシンプルなものだ。だれかがゲームをプログラミングし、それでカートリッジを作って任天堂のゲーム機にセットし、電源を入れたとしよう。何が起きるかというと——何も起きない。それは鍵の役割を果たす特別なマイクロチップが、カートリッジ内にセットされていないからである。ゲーム機は「ロックアウトチップ」と呼ばれる、このマイクロチップを探して、それが見つかった場合にはゲームをスタートさせる。見つからなければ、何も起きない。

任天堂は専用のロックアウトチップをゲーム機用に開発し、NES向けのゲームを作りたければ、この特別なチップを任天堂から直接買わなければならないというルールにした。そして購入が許可されるのは、任天堂が設定する標準のロイヤリティー率を受け入れ、ゲーム内容の可否を判断する権限まで任天堂に与えることを認めた場合のみとしたのである。任天堂はこのチップの供給を厳しく制限し、他社が発売できるゲームの内容やカートリッジの生産個数まで管理した。

テンゲンの中島が問題にしていたのは、ロックアウトチップのシステムに組みこまれたコピープロテクションというよりも、彼がレドモンドにあるニンテンドー・オブ・アメリカのオフィスを訪れ、リンカーンと荒川に面会した際に、任天堂から示された契約の内容だった。

荒川はパートナーとなるソフトウェア発売元に対し、彼らに求めるたくさんの要求事項について説明し、なぜそうしたことを、相手がだれであろうとすべての企業に対して課すのかを理解してもらうために、長い時間を割くようにしていた。それに加えて荒川は中島に対して、重要なのは契約書の詳細だけでなく、任天堂と関係を築くことであると説明し、さらにウォルマートやシアーズ、Kマートと取引したいのなら、われわれの営業マンが支援しよう、と申し出た。

リンカーンは、上司がふだんとはちがう対応をしてまで、中島とパートナー関係を築こうとする様子を見守った。彼も荒川も、中島をこの結びつきの強い業界における友人と見なしていた。

中島は会議の席に着いたとき、自分が任天堂のトップと個人的なつながりを持つ、ゲーム業界の大物である以上、他社よりも有利な条件を引き出せるだろうと考えていた。「いえ」。荒川はそれをきっぱりと退けた。「これはみなさんにお願いしていることです。あとは、中島さんが承諾してくださるか、否かだけです」

頭に来た中島は2つの対応を同時に進めることにした。まず1987年、彼は内心では悪い条件だと思いながらもそれをのみ、任天堂と公式ライセンスについての契約を交わした。ただしこれは、ひ

テトリス・メモ20

2014年にフィラデルフィアで、29階建てビルの壁面を使ってテトリスを遊ぶというイベントが行なわれた。ギネス世界記録はこれを、「世界最大のビデオゲーム画面」に認定している。

とおりNES向けのゲームを開発して店舗で販売するためだけのものだった。それと並行してテンゲンでは特別なエンジニアリングチームが結成され、任天堂の10NESのリバースエンジニアリングが始まった。その目的は、任天堂が独占する専用のロックアウトチップがなくてもNESで動くゲームカートリッジを製造し、任天堂の支配から永久に脱することだった。

すぐにテンゲンの技術者たちは突破口を見つけ、そのシステムを無効化する方法を手に入れたと報告してきた。そこでテンゲンは、任天堂のロックアウトチップを搭載せずにNESで動くゲームを大量にリリースする計画を進めた。

ハワード・リンカーンが中島の計画を知ったのは、1988年、ニンテンドー・オブ・アメリカがクリスマスパーティーを開催した翌日のことだった。彼は、NES用ゲームを独自に発売するために10NESのリバースエンジニアリングを行なったというテンゲンの公式発表で、目を覚ましたのだった。「やってくれたな」。リンカーンにとって、もはやそれはビジネスではなく、個人的な関心事となった。彼も、そして荒川も、友人に裏切られたという思いに打ちひしがれた。

さらに追い打ちをかけるように、テンゲンは独占的行為のかどで任天堂を告訴した。それからというもの、コピープロテクションの無効化をめぐって訴訟合戦がつづき、会社間、そしてトップ間の関係は冷えきってしまっていた。

中島が任天堂のシステムをハッキングできたという事実の裏側は、テンゲンが公表した内容よりも実際にはずっと複雑だった。その前年、テンゲンのランディ・ブローライトは、中島が契約条件について やり合ったことでぎくしゃくしてしまった、テンゲンと任天堂の関係を改善することに尽力していた。ブローライトにしてみれば、それは任天堂の主張を受け入れ、テンゲンと親会社であるアタリを良き企業市民にするという意味があった。

当初は不安もあったが、社員たちが任天堂の厳しいルールに慣れてしまえば、この大手日本企業は驚くほど組みやすい相手だとブローライトは感じていた。テンゲンがNES用として初めにリリースした一連のゲームは好評で、任天堂はひきつづき同社のヒット作を期待していた。ブローライトにとって、任天堂のロックアウトチップをリバースエンジニアリングするという、賛否の分かれる行為を弁明しなければならなくなったときに、会社の顔としてふるまうというのは気の重い仕事だった。とはいえ、既存技術のリバースエンジニアリングは多くの場合において合法だと認められており、ブローライトは任天堂のシステムを迂回《うかい》する方法を編み出したと、正直に胸を張って語ったのだった。

この話に裏があるかもしれないと彼が疑うようになったのは、しばらくあとになってからだった。テンゲンの弁護士が米国特許商標庁へ行き、訴訟手続きに必要だという理由で、任天堂の特許申請書類のコピーを手に入れていたことが判明したのである。任天堂が作成した10NESの図面が、そのリバースエンジニアリングに取り組んでいる技術者たちがいるのと同じ建物内にあったというのでは、テンゲンの試みにけちがつくのは避けられない。テンゲンは、弁護士の行動がリバースエンジニアリングの計画とはまったく無関係であると訴えたが、すでに手遅れだった。けっきょくそれらの根っこは同じで、悪意あるものだと見なされてしまったのである。

ほどなくブローライトは、任天堂のロックアウトチップのリバースエンジニアリングが正々堂々としたやり方で行なわれていなかったのではないかと心配を募らせるようになった。なんといっても、テンゲンの名誉を訴える彼の発言がニューヨーク・タイムズ紙からウォールストリート・ジャーナル誌に至るまで、広く引用されてしまっていたのだ。ブローライトもまた、リンカーンや荒川のように、親しい友人であり、師と仰ぎさえする人物から裏切られたという思いを抱いた。しかしいまのところ、ブローライトはロックアウトチップを搭載していないゲームの発売計画を進めなければならず、そしてその発売予定のタイトルのなかに、NES版のテトリスも含まれていたという次第だった。

リンカーンと荒川は、テンゲンがテトリスをめぐる交渉にも関わっていると聞いて、がぜんやる気になった。ロジャースは、2頭の赤い雄牛の前で赤いマントをはためかせたのも同然だった。より攻撃的な性分のリンカーンは、容赦なく攻撃する決意を固め、ロジャースがロシアを訪れてからわずか1週間後にはモスクワに飛び立つための荷造りを始めた。この旅には新たな目的も加わっていた――打倒テンゲンである。

ロジャースにとって、それは世界一の野心家でも想像さえしないほどの成果だった。当初の目標だったハンドヘルド版の権利を取り戻しただけでなく、テトリスを全世界の家庭用ゲーム機に向けて開発する権利を得るチャンスが舞いこんできたのである。世界的なテトリス人気が、こうした新しいプラットフォームへとゆっくりと、だが着実に広がっていけば、その契約は何千万ドルもの利益を生むだろう。しかしふたを開けてみると、ロジャースのその予想はまちがいだった。実際には、テトリスの生み出した利益はそのはるか上を行っていたのである。

チャンスを逃したくなかった荒川は、ロジャースをすぐにモスクワへと送り返した。今回はジョン・ハスというニューヨークの弁護士といっしょだった。彼の経歴はまさにこの仕事にうってつけだ。

かつてソ連政府で働き、ロシア語に堪能《たんのう》で、さらにニクソン政権で働いていたことから、移り気で抑圧的な政治体制での経験も長かった。ビデオゲームの専門家であるロジャースと、彼のアイデアをELORGの交渉者にも理解しやすい法律用語に訳すハス、そして任天堂の莫大な資金力を前に、ベリコフの心は彼らとの契約に大きく傾いた。伝えられるところでは、2人は任天堂から500万ドルの最低保証金を提案することが認められていた。

ロバート・スタインへ請求したアーケード版の対価15万ドルや、ロジャースから支払われたファミコン版のロイヤリティーの4万ドルなど、比較的わずかな額の金を拾い集めてきたロシア人たちにとって、500万ドルというのは驚愕《きょうがく》の金額だった。ニコライ・ベリコフもこのチャンスを逃したくはなかった。それは当時のELORGでは表彰ものの業績になりえたし、さらには変化と激動が日常風景となっていたソ連における画期的な出来事として記録に残るかもしれない。

しかしベリコフの頭には、別の不確定要素がちらついていた。数週間前、ケヴィン・マクスウェルを追い払う際、彼はミラーソフトに対して家庭用ゲーム機版のテトリスの権利について実質的な先買権を与えていた。任天堂の金を手に入れるには、テーブルの上をきれいに片づけておかなければならない。

マクスウェル一族のような有力なプレイヤーを切り捨てることにはリスクがともなったが、ベリコフはそれを最小限に抑えこむほうに心を決めた。彼にとって幸いだったのは、マクスウェルとミラーソフトが最初の会合で、家庭用ゲーム機版に対して出した自分たちの提案にあまりこだわらなかったことである。明らかに彼らは、家庭用ゲーム機版を重要視していなかった。しかもケヴィン・マクスウェルは最初の入札期日を守らなかった。したがってベリコフは、合意プロトコルに定められたとおり、任天堂の入札に対抗できるという非常に限られた権利だけを彼らに与えることにした。

1989年3月15日、ミラーソフトに1通のファックスが流れた。そこには翌日までに対案を出すようにというメッセージが書かれていた。しかしベリコフの予想どおり、ファックスに対する反応はなく、彼はロジャースとハスに、契約書にサインする用意ができたと連絡した。ロジャースとハスには、提案と交渉を進める権限はあったものの、どちらも任天堂の社員ではなかったため、この規模の契約となると、ニンテンドー・オブ・アメリカの経営陣が直接モスクワへ出向いて、契約書に署名する必要があった。

そうしてリンカーンが意気込んで荷造りをするのに、荒川もつづいた。しかしどちらの行動もトップシークレット扱いだった。信頼できるひと握りの顧問が彼らのほんとうの行き先を知るだけで、ニンテンドー・オブ・アメリカのスタッフの大部分は、自分たちのボス2人が通常の日本出張に出たものと思っていたほどだった。こうした偽装を行なったのも、ロックアウトチップをめぐって法廷で闘争中の、中島とアタリの注意を惹《ひ》かないようにするためだった。アタリとテンゲンが立てていたテトリスの計画を打ち砕くことは、任天堂にとって大きな勝利だった。だからこそテトリスの権利を手中に収めるまでは、手の内を明かして中島たちにひと暴れする隙を与えるようなまねはしたくなかったのである。

1980年代後半に出発間際《まぎわ》にソ連への旅行を手配することは、戦地に飛びこむのと同じくらい難しい行為だった。まずリンカーンと荒川は、シアトルからロサンゼルスへと飛び、さらにワシントン

DC行きの深夜便に乗りこんだ。そこでソ連大使館から、事前に申しこんでおいたビザを受け取る手はずだったのである。当然、ハスが大丈夫だと請け合っていたビザは用意されておらず、領事館のだれにもリンカーンの話は通じなかった。その日の午後遅くになって、新たなテレックスがモスクワから届き、2人は旅を再開することができた。そしてロンドンへと向かい、そこで1泊して、ようやくモスクワ行きの飛行機に搭乗したのだった。

ソ連に到着するころには、ソビエト領事館でのトラブルは2人の頭からきれいに消え去っていた。それは、リンカーンがロンドンのホテルで寝過ごして、荒川と2人、慌てふためいて空港へと向かい、ボロボロになりながらセキュリティーを通過して、間一髪フライトに遅れずに済んだという一幕があったせいでもあった。

リンカーンと荒川が飛行機から降りると、ロジャースが出迎えてくれた。2人の目には、これが彼にとってもまだ2回目のロシア訪問であるようにはとても見えなかった。ロジャースはいつものように異文化のなかにいても悠然としており、レンタルしたメルセデスで空港に乗りつけ任天堂の幹部2人を拾うと、すっかり堂に入った様子でモスクワの街を案内してまわった。

3月のモスクワの寒さと、おおぜいの市民がスノータイヤも着けていない古い車で、雪に覆われた道路を轟音《ごうおん》で走る様子は荒川を驚かせた。ロジャースはすでに周辺の地理に詳しく、リンカーンは彼があっというまにロシアの生活に慣れてしまっていることに感心した。しかしチェックインしたホテルには幻滅し、一見するなり「ゴミ」であるのがわかった。

ところがその「ゴミ」の持つささやかな魅力を楽しむことさえ、リンカーンと荒川は許されなかった。2人が追いやられた併設の別館は、ホテルというよりもソ連版の団地のようなところで、本館が満室か、修理をしなければ人間が宿泊できない状態にまでなってしまったときに使用される建物だったのだ。高級アパートとされている場所に足を踏み入れた2人を待っていたのは、がらんとした寝室がひとつしかない部屋で、2人のうちどちらかは寝室としてリビングルームのソファーを使用しなければならない。設《しつら》えられたさまざまなキッチン設備はすべて飾りで、何ひとつとして、水道やガス管に接続されていない。リンカーンはそれを一瞥《いちべつ》すると吐きすてるように言った。「なんてことだ、あんまりじゃないか。けれどこれが、彼らに用意できる最上級のホテルなんだろうな」

荒川は日用品を買うために少しだけ街をぶらついたあと、夜になってホテルに戻った。彼はモスクワがアメリカや日本とはまったくちがうことに、驚きの念を禁じえなかった。買う価値があると感じられるものを置いている店はごくわずかしかなく、そこでの支払いは米ドルに限られていた。つまりそこは、数は少ないが経済的に重要な外国人ビジネス客のためだけに設けられ、地元民は足を踏み入れることができないのだ。

翌朝、リンカーンは部屋唯一の寝室で目を覚ました。一方、荒川はソファーで目覚めると、ホールへと向かいながら、ヘンク・ロジャースの言葉を思い出していた——「チキンで会いましょう」。彼らはELORGのオフィスに向かう前に、朝食を取りながら作戦会議をしようということになり、ロジャースはそう、集合の指示を出したのだった。

ホテル（別館ではなく、彼らが当初泊まるはずだったほうの建物）のロビーの中心には、なんの説明もなく彫刻が置かれていて、それがみなの目にはニワトリに見えた。そのため「チキンで会おう」

が集合の合言葉になったのである。

モスクワで食事するのはいぜんとして難題のひとつだった。通常は1日前に予約が必要で、予約をしていなければ貴重な外貨を持っていても、食事を出してくれないのである。ロジャースはそれを最初の訪問で学んでいたため、自分とハス、リンカーン、そして荒川の朝食をホテルのダイニングに予約していた。

ダイニングフロアに向かってエレベーターに乗っているとき、ロジャースは他の仲間に重い口調で打ち明けた。「これから朝食にお連れしますが、パニックを起こさないでください。信じられないにおいがしますから」

そんなにひどい朝食なんて、あるのだろうか？　リンカーンはいぶかったが、エレベーターのドアが開いた瞬間、ダイニングから身の毛もよだつにおいが流れこんできた。当時のロシアの朝食には、豚の足や内臓を煮込んだシチューやら、鼻を突くにおいのする肉をつめた茹《ゆ》で餃子《ぎょうざ》やらが出されていた。レストランの情け容赦ない予約システムにより、朝食に選択肢が用意されていなかったため、彼らはその朝、トーストを少し押しこんだ以外はほとんど何も口にせず、席を立った。

その朝遅くに、4人はついにELORGチームと対面した。リンカーンと荒川は新顔だったが、ロジャースとハス、パジトノフ、ベリコフはもう顔なじみで、冗談を言い合うくらいに打ち解けている。ロシア人たちは新参者を値踏みし、任天堂の経営陣2人も同じことをした。

荒川はパジトノフに視線を向けた。任天堂のビデオゲーム文化は、映画監督と同等の立場にいるデザイナーたちが牽引《けんいん》しており、パジトノフが発揮したような個人の創造する力は荒川にとってなじみ深い。テトリスの開発者は物静かで紳士的な雰囲気をただよわせている。

リンカーンが注意を傾けたのは、意思決定者たるベリコフだった。彼と適切な関係を築けるかどうかが交渉のカギを握る。そして、ロジャースから説明を受けていた、テトリスの契約をめぐるこれまでの状況を考えれば、信頼が最大の問題となる。

彼らは田舎者のように扱われたことに憤慨しているのだ、とリンカーンは考えた。彼の見立てでは、ベリコフはビジネスに精通してはいなかったが、少なくとも問題の事後処理に真摯《しんし》に向き合っているところは称賛に値した。「いいですか。われわれはまっとうな会社です」。リンカーンは訴えた。「駆け引きなどするつもりはありませんし、多額の契約金を支払う用意もしてきました」

少なくともわれわれにとってではなく、そちらにとっての多額だが、と彼は頭の中でつづけた。

荒川はリンカーンが話す横で静かに座り、相手側の様子を観察した。ロシア人たちから出てくる質問に、荒川は驚くばかりだった。彼らは西側の人々と取引することにまったく慣れていないという印象で、商取引や契約の仕組みを一から理解しなければならないほどだった。

リンカーンがとくに気になっていたのは、初めのころのテトリスの契約だった。家庭用ゲーム機版のテトリスの権利が空いていて購入できると言うのはいいが、実際には家庭用ゲーム機版はすでに販売されており、また近く発売される予定になっていた。そのため他のソフトウェアの発売元は、テトリスの現状に対するＥＬＯＲＧの解釈にはまちがいなく合意しない。

ベリコフはファイルをひっくり返して、リンカーンと荒川の前に大量の書類を並べた。彼らはそれを契約書とファックスの文書により分け、そもそもの発端となったロバート・スタインから送られたテレックスまでさかのぼった。そして乱雑な書類の山のなかに、問題に白黒をつける重要な文書を発見したのである。

それはちょうど1か月前にロバート・スタインが署名した改訂版の契約書だった。スタインにとっては支払い遅延に対する罰則とロイヤリティーを定めたものにすぎなかったが、リンカーンはそれを見た瞬間、ベリコフの真の意図に気づいた。改訂版で修正された「コンピューター」の定義は、スタインとそのサブライセンス保有者が「モニター、ディスクドライブ、キーボード、オペレーティングシステムで構成される」機器に関して正当な権利を持つと定めていた。その定義には多くの機器が含まれるが、NESのような家庭用ゲーム機を対象にしていないことは明らかだった。

それこそ彼らが探し求めていた決定的な証拠だった。任天堂が買おうとしていた家庭用ゲーム機版の権利が法的にも購入可能な状態にあることを、これ以上ないほど明確に示していた。この権利を手に入れられれば、中島とテンゲンにひと泡吹かせることができる。リンカーンと荒川はその様子を想像してゆっくりと味わった。

任天堂チームは場所をモスクワにある日系商社のオフィスに移した。そこでロジャース、リンカーン、ハス、荒川は、契約書の基本的な部分を検討した。西側ではあたり前のように使っているビジネスツールも、ロシアで簡単には利用できないだろうと想定していた荒川は、コンピューターやファックス、プリンターなどの基本的なオフィス機器をアメリカにいるあいだに手配しており、おかげでチームは契約書の改訂作業を迅速に進めることができた。

それからあとは、のろのろと数日が経過した。ふたたび騙《だま》されるのを警戒したロシア人たちは、契約書の細部を入念にチェックした。一方で任天堂の幹部たちの頭にあったのは、これからまちがいなく発生する法廷闘争に突入しても、ＥＬＯＲＧに契約を堅持させることだった。「これはかならず訴訟に発展します。テンゲンは黙っていないはずです」。リンカーンはベリコフに説明した。「訴訟のコストはけっして安くはありません。任天堂はみなさんに多額の金を払うつもりですが、私たちの権利を守り、テンゲンを締め出すためにも、弊社は出費を惜しまないつもりです」

言葉と文化の壁がありながらも、交渉は大きな論争を引き起こすことはなかった――少なくとも、リンカーンが非常に繊細な問題を持ち出すまでは。アレクセイ・パジトノフはテトリスの顔として交渉にまで出席しているのに、その製作に対していっさいの金を受け取ったことがなかった。アメリカと日本では、ビデオゲームのクリエーターは十分な報酬を得ており、売り上げやロイヤリティーの一部を受け取ることさえあった。任天堂の宮本などひと握りのトップクリエイターは、ゲーマー世代にとってロックスターのような憧れの存在だったのである。

リンカーンはパジトノフにも分け前を与えてはどうかと提案したが、すぐにそれがベリコフにとっては一線を越えた考えであることがわかった。ロシア人の顔がみるみるゆがみ、そんなことを口にする人間は頭が狂っていると言わんばかりだった。「だめだ、だめだ、だめだ！」怒声が響いた。「それは不適切だ」

パジトノフに何が認められ、何が認められていないかをめぐるこのやり取りは、ロジャースの注意をいやがおうでも惹いた。それは、パジトノフが書面でロシア科学アカデミーとＥＬＯＲＧがテトリスを10年間、１９９５年まで管理することを認めているという事実についてもそうだった。それはまだ先の話だったが、ゴルバチョフとグラスノスチがソ連を内側から変えつつあったことで、5、6年後には状況ががらりと変わっているのではないかと思わずにはいられなかった。そこでロジャースはこの件に関連する書類を抜き取り、何かのときのために保管しておくことにした。

しかしひとつだけ、世界で共通することもあった。ビジネスの関係は就業時間や会議のなかだけに閉じこめられたりはしなかったのだ。モスクワへの最初の旅で生まれたパジトノフとの友情をさらに深めようと思っていたロジャースは、リンカーンと荒川とともに見つけた、まずまずまともな飲食店での食事にパジトノフを招いた。

とても食べられた代物ではなかった朝食とはちがって、その店の料理は十分に食べられた。さらに意外なことに、そこは日本食のレストランで、おそらく当時、モスクワで唯一の和食店だった。日本企業の経営幹部2人と、もう何年も日本に住んでいる西洋人という組み合わせは、店にとってこれ以上ないほどの厳しい客だったはずだ。

荒川はおいしさに驚いた。彼らが食べてきたものを思えば、それもそのはずだった。じつはその店は、日本航空の飛行機で送られてくる新鮮な魚介類を毎日仕入れていたのである。そこの料理は本物の和食のようだったが、寿司が日本国外であまり知られておらず、アメリカでもポピュラーになりはじめたばかりだった当時では、和食は問題になることがあった。そのため用心深い給仕係は、西洋人とロシア人のビジネスマンに応対するすべを心得ていて、パンを望むロシア人にはナプキンでくるんで目立たないように提供するほどだった。

モスクワで寿司を注文するという現実とは思えない体験にひとしきり感嘆したあと、まだパジトノフが来ていないのをリンカーンは不思議に思った。あの礼儀正しいプログラマーが約束をすっぽかすなんて考えられない。しまいに彼は店から出ていき、通りまで行ったところで、行方不明のゲストが歩道の上で凍えているのを見つけた。

レストランの入り口には、皮のジャケットを着た数名の警備員がいて、入店を制限しているようで、パジトノフは中に入るのを断られていたのだ。しかし、それには理由があった。モスクワにある大部分の高級店や施設と同様、このレストランも金のある外国人か、モスクワに住む裕福なビジネス階層の人々だけを相手にしており、明らかに一般のモスクワ市民だとわかる汚れたロシア風の靴をはいたパジトノフは、入店を拒否されたのである。

リンカーンはパジトノフのほうを示しながら、「彼はわれわれの連れだ」と言い、警備員が意味を理解してくれることを祈った。警備員はパジトノフにしぶしぶ道をあけ、彼らは晴れて食事を共にすることができた。

店を出ると、ロジャースは車でモスクワの中心部を抜け、みなを夜の遠出へと連れ出した。ロジャースがわずかな期間でモスクワの入り組んだ街路に精通していることに、リンカーンは目をみはった。ロジャースが道に迷ったことはただの一度もなかったのだ。街中に張りめぐらされた、構造のそっくりな街区と、そこに立ちならぶ見分けのつかないほど見た目の同じビルが次々と過ぎ去り、そのうちのひとつの建物の前でロジャースの車は停車した。これらの建物は見上げるほどの高さがあるのに、歩道に面した入り口が1か所しかなく、そこはどうしてもおおぜいの人で混雑していた。

この名前のない建物の一角に、アレクセイ・パジトノフが妻のニーナ、そして子供のピョートルとドミートリと暮らすアパートがあった。ロジャースは前回のモスクワ滞在中に来ていたが、リンカーンと荒川にとってははじめての訪問だった。彼らはエレベーターに乗り、床に開いた大きな隙間からのぞく縦穴を見ないようにしながら上の階へと向かった。

初めこそ不穏だったものの、たどり着いた部屋は中流階級のアパートのようで心地いい。リンカーンは拍子抜けしてしまった。そして一行は、ウォッカできずなを深めた。パジトノフの子供たちは荒川が持ってきたゲームボーイに目を丸くし、任天堂の関係者以外では、ほぼはじめてこの新しいゲームで遊んだ。

このときはじめてパジトノフは、リンカーンと荒川のふだんの姿を目にした。ＥＬＯＲＧとの交渉の席では、2人はビジネスマンとして努めてよそよそしい態度を取っていた。ここに来るまでパジトノフの目には、会ってすぐ意気投合したロジャースとはちがい、彼らがまるで別の惑星から来たかのように冷たく閉鎖的な人間として映っていた。アレクセイ・パジトノフはこの瞬間、完全に任天堂側についたのだろう。ただ彼は、最終決定を下せる人物ではなかった。

ライセンス契約の成立が近づくにつれ、ベリコフはしだいに怖気づくようになり、最後の最後で交渉を長引かせるために難癖をつけてきた。まず彼は、ロイヤリティーの再交渉を求めた。その後、前の週にミラーソフトへ送った先買権に関するファックスに対する返信に、あからさまに動揺した。ミラーソフトのジム・マッコノチーがＥＬＯＲＧへよこした返信によると、会社の考えではその権利を所有しているのは自分たちであり、ケヴィン・マクスウェルが先月、個人的にＥＬＯＲＧを訪問した際に何を言っていようが関係ないという。

そんなことで契約書への署名がさまたげられはしなかったが、荒川やベリコフやパジトノフが最終合意に達しようと、この戦いがまだまだ終わらないのははっきりとしていた。

張りつめた緊張がその日の晩までつづいた。不慣れな来訪者がモスクワでできることはほとんど何もなかったからである。リンカーンはまともなレストランを探すのに疲れはて、あるときロジャースに向かって「ボリショイでも見られたらいいのに」とこぼした。ボリショイとは有名な歌劇団で、ロシア文化を外の世界に向けて発信する存在だった。

しばらくすると、リンカーンはロジャースに呼びとめられた。「あなたと荒川さんのために、ボリショイ劇場のチケットを手に入れましたよ」。そして夜になると、ロジャースはレンタルしたぴかぴかのメルセデスを走らせ、2人を劇場まで連れていき、エントランスを飾るローマ様式の柱の前で降ろした。「ショーが終わるころに、またここに迎えに来ます」。彼はそう言うと、夜の街に車を走らせていった。

劇場はもともと、1821年にオペラやバレエの劇団のために建築されたものだった。彼らはその神聖な建物に入っていったが、何が上演されるのか、はっきりとわかっていなかった。直前になって手配されたにもかかわらず、チケットは後列の観光客向けの席なんかではなく、驚いたことに2人は観客席全体が見下ろせる上層のボックス席に案内された。彼らはまるでヘンク・ロジャースの魔法にかかったような心地だった。

上演開始の直前、リンカーンは下にいる観客たちを見渡した。すると、印象的な禿《は》げ頭の人物が中央の通路を大股で歩いている。背後からでも、それがだれなのかすぐにわかった。リンカーンは荒川のほうに身を乗りだし、いま席に座ろうとしている男を見るようにうながした。「おい、ゴルバチョフが来ているぞ」

　荒川は自分もゴルバチョフを見ようと、背を伸ばして観客席を探した。すると同じボックス席でだまって座っていた別の男性が会話に加わり、あれはまちがいなくゴルバチョフだと説明した。リンカーンは態度と服装からみて、その男がロシア版のシークレットサービスだと踏んだ。下ではゴルバチョフが一瞬だけひとりで座っていたが、いかにも政府関係者という男たちがぞろぞろとやってきて、同じ列の席を埋めつくした。彼らの背後の列は、すべて空席にされている。ボックス席のシークレットサービスとおぼしき男によれば、ゴルバチョフ書記長とともに着席している一団は、ひとり残らず中央委員会のメンバーだという。

　プレミア席に座っていたリンカーンと荒川は、今夜の演目がなんなのかまったく知らされていないことを思い出した。彼らはただボリショイを楽しみたいと思っていただけだったので、あえてロジャースになんのチケットを取ったのか聞かなかったし、劇場のプログラムはロシア語で書かれており、まるでわからなかった。上演が始まり音楽が流れてくると、徐々にプログラム内容が明らかになってきた。それは19世紀のロシアの作曲家、モデスト・ムソルグスキーを記念する夕べだった。

　しかしオーケストラの調べを聴きながら、リンカーンは気が気でなかった。同じ劇場の中に、この国の元首がいる。上演が終わったあと、どうやってこの場を立ち去ればいいのか？　彼は荒川にささやいた。「これじゃ、ヘンク・ロジャースを見つけられないぞ」

　しかし荒川は意に介さず、微笑んだ。「なに、大丈夫だろう。彼は外で待っているよ。迎えに来ると言っていたじゃないか」

「あそこに座っているのは、共産党の書記長で、国家元首だぞ。ロジャースが劇場のエントランスに近づけると思うか？　彼を見つけようったって、ムリだ」

「心配するな、大丈夫さ」と荒川は気に留めなかった。

音楽の最後の旋律が消えていくなか、リンカーンと荒川は正面エントランスに向かって駆けだした。つづいて拍手がわく。彼らは競うようにボックス席を出て階段を下りると、群衆を抜けて外へと飛び出した。外ではリムジンが列を作っている。その先頭近くに、特別豪華で車高の低い車が停まっている。内側に設えた装甲によって重く沈んでいるのだろう。あれがゴルバチョフのリムジンにちがいない、とリンカーンは推測した。

そしてそのすぐ前に停まっていたのが、ヘンク・ロジャースのメルセデスだった。

いったい、どうしたらそんなことができるんだ？　リンカーンはまったくわからなかった。しかし、そんなことはどうでもいい。彼と荒川が後部座席に飛び乗ると、ロジャースのメルセデスは深夜の赤の広場を駆け抜けていった。まるでロシアのすべてが、彼の扱う商品であるかのように。

19 ふたつのテトリスの物語

家庭用ゲーム機版のテトリスのライセンスに関する最終合意が、ＥＬＯＲＧと任天堂とのあいだで締結された。しかし、人気がますます沸騰しつつあるこのゲームの権利を、ほんとうに所有しているのがだれなのかをめぐる争いは、危険な水域に入ろうとしていた。

皮肉なことに、テトリスというパイの最も大きな一切れとなるハンドヘルド版の権利については、事実上なんの異議も申し立てられなかった。その権利はＥＬＯＲＧからヘンク・ロジャースへと供与され、さらにロジャースから任天堂にサブライセンスとして供与された。そして任天堂は、それを新しいハンドヘルド機器であるゲームボーイのために活用した。ロバート・スタインだけはこれに怒りを募らせていたが、それはたんにロジャースにその権利を転売して稼ごうと考えていたからにすぎなかった。

当時はニンテンドー・エンターテインメント・システム（ＮＥＳ）や、セガのジェネシス〔日本名メガドライブ〕のような家庭用ゲーム機が業界の王座に君臨しており、任天堂の山内と荒川がゲームボーイについて楽観的な見通しを立てていたことを除けば、いつの日かハンドヘルド機器が市場を席巻するだろうなどとはだれも考えなかったのである。だが任天堂の予想ですら、大幅にはずれていた。最終的にゲームボーイは、全世界で1億2000万台近くを売り上げ、そのうちの約4000万台にテトリスが同梱《どうこん》されるのである。

しかし1989年3月22日に注目が集まっていたのは、最終合意に至ったばかりの家庭用ゲーム機版の権利だった。荒川、パジトノフ、ベリコフが契約書にサインしたのと同時に、1通のテレックスがミラーソフトへ送られた。権利の所有を主張するマッコノチーへの返信として送られたそのテレックスでベリコフは、ケヴィン・マクスウェルが入札に参加すると約束していた権利は任天堂が手にしたため、もはや供与することができなくなったと説明した。その後に起きたのは、主要プレイヤー間での嵐のような声明文のやり取りだった。関係者のそれぞれが、法的措置をちらつかせて相手を脅したり、テトリスのうち一部の権利は自分たちにあると訴えたりした。

任天堂の契約が締結された直後、ケヴィン・マクスウェルはただちにロシアへと戻り、ベリコフを脅しにかかった。「あなたはいま、われわれの合意に関して2度も重大な違反を犯している」。そして自分の父親の会社がすでに、「任天堂のファミコン版を全世界で販売する権利」を管理しているという見解を述べ、ソ連当局もこの問題に関心を寄せるだろうとつづけた。

マクスウェル親子は潤沢な資金を持っており、父のロバートはゴルバチョフ書記長とも個人的なつながりがあると言われていたため、今回の交渉ではいちばんの不確定要素だった。そうは言っても、ケヴィン・マクスウェルが早くも最終兵器に手を伸ばしたことは驚きだった。要は父親を使ってベリコフのボスに訴えると脅してきたのである。

そしてそれは口先だけの脅しではなかった。ロバート・マクスウェルとゴルバチョフは親友とは言えないまでも、文化を越えた持ちつ持たれつの同盟関係で結ばれていた。東欧と左翼的な政治にルーツを持つマクスウェルにとって、ソ連のリーダーから折り返し電話をもらえることはメディア人としての評判を上げたし、ゴルバチョフにとっても、西側メディアに有力者の知り合いがいるというのは何かと重宝した。ソ連経済の根本をつくり替えようとしているいまは、とくにそうだった。しかし、その試みはすぐに彼の手に負えないほどの勢いになってしまうのだが。

リンカーン、荒川、ロジャースがモスクワを去る準備をするなか、この旅を終わりにできることを最も喜んでいたのは荒川だった。望んでいた契約は無事、締結できた――それ自体が小さな奇跡だ。しかしその交渉をまとめながら、テトリスの権利を狙うライバルたちとの戦いに備え、さらにELORGの交渉人たちにソフトウェアライセンスの基本を教えるというのは、ひどく骨の折れる仕事だった。

任天堂による投資予定額の規模が明らかになると、ロシア人たちはあらゆる場所にドルマーク（あるいはルーブルマーク）が見えるようになった。テトリスが好きなら、他にもソ連製の良いゲームがたくさんある、と彼らは提案してきた。まるでロシアのプログラマー集団が何か月も秘密のコンピュータラボにこもり、次のテトリスを生み出そうとしてきたかのような言いぶりだ。さらにはロシアにある巨大な工場で、任天堂のゲーム機やカートリッジを生産しようなどといった話まで出た。荒川はモスクワの制度的な機能不全を目の当たりにしていたため、これ以上の深入りをするつもりはなかった。

ロシア人一流の芝居じみたスタイルは、ある日の会議で頂点に達した。1人のソ連の宇宙飛行士が部屋に駆けこみ、リンカーンと荒川に紹介されると、まるで西側企業のようなブランディング・アイデアを売りこんできた。「想像していただきたい」。荒川とリンカーンに語りかける。「ソ連が誇る宇宙技術の頂点、輝かしいソユーズ宇宙船が打ち上げられる、その発射台に、任天堂の名前が記されているさまを!」リンカーンはあっけにとられながらも彼らをさえぎり、それについては社で検討する必要がある、とだけ告げた。

荒川は、こうしたやり取りと、途上国なみのホテルを行き来する日々はもうたくさんだった。二度とモスクワに戻ってくるまい。もし帰国後に追加の会議が必要になったら、ハワード・リンカーンに任せよう。

実際にリンカーンは、その後3回モスクワに戻ることとなった。ロシア人たちが諦めようとしなかったのは、ソ連の宇宙開発計画に任天堂をかかわらせようというアイデアだった。同じ年の終わりごろに、リンカーンが17歳になる息子と連れだって訪問した際には、ベリコフは2人をロシア宇宙訓練プログラムの中心部「スターシティー」へと案内した。閉鎖軍事都市第1号に認定されていたスターシティーは、モスクワ郊外にあるきわめて安全な場所で、1960年代から宇宙飛行士の訓練が行なわれていた。

スターシティーは、世界ではじめて宇宙に到達した人間にちなんで名づけられた「ユーリ・ガガーリン宇宙飛行士訓練センター」を擁し、長年のあいだに小規模な研究施設から完全な形の企業都市へと成長し、２５０人以上の常勤職員とその家族を収容するまでになった。

訓練場の周囲に集合住宅が立ちならび、郵便局や高校、映画館まで設けられていた。その後スターシティーは、他国の宇宙開発プログラムの訓練生たちも受け入れるようになり、さらにはアメリカの高校との交換留学プログラムに参加したり、スプートニク2号に乗せられて軌道を周回した不幸なライカ犬を記念して、ロケットの上に立つ子犬の銅像を設置したりするようになった。しかし冷戦末期には、そこはいぜんとして観光客、とくにアメリカ人からは縁遠い場所だった。

もちろんハワード・リンカーンは例外だった。彼は別の宇宙飛行士の案内で施設内をくまなく見てまわった。その途中で、彼は巨大な円形の部屋に通された。なかには円形の深いプールがあり、その周囲にはこれまた円形のせまい歩道がある。驚いたことに、澄んだ水の底にフルサイズの宇宙船の模型が沈んでいるのが見える。このプールを使って、宇宙飛行士を無重力環境に慣れさせる訓練を行なっているのだ。その下のフロアでは、教官が窓越しに訓練生たちの様子を観察している。彼らは酸素チューブにつながれ、クレーンで水中に入れられて、模擬ミッションを実施していた。

リンカーンが次に案内されたのは、ソユーズ宇宙船のフルサイズのレプリカだった。彼はせまい入り口から中へ潜りこんで、ソ連の宇宙船の内部がどうなっているのかを見ることができた。国家機密を扱っているようなそぶりはまったくなく、ロシア人たちは信じられないほどオープンで、まるで観光客向けのアトラクションか何かのようにリンカーンに解説した。「カメラは持っていますか？　どこでも好きなところを撮影してください」とまで言われるほどだった。

こうしたＶＩＰ待遇のツアーもむなしく、任天堂にソ連の宇宙計画のスポンサーになってもらうことは叶わなかった。

しかし熊のようなベリコフと、洗練された弁護士のリンカーンのあいだには、意外にも友情が生まれていた。ロシアでの慈善事業としてゲームボーイを届けるという旅の途中、リンカーンが自分と同じように釣りを趣味にしていると知ったベリコフは、リンカーン親子をちょっとした釣り旅行に招待した。

きっとすばらしい旅になるぞ、とリンカーンは思った。湖のそばでキャンプをするか、もしかしたら政府の高級官僚が使う釣り用のロッジに泊まれるかもしれない。しかしリラックスした余暇を楽しむという夢は、息子のブラッドとともにベリコフの待つ車に乗りこんだとたんに消え失せた。ドライバーはまるで人生を懸けているかのように、深い樺《かば》の森を抜ける片側1車線の道を、時速130キロを超すスピードで160キロ近くの距離をとばしたのである。道の脇には、ロシア人の女性たちが長くなった草を大きな鎌で刈り、それを木製の車輪が付いた荷車に積み上げて引いていくのが見えた。モスクワの都市圏を離れると、数十年前にタイムトラベルしているような気分になった。

釣り用のロッジもひどいものだった。親子は小さな掘っ建て小屋に押しこまれて、そこへベリコフ以下ロシア人の一団が入ってきて2人を囲んだ。彼らは釣りと酒でワイルドな週末を過ごす準備万端、という雰囲気だ（実際にはほとんど酒を飲んでいたが）。リンカーンは小屋の後ろにある短い小道を通って森を抜け、シャワーがあると言われた場所まで行ってみた。しかしそこにあったのはボロボロのプールで、100年分の汚れと蚊にまみれているのではないかと思われた。ソ連のエリートたちが週末を過ごすスポットなどというものがあったとしても、それはこの場所ではない。

滞在初日の夜、即席のパーティーが始まった。みなタオル一枚の姿になって、蒸気の充満する部屋の中に座った。部屋のテーブルの上には、数種類のウォッカとチーズが並べられている。蚊の大群が出たり入ったりするなか、ロシア人の1人がチーズを切り分けた。リンカーンの息子は蚊に刺されてしまい、体を掻《か》きむしっていた。その姿があまりにひどかったため、リンカーンは唯一の治療法を処方した。「ほら、ウォッカを少し飲みなさい。少し気分が良くなるから」

翌朝5時、一行は近くの桟橋に集まり、釣り船を待った。桟橋に近づいてくる小さな船を見て、リンカーンは躊躇《ちゅうちょ》した。しかも釣りのガイドも務める船頭はふらついている。この男は明らかに酔っぱらっているじゃないか、とリンカーンは思った。しかし引き返すにはもう遅い。すでに文明から１００キロ以上離れた深い森のなかにいるのだ。桟橋を出た船は湖の真ん中あたりをうろうろしていたが、彼らは1匹も魚を釣り上げられなかった。

釣りの経験が豊富なリンカーンは違和感を覚え、ほんとうのところ湖はどのくらいの深さがあるのか、不思議に思いはじめた。するとその疑問に答えるかのように、地元の人々の一団が彼の乗るボートの横を文字どおり「歩きまわって」いった。ロシアで目にしたあらゆるものと同様、うわべを一枚めくると、そこにあるのはお粗末な現実だった。任天堂から金を引き出そうとするのも、無理はなかった。

ＥＬＯＲＧのオフィスに戻ったリンカーンが目にしたのは、ベリコフが何かに動揺している姿だった。マクスウェル一族がテトリスの一件を、ＥＬＯＲＧよりもずっと上の、政府上層部に訴えていたのである。その結果、ＥＬＯＲＧには不愉快な質問が押し寄せていたのだ。「リンカーンさん、私たちはこの契約を守るつもりだ」。ベリコフは請け合った。「私たちには契約書がある。それを尊重する」

じつはベリコフが明かしたよりも、状況はずっと深刻だった。1989年の春、いくつものファックスとテレックスが主要プレイヤーのあいだを飛び交い、関係者全員が敵対しているかのような様相を呈していた。

ELORGはミラーソフトとロバート・スタインにテレックスを送り、最終的に自分たちが「ハンドヘルド版のテトリスの権利を他社と契約することを余儀なくされた」と伝えた。そしてテトリスは、ヘンク・ロジャースを通して任天堂へとライセンス供与され、ゲームボーイ用のゲームとして発買される。

火に油を注いだのが、3月31日にハワード・リンカーンがアタリゲームズの中島英行へ喜々として送りつけたファックスだった。その内容はNES向けのテトリスに関するいかなる活動も「完全に停止せよ」と同社に命じていた。アタリゲームズの子会社であるテンゲンは、大規模な広告キャンペーンを打って数万本のNES用カートリッジを売り出す計画だと言われており、それを狙い撃ちにする策だった。もしこの計画を諦めることになれば、テンゲンは膨大な損失を計上し、倉庫には売ることのできないカートリッジが山と積まれることになる。

弁護士を通じてではなく、会社のトップに個人的なファックスを送りつけるというやり方は、リンカーンの戦闘的なスタイルに合っていた。それは、ドンキーコングに対する訴訟をめぐり、MCAユニバーサルのシド・シャインバーグと直接やり合った構図といっしょだ。しかしリンカーンと荒川にとって、今回はビジネスではなく、もはや私怨《しえん》だった。彼らは中島からひどい裏切りを受けたという思いから、怒りに身を焦がし、全面攻撃に転じたのである。家庭用ゲーム機版の権利を手にしたという確証が得られるやいなや、猛襲に打って出た。

同じ年の4月、テンゲンは任天堂への回答で、彼らがミラーソフトから得た権利は「明確かつ明白である」と主張した。

もし任天堂の計画に、コストのかさむ法廷での争いにおいて、中島とテンゲンに先に攻撃させるように仕向ける意図があったとしたら、その狙いは成功した。4月初め、アタリゲームズはテンゲン版のテトリスの著作権登録をアメリカで行ない、その後、任天堂を相手どり、先制措置としてテトリスに対する同社の主張を立証するため訴訟に踏み切った。

そのころ、ミラーグループの創始者であるロバート・マクスウェルは、テトリスへの関心を新たにしていた。息子のケヴィンから説明を受けた彼は、相手側のトップ、つまりゴルバチョフ書記長と直談判することにしたのだ。

当時、たくさんの業界人がELORGと契約を結びなおし、いま自社が持っているはずのテトリスの権利を確保しようと動きだしており、そのなかにスペクトラム・ホロバイトの社長フィル・アダムの姿があった。スペクトラムとミラーソフトの場合、PC版の権利はまったく問題ないように思われたが、ELORGとの関係を強化し、ロイヤリティーの小切手を手渡しするために、アダムがモスクワに派遣されることになっていた。加えて、ケヴィン・マクスウェルがELORGとの交渉を拒否されたあとということもあり、アダムには新たにきわめて重要な使命が与えられた。ロバート・マクスウェルがゴルバチョフにしたためた手紙を、じかに送り届けることになったのだ。

ところが、まるで喜劇のようなことが起きた。肝心の手紙に、署名が入っていなかったのである。アダムはロバートに会って署名をもらうためにイギリスで待機していたが、無駄足に終わった。ロバートは緊急で歯医者に行くために、プライベートヘリコプターで飛び去ってしまったのだ。けっきょくアダムは何も持たずにモスクワに向かうほかなく、ELORGのオフィスに到着したとき、そこに流れる張りつめた空気を痛いほど感じた。

会議のあいだじゅう、ベリコフの後ろ3メートルくらいの暗がりに、直立不動の兵士が2人立っていた。アダムは兵士たちを無視しようとしたが、薄明りのなかでも、彼らが体の横にある何かをしっかりと握りしめているのがわかる。部屋を去ったあとになって、アダムはそれがライフル銃だったことにようやく気づいた。

ロバート・マクスウェルはイギリスとロシアの両政府を介して苦情を申し立てたすえ、ようやくゴルバチョフと相見《あいまみ》えた。しかしソ連の指導者は、ビデオゲームに時間を割くほど暇ではなかった。彼が推し進めた経済改革はしだいに勢いを増し、それだけでなく国をも政治改革へと突き動かし、ひいてはゴルバチョフ自身の権力も弱める結果となった。この経済的および政治的な激震に加え、アルメニアで発生した本物の地震が重なり、ゴルバチョフはマクスウェルがようやく実現させた面会どころではなかった。ゴルバチョフがマクスウェルに残した言葉――「あの日本企業についてはもう心配いらない」――は世に知れ渡ったが、けっきょくそれは口先だけだった。

しかし最高指導者がテトリスの問題にこだわらなかったとしても、ソ連政府で要職についていたおおぜいの人々は、ゴルバチョフの側近たちがＥＬＯＲＧのやり方に満足していないというふうに受け取った。結果、ベリコフが貧乏くじを引いた。彼は検察官からの尋問と関連書類の調査を受け、たえず監視下に置かれているという考えに悩まされつづけたのだった。

一方リンカーンは、テンゲンおよびアタリゲームズとの訴訟の準備として、ジョン・ハスや、キングコングについての対ＭＣＡ訴訟において重要な役割を果たしたジョン・カービーら任天堂の弁護士団とともに、ＥＬＯＲＧから提供されたテトリスに関するすべての書類を慎重にチェックした。彼らは、アンドロメダと交わされた契約書の改訂事項にあった「コンピューター」の定義に注目し、ベリコフやパジトノフら、ロシア側の関係者に詳しい聴き取り調査を行なった。

リンカーンにはひとつだけ不安があった。任天堂とＥＬＯＲＧとのあいだで交わされた合意では、アメリカの法廷で証言する必要が生じた場合、ロシア側はだれかを派遣するとあった。しかし任天堂とアタリゲームズ・テンゲンが法廷で対決する可能性が高まっているそのとき、ソ連政府が突如としてベリコフとＥＬＯＲＧへの支持を取り下げたため、証人が官僚の妨害にあって出国できなくなるという懸念が生じたのである。

時間が刻々と経過するなか、中島英行とランディ・ブローライトは、アメリカでのＮＥＳ版テトリスの発売に向けて邁進《まいしん》していた。任天堂が用意してくるテトリスを下し、テンゲンのＮＥＳ版テトリスこそが正統であると証明できるのを願って。

彼らには、テトリスをわが物にしようとする計画が成功すると信じるに足る理由があった。アタリの弁護士たちは、ミラーソフトから取得したライセンスは合法であると保証していたし、任天堂の人気ゲーム機用に細かく調整した、新しいバージョンのテトリスを業界内でもトップクラスの開発者たちに一から作らせていたのである。

アステロイドや「センチピード」、「ガントレット」といった名作アーケードゲームのデザイナー(あるいは共同デザイナー)としてよく知られるエド・ログは、アタリのスタープログラマーで、早くからテトリスを支持したひとりだった。彼はPC版のテトリスを家庭用ゲーム機版に再構築するという仕事を与えられてから、たった6週間で動かすことのできるプロトタイプを完成させていた。

カリフォルニア出身で、明るいブロンドの髪をなびかせるお気楽者のログは、アタリに参加した当初から「切り札」という扱いだった。彼がアタリに加わったのは、同社がまだ1970年代の気ままなスタートアップだったころだ。ログが得意としていたのは、画期的なオリジナルのアイデアを生み出すことではなく、既存のアイデアを完璧な中毒性のあるものに洗練させることだった。

テトリスの場合、ログはゼロから作りなおした。つまり既存のPC版からソースコードを借りたり、グラフィックスの要素を流用したりすることなく、プログラムを完成させたのである。そして彼のテトリスは、家庭用ゲーム機版における最終形と評されるようになる。ゲームをプレイしているうちに、徐々にブロックの落ちる速度が上がり、プレイヤーを驚かせる仕組みも組みこまれた。ログの秘密は、彼が対数によるチューニングに精通しているところにあった。難しさを倍にしたい場合、たんに速度を倍にするのではだめなことを、彼は見抜いていた。そうではなく、ゆっくりと速度を上げていく。わずかに速度が上がるだけで、ゲームは格段に難しくなるのである。

またログが生み出した一連の2人プレイモードは、時代の先を行っていた。2人のプレイヤーが、同じ画面上で直接対戦したり、同時に2つ落ちてくるテトリミノを操りながら協力プレイでゲームをクリアしたりできた。ヘンク・ロジャースが日本で販売していたファミコン版のテトリスは、そのあとのアメリカ版の基礎になるのだが、それにはこうした革新性はなく、ログのテトリスほど洗練されてもいなかった。

中島が手掛けたのは広告キャンペーンだった。彼はUSAトゥデイ紙の全面カラー広告をはじめ、さまざまな新聞や雑誌で宣伝を打った（「手が10本、脳が10個あればと願わずにいられない！」などといったキャッチコピーが使われた）。ブローライトはメディア向けの発売記念パーティーを企画し、ジャーナリストたちをニューヨークのロシアン・ティールームに招待して、ロシアの雰囲気を味わいながらテトリスをプレイしてもらうことにした。テンゲンの従業員が黒いネクタイを着けて参加したそのパーティーでは、「ザ・テトリス・アフェアー」というフレーズが掲げられた。ブローライトにとって、それがテンゲンでのキャリアの頂点となった。その数か月後、彼はアタリゲームズと任天堂の過酷な法廷闘争の犠牲となり、会社を去ることになる。

1989年5月17日は、アメリカのゲーマーたちがNES版のテトリスを購入できる最初の日となった。このテンゲンのテトリスは、その親にあたるPC版の特徴を踏襲し、パッケージにはロシアをほうふつさせる絵と裏返しの「R」が描かれ、「ソビエトの頭脳ゲーム」というキャッチフレーズが踊っていた。エアブラシで描かれた独特の絵（「ギャラガ」や「メガマン」〔日本名ロックマン〕など数々のゲームアートを手掛けたイラストレーターのマーク・エリクセンによるもの）には、赤の広場に立つ聖ワシリイ大聖堂が登場し、その足元にある灰色の石が少しずつ落ちてテトリミノになっているという構図だった。

テンゲンは最初の数週間で数万本ものテトリスを売り上げたが、嬉しい時間は長くはつづかなかった。その翌月の1989年6月、任天堂とアタリが互いを訴え合う裁判が、カリフォルニア州北部地区連邦地方裁判所のファーン・スミス判事によって審理されることになった。スミスはアタリによる任天堂のロックアウトチップのリバースエンジニアリングをめぐる裁判にもかかわっていたため、両社のことはよくわかっていた。

両社はそれぞれ、相手のテトリスの販売差し止めを求めて訴えを起こしていた。6月15日、お互いの主張が検討された。アタリの論拠は、ELORGとソ連政府が、任天堂がもともとのライセンシーよりも多く金を払うと知り、同じ権利を二重に供与したというものだった。契約書における「コンピューター」の定義に議論があったとしても、それはたんなる語義上の抜け穴にすぎない。それに世界の家庭向けビデオゲーム市場の8割を占める任天堂の人気ゲーム機だって、その母国である日本では正式に「ファミリーコンピューター」と呼ばれているではないか、とアタリは訴えた。

6月下旬、スミス判事は反論として提出された大量の書類を精査した。そのなかで、彼女が最も説得力のある証拠として認めたのが、ベリコフらELORG関係者とパジトノフから提出された、署名入りの宣誓書だった。彼ら全員が、ロバート・スタインとアンドロメダに許諾することを意図した権利（それが増殖するサブライセンスの源になった）はただひとつ、家庭用コンピューター向けのライセンスであると主張していた。モスクワでの数週間で生まれた、任天堂、ELORG、ロジャース、そしてパジトノフのあいだの同盟は固く維持されていたのである。それに加えて、スタインが署名した改訂版の契約書でコンピューターが「キーボード、モニター、ディスクドライブ、オペレーティングシステムで構成される」と明快に定義されている以上、これらの証拠は一方の当事者を支持していると考えざるをえないと、スミス判事は結論づけた。

6月22日、スミス判事は仮差し止め命令を出し、テンゲンとアタリが自社のバージョンのテトリスを販売することを禁止した。AP通信はこのニュースを「任天堂、アタリをやっつける」というタイトルの記事で報じた。

サンフランシスコ（AP通信）　水曜日、連邦裁判所は任天堂がソ連製ゲーム「テトリス」の販売権を持つとの判決を下し、任天堂はライバルのビデオゲーム会社、アタリゲームズに対して劇的な勝利を収めた。

地方裁判所判事のファーン・スミスは、アタリゲームズの子会社であるテンゲンに対し、同社が先月発表した家庭用ゲーム機版のテトリスの販売を禁じる仮差し止め命令を出した。テンゲンが要求していた、任天堂に対する同様の仮差し止め命令については却下された。任天堂のテトリスは8月発売予定である。

この裁判における任天堂の弁護団長で、ロシア人たちによる宣誓供述書を作成した弁護士のひとりでもあるジョン・カービーは、当時取材に対してこう語った。「われわれの提出した証拠を検証したうえで、判事が下された結論に非常に満足しています。ソ連側がテンゲンに対し家庭用ゲーム機版の権利を間接的にも認めておらず、その権利を持つとテンゲンが偽っていることに怒りを覚えている、という彼らの見解が明確に示されていると、ご判断いただきました」

テンゲンの広報担当者だったデヴィッド・エリスはAP通信に対して、同社が「任天堂製のビデオゲーム機のフォーマットにおいて、テトリスを発売する権利を持つと誠実に信じている」とコメントすることしかできなかった。

判決はただちに効果を発揮した。テンゲンのテトリスが発売されてから4週間もたたないうちに、すべて店頭から撤去された。残りの在庫は倉庫内で塩漬けになり、公式に日の目を見ることはなかった。そのカートリッジがどのような運命をたどったのかについては、現在も謎のままである。

その結末として最も有力な説が、ブルドーザーで埋められたというものだ。この悲惨な運命が売れ残ったゲームに降りかかったのは、これがはじめてではなかった。その数年前、のちにアタリゲームズとテンゲンとに分かれる前のアタリ社が、映画「E.T.」とタイアップして製作したゲームの何万本もの売れ残りを、ニューメキシコ州にある埋め立て地に廃棄していた。その正確な場所については何十年ものあいだ憶測の域を出なかったが、2014年にアラモゴードで実施された発掘作業で、失われたE.T.ゲームの一部が発見された。

しかし1989年6月22日までに、テンゲンのテトリスは約10万本出荷され、その多くが現在も巷《ちまた》に存在しており、オークションサイトなどを通してコレクターたちのあいだで取引されている。ゲーム内容に優れたテンゲン版が失われてしまうことを恐れたファンたちのなかには、レンタル店でそれを借り、返さずに持ちつづける人も現れた。延滞金をいくら支払うことになろうとも、カートリッジがなくならないように手元に置いておこうとしたのである。

仮差し止め命令は出たものの、厳密に言えばこの一件はまだ係争中であり、裁判が延期されているだけである。しかしこれで、アタリゲームズはゲームの販売が差し止められているあいだ、毎日金を失う状態になってしまった。ランディ・ブローライトは、テンゲンは30万本の在庫を用意し、広告やマーケティングの費用を除く原価として300万ドルかかったと供述している。

テンゲンのテトリスがすっかり一掃されたことで、任天堂版のテトリスの離陸を妨げる障害物はなくなり、7月に発売されるやたちまち300万本を売り上げた。そして、その後数年にわたって売れつづけることとなった。さらに重要なのは、テトリスを同梱《どうこん》したゲームボーイが、1989年7月31日に晴れて発売されたことだ。まるでボクシングのワン・ツー・パンチのように、効果的な組み合わせとなったこの製品は、ハードとソフトのシナジーがいかに大きな結果を生み出すかを示す恰好《かっこう》の例となった。人々はテトリスで遊ぶためにゲームボーイを買うようになり、最も熱心なファンになると、テトリスのカートリッジを接着剤でマシンのスロットに固定し、ゲームボーイが他に浮気しないようにする人まで出てくるありさまだった。

テトリス・メモ21

大手ビデオゲーム会社のエレクトロニック・アーツは、現在さまざまなモバイルプラットフォーム向けに、8種類のテトリスを発売している。

これは二次的な問題を引き起こした。ゲームボーイ版のテトリスに夢中になった多くのゲーマーでない人たちは、他のゲームを買おうとしなかったのである。このことは、「カミソリと替刃」型のビジネスモデル、つまりゲーム機本体は薄利で販売する代わりに、それに使われるソフトウェアの継続的な売り上げで儲《もう》けるというモデルにとっては打撃だった。しかしゲームボーイだけで累計1億2000万台も売れた以上、新しいプラットフォームが受け入れられたいきさつに、満足していないなどと言える任天堂関係者はいなかった。

テンゲン版のテトリスが市場から引き上げられ、任天堂のNES版とゲームボーイ版が飛ぶように売れていても、法廷での争いは終わっていなかった。ハワード・リンカーン、荒川實《みのる》、そして任天堂の法務チームは、長期にわたる綱引きと、技術の定義やソ連の取引慣行に関する複雑な証言が飛び交う裁判へ向けて、準備を整えていた。

ベリコフの懸念や、ロバート・マクスウェルに通じたクレムリンの者たちによるELORGへの圧力にもかかわらず、彼はロシア国外に出ることを許された。ベリコフはカリフォルニアへと渡り、任天堂に匿《かくま》われるようにして、裁判で証言する時を待った。その待機中、リンカーンは彼を自宅のあるシアトル郊外へと連れ出し、家族とのディナーに招待したほか、アメリカという国を見せてまわった。彼は少し後ろからそれを見守った。ベリコフの反応は1980年代にアメリカの過剰文化に触れたロシア人の典型で、QFC（シアトル郊外のマーサーアイランドにあった大型食料品店）の規模と品ぞろえに目を白黒させ、人生でこんなものを見たことはないと認めた。

しかし、ベリコフやパジトノフや、その他の必要なロシア人関係者をカリフォルニアへ連れてこようとしたリンカーンの気苦労は、けっきょく杞憂《きゆう》に終わる。ジョン・カービーを通じて任天堂は、明確で説得力のある証拠を理由に略式判決を求め、裁判が始まる前にそれを終わらせるよう判事に申し入れたのである。

ハワード・リンカーンは、そんなことは到底ありえないと思った。なにしろ、任天堂とアタリゲームズの法廷闘争には、ねじれた長い歴史があったのである。とはいえ陪審員による裁判にまで持ちこまれるとも思ってはいなかったのだが、少なくともスミス判事に対して、何度か宣誓証言を行なうことになるだろうと予想していた。ベリコフをロシアから引っ張ってきたのは、まさにそれが理由だったのである。裁判に入らずに略式判決を勝ち取るのは、リンカーンの弁護士としての経験から言って「仕留めがたい獲物」だった。

しかしファーン・スミス判事は、みなが準備をしていた「裁判」をとばして、審理が始まる直前の1989年11月13日、略式判決を言い渡した。

サンフランシスコ（AP通信）　月曜日、テトリスと呼ばれるソ連製ビデオゲームについて、その家庭用ゲーム機向けのライセンスを所有するのは任天堂であり、ライバルのアタリゲームズではないと、連邦判事は述べた。予定されていた審理を中止した米連邦地裁のファーン・スミス判事は、任天堂が権利を持つとの判決を出すつもりだと語った。

任天堂とアタリゲームズ・テンゲンのあいだで繰り広げられた訴訟合戦は、テトリス問題と

10NESのリバースエンジニアリング問題の両方をめぐり、その後数年にわたってつづいた。しかし最終的な結末は、もはや関係者のだれの目にも明らかだった。

NESとゲームボーイで遊ぶことができたのは、任天堂の公式版テトリスだけだった。PC版とアーケード版がテトリスをカルト的なヒット作にしたとすれば、広く普及した家庭用ゲーム機版のテトリスは、それを私たちの日常会話の一部にしたと言える。すべてのバリエーションを合わせたテトリスの売り上げは、物理的なパッケージの販売数で1億7000万本以上、携帯電話やタブレットでのダウンロード回数で4億2500万回以上にまで達している。

みなが一枚かもうと追い求めたゲームは、ついにその使命を果たしたのだ。テトリスは、だれにでも、どこにいても楽しめるゲームになり、その後の数年間、だれもその魅力から逃れられなかった。スミス判事の判決以後25年間、テトリスは新たなゲームプラットフォームにとって通過儀礼のような存在となった。スマートフォンやスマートウォッチ、タブレット、その他さまざまな新しいハードウェアが、エンターテインメント用端末として主力になれるかどうかを測る際のベンチマークになっているのだ。今日テトリスは、iPhoneやフェイスブック、最新のXbox Oneやプレイステーション4でも遊ぶことができる。

1989年の裁判は、任天堂の圧勝という形で、始まる前に終わった。しかしその結果は、アレクセイ・パジトノフにとってはほとんど意味がなかった。モスクワに戻った彼は、テトリスから生み出される金が、自分以外のだれかの懐に収まるのを遠くから見つめることしかできなかった。自分の作品とむりやり引き離されたクリエーターの物語では、ここでゲームオーバーになることが多い。しかしアレクセイ・パジトノフとテトリスの物語には、思いもよらない最終章が用意されていた。

BONUS LEVEL 3

認知ワクチン

被験者は1人ずつ、静かで特徴のない部屋に連れていかれる。そして椅子に座り、ひとりきりにされると、心が外部刺激に対して開かれた状態になる。

すると壁に掛けられたモニターに電源が入る。被験者はみな、彼らを雇った医療研究者から、これから経験することは社会規範から外れたものであり、不快なものを見たり聞いたりすることになるとだけ知らされている。しかし最も用心深い被験者でさえ、これから目にするものに対し、十分に心の準備をすることはできなかった。モニターに表示されたのは、ぞっとするようなシーンの連続だった。自動車事故とその後の惨状、血みどろのニュース映像、手術の様子――。

映し出されたシーンは互いに重なり合っていて、どの場面も血にまみれている。しかもそれが深夜に放送されるホラー映画などではなく、ふるえる手で撮影された実際の死と破壊の映像であることを、被験者は理解している。繰り返される映像は12分間しかないが、それは永遠につづくかのように思える。

こうして映像が終わるころには、被験者には合法的にトラウマが残される。正常な人間が、1ダース近い残酷映像を目の前で見せられれば、いやでも心が乱される。しかしこうした影響は意図的なものである。一連の残虐映像は「トラウマフィルムパラダイム」として知られる実験の一部で、数十名の被験者はすべて、医学研究の名目で集められたボランティアの人々だ。

危険なシーンや残酷なシーンの実際の映像を使用するのは、それが見た人全員に激しい反応を引き起こすためである。それにより研究者は、被験者に実際に害を加えることなく、PTSD（心的外傷後ストレス障害）にきわめて近い効果をもたらすことができる。人間の心は感受性が強く、現実の出来事だとわかっている残酷な映像を何度か見せられただけで、実際に交通事故やトラウマになる出来事に遭遇した際に生じるのと近い、精神的なダメージを受けてしまうのである。

トラウマフィルムパラダイムに参加すると、被験者は「フラッシュバック」として知られる、意図せず感情的な記憶がよみがえる体験をする場合があり、目にした恐ろしい場面が頭に浮かぶようになる。程度の差こそあれ、それは戦地におもむいた兵士や、悲惨な暴力事件の生存者たちが経験するのと同じものだ。こうしたフラッシュバックは、治療を受けずにいると、集中力の欠如から完全な精神衰弱に至るまで、長期的な悪影響を当人におよぼすおそれがある。

長いあいだPTSDは、悲惨な体験が起きてからしばらくたったあとでしか治療できないと考えられてきた。PTSDの患者は、原因となる出来事の直後ではなく、数か月から数年が経過したあとで、投薬とセラピーによる治療を受けるのが一般的だ。認知行動療法（行動を重視し短期で問題を解決するセラピーの一種）などの最も一般的な治療法は、障害が完全に現れるまで適用されないのである。

他に良い方法はないのだろうか？　英オックスフォード大学精神医学科のエミリー・ホームズ教授と同僚の研究者らは、2010年からこの問題に取り組みはじめた。戦闘や事故で負傷するなどしてつくられた記憶が脳に深く刻みこまれるタイミングは、トラウマ的な出来事が起きたあと比較的すぐにやってくる。ところが当時確立されていたPTSD治療法のすべてが、障害はすでに起きていて、唯一可能な対処はそのずっとあとに生じる症状を治療することであるという考え方に基づいていた。

それまでホームズは何年にもわたってＰＴＳＤを研究しており、トラウマ的な体験がどのようにして精神的イメージとしてよみがえり、悲惨な場面が患者の心でいやおうなく何度も繰り返されるのかに興味を惹かれていた。記憶はその精神的イメージを運ぶ一種の乗り物として機能している。仮にその乗り物の、運転の仕方を変えられるとしたらどうだろうか？

米軍はトラウマの記憶を消し去る薬を開発しようとしていたが、彼女は同じ道を歩もうとはしなかった。トラウマをもたらした出来事について、法廷で証言できるほどしっかりと覚えていながら、ＰＴＳＤの悪影響を受けないようにするほうが理想的なはずだと考えたのである。悲惨な出来事に関する詳細な記憶は残し、それを必要なときには思い出せるけれど、ふだんは思考や感情に干渉させないというのが最高の状態と言えるだろう。

ホームズたち研究者らは、長いあいだ、標準的なツールを使って精神的イメージを吸収しようとしてきた。たとえばトラウマ的な記憶が脳に刻みこまれるのを防ぐ効果を期待して、被験者に想像上のキーボードで一定の文字パターンをタイプするように指示してみたりしたのである。

しかし研究のなかであれば、抽象的な治療の計画を管理する臨床医が、トラウマ患者のかたわらに控えていることができるが、現実世界ではそうはいかない。彼女は会議の席でチームに向かって疑問を投げかけた。「このままのやり方をつづけて、行き着く先に何があるのかしら？　現実世界に転がっているものを利用できたほうが、断然いいとは思わない？」

テトリス・メモ22

２０１４年に行なわれた研究によれば、テトリスをプレイすることで、喫煙者や飲酒者の欲求が約24％減少した。

学生臨床医、神経科学者、心理学者、精神科医で構成されたチームは、ブレインストーミングを始めた。あるメンバーが挙げたのは、編み物だった。編み物にはパターン、色、形状、そして動きが関係するからである。また別の学生は、ウォーリービーズ〔触れて精神を落ち着かせることを目的とした、数珠のような形状のビーズ〕を使うことを提案した。このビーズでは、色や空間や形状を扱う。

そうこうしているうちに、若いメンバーが尋ねた。「コンピューターゲームはどうだろう？」ホームズはコンピューターゲームにそれほど詳しいわけではなかったが、そのアイデアが気に入った。「いいわね。それは試してみる価値があるかもしれない」

しかし、どんなゲームが適しているのだろうか？ ホームズの考えでは、言葉による指示や話が出てこないものでなければならない。そうでないと、脳の意図しない部分に影響してしまうからだ。するとだれかが、テトリスを提案した。テトリスには多くのゲームで見られるようなストーリーがない。非常に視覚的かつカラフルだし、空間を認識して操作することが求められる。さらには男女ともに楽しむことができるゲームだ。

それはホームズにとって、期待していた以上の内容だった。探し求めていた要素が、すべて含まれていたのである。「すばらしいわ。テトリスでやってみましょう」

こうして実験が開始された。オックスフォードは学生街のため、医療実験への参加者を募集する広告を出すのは簡単だった。臨床試験に関する規制があるため、ホームズは参加者に謝礼を払うことができなかったが、旅費と経費という名目で1時間あたり数ポンドを渡すことになった。そしてすぐに、18歳から47歳までのボランティア、数十名が集められた。

その後数週間かけて、被験者は1人ずつ研究室に呼ばれ、実験を受けた。実験は何度も繰り返されたため、実験者たちはトラウマ的な映像にすぐに慣れたが、被験者にとって、それは生々しく、ショッキングな体験だった。

被験者が座って映像を観ていた場所はせまくて物のない部屋で、ホームズはそこが「だれも絶対に欲しいと思わないオフィス」だと思った。視覚的に気を散らすものがないと、画面に映し出される残酷な場面がよりいっそう際立った。

被験者が映像からトラウマを体験しているのがわかったところで、彼らは心理状態に関する簡単なテストを受け、その後30分間（映像を観た時間のおよそ2倍）、時間をつぶすためのさまざまな作業を行なうように言われる。30分もあれば、被験者が目撃した映像は脳の記憶の固定化プロセスを受けはじめる。簡単に説明すると、固定化プロセスによって、直近の記憶は短期記憶（つねに流動的で、情報の蓄積と破棄が繰り返されている記憶）から、長期記憶（脳にとってハードディスクのような働きをする記憶）へと変化する。

このときに情報がどのように変化し、どのように書き換えられるかによって、人生における出来事があとからどのように思い出され、どのように再体験されるのかが決まってしまう。トラウマ患者の場合、人生を変えるほどの恐ろしい体験が、文字どおり脳に「焼きついて」深く刻みこまれてしまうため、その記憶が制御不可能なフラッシュバックとして頻繁に浮かび上がり、患者たちを消耗させる。

その次のステップが、ホームズらの実験にとって最も重要な部分だ。そして、これにはタイミングが欠かせない。医療研究によると、記憶は、トラウマ的な経験にさらされたあとの6時間をかけて、この固定化プロセスを受けるらしい。また、記憶の転送に使われる回線の帯域が非常にせまいことも示唆されている。ちょうど電話回線からインターネットにアクセスして、映画を1本ダウンロードするようなものだ。最終的にはダウンロードされるだろうが、もし他の記憶もその回線を使っていて、固定化プロセスが邪魔されると、転送が完了する前に6時間のリミットが来てしまうことになる。

それがこの実験でタイミングが重要な理由だ。12分間の残酷な映像を観せられ、記憶の固定化が始まるのを待つための30分の作業をさせられたあとで、被験者たちはランダムに2つのグループに分けられた。ひとつ目のグループは何もない別の部屋に連れていかれ、気を紛らわせるものが与えられないまま、静かな状態で座らされる。そして次の10分間、フラッシュバックに何回襲われたかを記録しておくよう指示される。このグループの被験者は見たものを記憶に固定化する脳のプロセスが邪魔されず、10分という比較的短い時間に平均で12・8回のフラッシュバックを経験した。つまり1分間に1回以上の頻度である。

もうひとつのグループが経験したことは、これとはまったく異なっていた。彼らは同じような部屋に連れていかれたものの、そこにはデスクトップコンピューターが置かれていて、被験者はその画面を観るように指示された。

彼らが目にしたものは懐かしいブロックだった。一部の被験者にとっては非常になじみ深く、他の被験者にとってもポップカルチャーのひとつとして頭の片隅に残っているもの――テトリスだった。彼らはそのゲームを10分間プレイするように言われ、それ以外の作業は指示されなかった。最後にプレイしてから何年もたっていても、彼らのプレイは自転車に乗るように自然で、キーを巧みに操ってテトリミノを移動させたり、回転させたりして、積み上げていった。

その10分のあいだ、彼らはプレイを定期的に一時停止して、もう一方のグループ同様に、トラウマ映像によって経験したフラッシュバックの回数を記録するよう求められた。テトリスで遊ぶと、そうした不快な記憶が勝手によみがえるのを妨げたが、特効薬とまではいかなかった。とはいえ、テトリスをプレイしたグループが経験したフラッシュバックの数は平均で4・6回だった。

これはたしかに興味深い結果だが、たんに気が紛れただけとも考えられる。実際に、10分間のプレイ時間が終わると、彼らはテトリスで遊ばなかったグループと同じくらいの頻度で、フラッシュバックに襲われることがかなりあった。

いずれにせよ実験の結果からは、人間の脳による情報の処理のされ方と、テトリスが持つユニークな性質の一端が明らかになった。テトリスはトラウマ体験と完璧に釣り合った視空間課題を脳に与えるため、トラウマ的な記憶が脳内のハードディスクに転送される際に使われるのと同じ回線を占有するのだ。

ホームズはこの実験で利用可能な理論を検証しようとしていた。もし脳内の限られた帯域をテトリスで独占できれば、トラウマ的な記憶は、過度のフラッシュバックを引き起こすような形では長期記憶に書きこまれなくなるだろう。この理論の背景にあるのは大胆な目標だった。それは、PTSDという対処の非常に難しい精神状態を使って、トラウマによるフラッシュバックを予防する「認知ワクチン」を開発することである。

次のステップ——被験者を隔離してトラウマになる映像を見せたあと、テトリスをさせるかもしくは静かに座らせておくだけにし、その後の短時間でフラッシュバックに何回見舞われたかを記録させたあとのステップ——は、すべての被験者をさらに長い期間自由にさせることだった。

40人の参加者は日記を渡されて、1週間自宅で過した。彼らはその間、研究室でやったのと同じように、見舞われたフラッシュバックの頻度を記録するよう指示された。

そして1週間後、2つのグループ（映像を見たあとでテトリスをプレイしたグループとそうでないグループ）は、2種類の精神検査を受けた。最初はPTSD症状の臨床評価である。これには出来事インパクト尺度（IES）と呼ばれるツールが使用された。IESは非常に長いアンケートで、患者が感じている苦痛を測定することができる。

ご想像のとおり、対照群、つまり残酷映像を見せられたあとに部屋で何もせず放置されたグループは、この評価のスコアが高くなる傾向が見られた。一方、テトリスをプレイしたグループは、いぜんとしてスコアは高かったものの、対照群ほどではなかった。

2つ目の検査は、認識記憶テストと呼ばれるもので、映像のなかに登場した、特定の場面を思い出せるかどうかがテストされた。その目的は、ホームズが「意図的記憶喚起」と呼ぶものを試験することだった。言い換えると、トラウマ的な体験が起きたあと1時間以内にテトリスをプレイしたり、あるいは他の視空間課題を行なったりしてフラッシュバックが生じるのを妨げたとしても、実際に起きた出来事を冷静に思い出せるかどうかが確認された。

この検査で被験者たちは、「3台の車が事故に巻きこまれた」といった映像についての事実と思われる文章を提示され、その真偽について答えることが求められた。その結果、被験者の正解率は、テトリスをプレイしたグループとそうでないグループとのあいだでほとんど差が見られなかった。この点はホームズの実験にとって、大きな意味を持つ。テトリスをPTSDのフラッシュバックに対する「認知ワクチン」として使ったとしても、記憶の形成を妨げることはないが、形成のされ方や、被験者のその後の生活への影響を抑制すると、強く示唆しているからである。

それ以降もホームズは研究をつづけ、「テトリス・ワクチン」のコンセプトを数時間から数日へと拡大させようとしている。その次のステップは、テトリスを病院の緊急救命室に準備しておくように医療機関に推奨することだ。テトリスは安価だが効果的な医療的処置であり、患者が大きなトラウマを負うことなく、起きた出来事の事実を記憶することを可能にするというわけだ。「テトリスは記憶が視覚へ侵入するところにだけ影響します。起きたことを記憶しておく能力には影響しません」。ホームズは言う。「記憶理論の観点から言って、これは非常にすばらしいことです。そんなことができるなんて、いま主流の記憶理論とは矛盾します。それほどみごとな結果なのです」

エピローグ　最後のブロック

1991年11月5日、早朝の大海原を走る風は暖かく、ロバート・マクスウェルには暖かすぎるほどだった。新聞社、出版社、そしてソフトウェア会社と無秩序に肥大する、巨大メディア帝国の創始者であるマクスウェルは、午前4時45分、所有する豪華ヨット「レディ・ギスレーヌ」のクルーに、エアコンをもっと効かせるように命じた。

それがこの億万長者のメディア王にとって、最後の会話となった。

船はカナリア諸島に向かっていたのだが、彼が生きて姿を見せることはなかった。翌朝、船がテネリフェ島のロス・クリスティアーノスに停泊すると、乗組員がマクスウェルを起こしに向かった。しかしキャビンのドアをノックしても返事がない。高齢で、体調を崩していた雇い主を心配した彼は、ドアを開けて部屋に入った。しかし中にはマクスウェルの姿がない。船員はパニックを起こし、デッキをくまなく探したが、マクスウェルは見つからなかった。彼は他の船員にも異常を伝え、本格的な捜索が始まった。

当時、マクスウェルと息子のケヴィンは、何年も前に手中に収めたと確信していながらむざむざと奪われてしまった、貴重なテトリスの権利のことをいぜんとして悔やんでいた。ファーン・スミス判事が任天堂にテトリスの家庭用ゲーム機版のライセンスを認めてから2年がたち、彼らは任天堂が、いまや時代を象徴するまでになったゲームを何千万本と売りさばくのを、黙って見ているほかなかった。

しかし1991年末、ロバート・マクスウェルはテトリスの世界的なヒットから取り残されていることよりも、はるかに大きな問題を抱えていた。彼が所有する一連の企業は、合計で30億ドル以上もの負債を抱え、いくつかの戦略資産を売却しなければならなかった。さらに悪いことに、会社の年金基金から数億ポンドもの金が不正流用され、業績悪化の補塡《ほてん》と、彼の贅沢《ぜいたく》なライフスタイルを支えるために使われていたのである。こうした金の問題により、彼には非難が殺到していた。

またここ数か月で、マクスウェルは新たな困難にも直面していた。彼がモサド〔イスラエル諜報特務庁の通称〕のエージェント、もしくは協力者であり、イスラエルが行なった原子核物理学者の拉致にかかわっているとのうわさが浮上してきたのである。かつて英国議会の議員も務め、世界の指導者たちとの交流も深いマクスウェルにとって、スパイのレッテルを貼られることは耐えがたい屈辱だった。彼はみずからが「ばかばかしい、完全な作り話」と否定するうわさがイギリスで報道されないよう、あらゆる手を尽くした。

マクスウェル失踪の翌日、レディ・ギスレーヌからおよそ150キロメートルほど離れたところにいた漁船が、彼の遺体が大西洋を漂っているのを発見した。ハンサムな戦争の英雄は68歳になり、心臓と肺に問題を抱えた体重300ポンドの老人になっていた。遺体はスペインのヘリコプターによって、海から引き上げられた。

マクスウェルの死因については諸説ある。心臓発作を起こし、海に落ちてしまったのだという人もいれば、金銭的な破滅が迫ってきたことで、自殺を選んだのだという人もいる。陰謀論者にいたっては、彼が長年にわたり、苛酷なメディアと政治の世界を生き抜いてきたことで多くの敵をつくってきたことか、あるいは疑惑をもたれたスパイ活動が原因となって、深夜に暗殺されたのだとまで主張している。

いずれにせよ、マクスウェルがつくり上げたメディアグループも、彼のあとを追うようにして瓦解した。隙のない債権者たちが債務返済を求めてケヴィンとイアンのもとに押し寄せるなか、息子たちは必死にグループを存続させようとしたが、老マクスウェルがみずからの帝国を支えるために従業員の年金基金に手をつけていたことが明らかになると、その希望もついえた。グループ企業は共同で、1992年に破産手続きを行なった。

父親の死で貧乏くじを引いたのは、ケヴィン・マクスウェルだった。グループが崩壊したことで、彼は詐欺の容疑で裁判にかけられることになったのである。裁判では無罪を勝ち取ったものの、その後すぐに、ケヴィンはイギリス史上最大の自己破産申請を行なった。負債総額は4億ポンド以上だった。

彼のその後の人生は、タブロイド紙の恰好《かっこう》のネタにされた。ビジネスの失敗、結婚の失敗、マクスウェルの遺産をめぐる争い。さらに2011年には別の事業の失敗で捜査を受け、イギリスで企業の経営者になるのを8年間禁じられた。

スミス判事の判決後、アタリゲームズとテンゲンは実質的にゲームオーバーを迎えた。ランディ・ブローライトは、係争中だったロックアウトチップに関する特許紛争の影響を避けようと、そのころにはすでに会社を離れていた。アタリゲームズはゲームの販売をつづけていたが（その多くがセガ向けだった）、メディア・コングロマリットのタイムワーナーが1993年に同社を買収したことで、「アタリ」ブランドは停止した。

■■■

スペクトラム・ホロバイトは、フィル・アダムとギルマン・ルーイが袂《たもと》を分かつと失速し、マクスウェル帝国の崩壊に巻きこまれてしまった。アダムはインタープレイなど他のゲーム会社を転々とし、「フォールアウト」や「ディセント」といった名だたるゲームの開発に携わった。ルーイはCIAの技術パートナーを務めたあと、シリコンバレーのベンチャーキャピタル界における有力者の一員となった。どちらもSNSや講演資料に掲載する略歴には、テトリスに関与したことが誇らしげに記されている。

ロバート・スタインは最終的に、彼がなんとか守っていたPC版テトリスの権利すらも失うこととなった。彼自身の試算によれば、スタインはこのゲームにより20万ドルから25万ドルを儲《もう》けたが、別の対応をしていれば、その額は数千万ドルになっていたことだろう。2007年に心臓発作に見舞われたあと、彼はこの業界から退いた。

■■■

荒川實《みのる》と義父の山内溥《ひろし》は、一定の距離を保ちながらその関係を維持し、任天堂の繁栄を日米の両サイドから支えた。荒川が日本の任天堂を指揮することはないと明らかになったあと、彼は２００２年にニンテンドー・オブ・アメリカから引退することを発表し、55歳の若さでハワイで隠居する道を選んだ。ヘンク・ロジャースもそのころには活動の拠点をハワイに移しており、彼らがふたたびともに働くようになるまで、それほど時間はかからなかった。

■■■

ハワード・リンカーンは１９９４年にニンテンドー・オブ・アメリカの会長に就任し、２０００年に退任した。しかし彼は任天堂から遠く離れることはなく、街の反対側にあるシアトル・マリナーズの会長兼ＣＥＯを務めた。

一連の出来事は、完全にばらばらな動きというわけではなかった。１９９２年以降、シアトル・マリナーズの筆頭オーナーだったのは任天堂会長の山内溥であり、彼は２００２年に引退する際（義理の息子の引退からわずか５か月後のことだった）持ち分をニンテンドー・オブ・アメリカに移譲している。山内は自分の野球チームがプレイする姿を一度も目にすることなく、2013年に亡くなった。

■■■

モスクワ医療センターの研究者で、アレクセイ・パジトノフの友人であり、最初にテトリスの医学的な応用を考えた人物であるウラジーミル・ポヒルコは、3Dソフトウェアの会社であるアニマテックをパジトノフと共同で設立し、のちにアメリカに移住した。しかし彼は、思い描いていたようなドットコム・ブームに乗ることができなかった。1998年、厳しい金銭的問題に直面していたと言われる彼は、パロアルトの自宅で妻と息子を殺害したあと、みずからの命を絶った。

当時高校生でありながら、パジトノフのオリジナル版テトリスをIBMコンピューターに移植するというすばらしい役割を果たし、テトリスの共同製作者としてクレジットされることも多いワジム・ゲラシモフは、マサチューセッツ工科大学で博士号を取得してオーストラリアに移住し、いまはそこでグーグルのエンジニアとして働いている。

■■■

テトリスの世界的な成功によって、アレクセイ・パジトノフは、テクノロジーとビデオゲームというせまい分野でセレブとなった。その後数年間、彼はテトリスのライセンシーたちからゲストとして招かれ、ラスベガスのCESをはじめとする、さまざまな展示会に参加した。だがいぜんとして、彼はみずからの創造物の傍観者にすぎなかった。

一方でヘンク・ロジャースは、ELORGとの契約が締結されたあとわずか数年で、テトリスから数百万ドルという利益を得ていた。しかし彼が、勝ち取った獲物を持って立ち去ることはなかった。ロジャースはモスクワでウォッカを片手に、夜な夜なパジトノフとゲームデザインについて語り合い、そこで育まれた彼とのきずなを忘れなかったのである。1991年、彼はパジトノフが家族とともにアメリカに移住することを支援し、パジトノフはシアトルでプログラマーとしての生活を始めた。パジトノフは数年間、新たなソフトウェアのアイデアに取り組んだあとで、ソ連に次いで「悪の帝国」と称されるもうひとつの組織――マイクロソフトと契約した。

1991年のソ連崩壊によって引き起こされた混乱のさなか、公共の財産と私有の財産の境界線はあいまいになり、所有者が次々と変わって、資本主義に鞍替《くらが》えした市場志向の新たな階層の懐に転がりこむことが多かった。政府系の貿易組織だったELORGは民間の組織となり、アイデアとイノベーションを所有して利益を生み出すという考え方は、もはや禁止されることはなく、だれもが突如として、富と資産を得ようと熱意を傾けるようになった。

かつてロシアが国有の資産としていたもののひとつが、テトリスに対する権利だった。パジトノフが最初に署名した10年間の合意が1995年に期限を迎えると、ヘンク・ロジャースはただちに現地に向かい、友人が少なくともその権利の一部を獲得するのを支援した。パジトノフとロジャースは新たな組織をつくり、それを「ザ・テトリス・カンパニー」と名づけて、テトリスに関する権利の管理を行なうことにした。テトリスを生み出した人物が、ついにこのゲームの経済的な成功の分け前を手にしたのである。

1990年代の旧ソ連に訪れた自由市場の開拓時代《ワイルド・ウエスト》のおかげで、ニコライ・ベリコフはみずからの私企業であるELORG LLCを立ち上げることに成功し、同じくテトリスの権利の一部を管理することとなった。そして数年間、ザ・テトリス・カンパニーのロジャースとパジトノフとの不安定なパートナー関係をつづけたあと、2005年に自身が管理していたテトリスの権利を彼らに売却した。裁判所の文書によれば、彼はテトリスに関するビジネスから完全に足を洗うのと引き換えに、1500万ドルを手にした。

長年、日本に住み働いたあとで、ヘンク・ロジャースはアメリカで最後に暮らした場所であるハワイに戻ってきた。彼は日本で育った子供たちが、アメリカの文化にほとんど触れておらず、英語もほとんど話せないことに気づいた。彼は家族全員でハワイに移ると、自分が子供のころ、ニューヨークに到着した当時に経験したのと同じように、子供たちに英語漬けの生活を送らせた。娘のマヤは父のあとを追ってビデオゲーム業界に入り、ソニーのプレイステーション部門で働いたあと、2014年にザ・テトリス・カンパニーのCEOの座を引き継いだ。

2006年には姉妹会社のテトリス・オンラインが設立され、フェイスブックなどインターネット上のプラットフォームに向けたテトリスの開発が進められることとなった。共同創業者となったのは、ロジャースとパジトノフ、そしてロジャースのハワイの隣人である荒川實だった（荒川は同社の社長兼CEOにも就任している）。

荒川はニンテンドー・オブ・アメリカを退職してマウイ島に移り住み、自分と妻のために大邸宅を建て、ロジャースはホノルルの西にあるいくつかの島で生活していた。ゲーム業界最大のブランドから退いたばかりにもかかわらず、荒川は業界から完全には離れることができず、毎年業界の旧友を集めるようになった（彼はその集まりを「荒川ミーティング」というシンプルな名前で呼んでいる）。彼は自分がずっと家にいることに妻がうんざりして、仕事を探しなさいと言うようになったのだと冗談を言った。ロジャースは喜んでその号令に従い、テトリスの伝説をつくった3人の男たちはふたたびタッグを組んだという次第だ。

テトリスの経済的な成功がつづいたことで、パジトノフとロジャースは自分の情熱を追求することができた。アレクセイ・パジトノフはゲームのデザインをつづけ、テトリスというブランドの大使としての活動も行なった。ヘンク・ロジャースは新しい会社「ブルー・プラネット・エナジー」をつくり、グリーンエネルギー技術の開発を手掛けている。

■■■

テトリスは今日、あらゆるものになった。混雑したエレベーターやクローゼット、駐車場などの文化的な比喩のほか、おろしたてのタブレットやスマートフォンにインストールするゲームのひとつになった。マヤ・ロジャースに至っては、テトリスをテーマにした長編ＳＦ映画の製作に取り組んでいる。トランスフォーマーやレゴの映画と同じように、ポップカルチャーを好む層を狙っているという。

過去30年間にテトリスが世界に与えてきた影響をおおげさに表現するのは難しい。公式版だけで、これまで10億ドル近くを売り上げているが、これには当然、無数に存在する非公式版の膨大な売り上げは入っていない。

テトリスはアイデア、製品、そして時代がこれ以上ないタイミングでかみ合った稀有《けう》な例だ。「インタラクティブ・エンターテインメント」という、まだ形成途上だった分野において、テトリスはコンピューターオタク向けのニッチな趣味から、多くの層に受け入れられるメインストリームの存在へと、一躍変身することに成功したのである。それは1970年代に、ビデオゲーム「ポン」がリビングルームやバーへの進出に成功したことに匹敵するだろう。あなたの親も、子供もテトリスをプレイしているし、あなた自身もプレイしているはずだ。そしてこれと同じことが、世界中のほぼあらゆる場所で見られるのだ。

テトリスはポップカルチャーや芸術の世界にも浸透している。ニューヨーク近代美術館（MoMA）の応用デザインコレクションに収蔵されており、またインタラクティブなパブリックアートとして、巨大なビルの壁面に投影されたり、世界選手権が毎年開催されたりしている。

30年以上前、アレクセイ・パジトノフのエレクトロニカ60のモノクロ画面でよたよたと動いていたテトリスは、いまやタブレット、ラップトップ、スマートフォン、家庭用ゲーム機などさまざまなプラットフォームのなかに息づいている。しかしテトリスは、ビデオゲームや、あらゆるデジタルメディアを形づくるコードの集まりが刹那的であることを、いやというほど思い出させるものでもある。それには重さがなく、ほとんどコストをかけずに無限に複製することができる。そうした浸透力と、心理的な効果、そして人間の欲望が完璧な形で組み合わさったことを考えれば、テトリスが世界初の「バイラル」ヒットとなったのも不思議ではない。

しかし最後には、私たちはこのゲームの核である、オリジナル版の純粋な姿に何度も戻ってくる。新しい色が登場したり、マルチプレイヤーモードが設けられたり、新しいテーマ曲が流れたりするようになるかもしれないが、いろいろな形状のテトリミノをすばやく、正確に組み合わせていくという基本的なコンセプトは変わらない。テトリスは無秩序に秩序をもたらす。それは永遠につづく奮闘だ。さまざまな色をまとって、空からあなたの上に降り注ぐかのような、たえまなく押し寄せる日常生活との終わりのない奮闘なのだ。

テトリス・メモ23

無料版も含めると、テトリスはモバイル機器に5億回以上ダウンロードされている。

謝辞

本書はすばらしいエージェント、キルスティン・ノイハウスの助力がなければ完成しなかった。本書のストーリーが固まるまで、多くのまちがいを犯すことになったが、彼女はそのあいだ辛抱づよく待っていてくれた。パブリック・アフェアーズ社では、編集者のベン・アダムスがその手腕を発揮し、私という初心者の原稿から、より多くの人間性とドラマを引き出してくれた。

本書の執筆にあたっては、テトリスの歴史にかかわった多くの人々から恩恵を受けた。アレクセイ・パジトノフ、ヘンク・ロジャース、ハワード・リンカーン、荒川實、フィル・アダム、ランディ・ブローライト、ジェフ・ゴールドスミス、エミリー・ホームズ、リチャード・ハイアー、そしてマヤ・ロジャース――彼らはオフレコのものも含め、私にさまざまな物語を語ってくれた。ここで御礼を申し上げたい。またビデオゲーム業界のベテランであるペリン・カプランとショーン・マガードは、彼らに対するインタビューの一部をまとめてくれた。

また過去10年以上、CNETでいっしょに働いてきた多くの同僚たち、とくに私がこのチャンスに挑戦することを許してくれた、編集主幹のジョン・ファルコンと編集長のリンジー・タレンティンらに感謝したい。

そして最後に、私の公私にわたるパートナーを20年近く務めてくれている、ライブ・アッカーマンの助けがなければ、何も実現することはなかっただろう。彼女は私が仕事として書いてきたすべての文章において、共著者として並べられるに値する。

訳者あとがき

本書は2016年9月に発表された、ジャーナリストのダン・アッカーマンによるノンフィクション *The Tetris Effect: The Game that Hypnotized the World*（テトリス効果——世界を惑わせたゲーム）の邦訳である。「Hypnotize」は「魅了する」という意味もあるが、「催眠術をかける、洗脳する」という意味の言葉であり、世界的に大ヒットしたゲームを形容する表現としては、少々違和感を覚えるかもしれない。たとえばパックマンやドンキーコングを「世界を惑わせたゲーム」と表現したら、ファンからの納得は得られないだろう。これらのゲームが流行した当時、子供たちが勉強しなくて困った、という親世代の人々ならば話は別だが。

しかし本書を読んだ後であれば、テトリスはまぎれもなく「世界を惑わせたゲーム」であると首肯してもらえるのではないだろうか。4つの正方形で構成されたピースが織りなす幾何学模様。多くのバージョンで採用された、ロシア風のBGM。しかしそれ以外は何らストーリー性のないゲーム内容——本書でも語られているとおり、1980年代に登場した他のビデオゲームと比べても、テトリスはまったく異質な存在だ。訳者は最初にアーケードゲームとしてテトリスをプレイした世代なのだが、敵キャラクターを追う・追われるといった内容のゲームが一般的だった時代に、テトリスの筐体が他にはない、謎めいた雰囲気を感じさせていたことをよく覚えている。

ところが一度プレイすれば、テトリスが持つ魅力に誰もがはまっていった。その後のテトリスの成功はご存知のとおりだ。すっかりスタンダードなゲームとして定着し、上から落ちてくるものを上手く積み重ねていくという、いわゆる「落ちゲー（落ちものゲーム）」と呼ばれるジャンルも創造してしまった。本書によれば、公式版だけで、これまで10億ドル近い売り上げを達成しているそうである。

そしてテトリスは、ゲームのプレイヤーだけでなく、その開発やビジネスに関わった多くの人々も惑わせた。なかには文字どおり、運命を狂わされた人々もいる。テトリスを生み出した人物でありながら、長くその成功を享受できなかったアレクセイ・パジトノフ。日本初とされるファンタジーRPG「ザ・ブラックオニキス」の作者で、数奇な運命をたどりながら、テトリスを日本にもたらすことになるヘンク・ロジャース。本書はこの2人の物語を軸に、ロバート・スタインやケヴィン・マックスウェルといった、テトリスのライセンスをヘンクと争うことになる人々を登場させ、テトリスをめぐってさまざまな駆け引きが行なわれたことを描いている。本書は「テトリスというゲームの性質」についても、「ボーナスレベル」と称された3つの章で整理しており、テトリスについて総合的に解説した一冊となっている。しかしテトリスに惑わされた人々の物語も、ゲームそのものと同じくらい魅力的であり、とくにパジトノフとロジャースについては、彼らのサクセスストーリーとして本書を楽しむこともできるだろう。

また本書のもうひとつの魅力は、テトリスが登場したころの時代背景や、ゲーム史を解説してくれる点である。前述のとおり、主人公のひとりであるヘンク・ロジャースは日本のＲＰＧの先駆けとなった「ザ・ブラックオニキス」の作者であり、彼がこのゲームを生み出した経緯についても触れられている。彼がはまっていたというテーブルトーク型のＲＰＧ「ダンジョンズ・アンド・ドラゴンズ（Ｄ＆Ｄ）」に関する言及も、懐かしさを覚える読者が少なくないだろう。訳者もまさにこれらのゲームに没頭したひとりであり、当時の熱狂を思い出すことができた。

そして日本の読者にとっては、任天堂についても多くの言及がなされている点が嬉しいところだろう。まさにゲームボーイ版のテトリスをプレイして、その両方の魅力を存分に堪能したという読者も多いはずだ。そんな当時を知る方々であれば、任天堂とヘンクとの関係や、荒川實やハワード・リンカーンといった任天堂関係者の奔走、彼らとライバルとの争いといったエピソードを、より楽しむことができたのではないだろうか。任天堂関係者以外で、初めてゲームボーイで遊んだ一般人が、アレクセイ・パジトノフの子供たちだったかもしれないとは！

このように本書は、テトリスに関する一級の資料でありながら、さまざまな角度から楽しむことのできる一冊だ。映画のようなストーリーを楽しむもよし、テトリスの豆知識を得るのもよし。読者の皆さんが、それぞれ自分の楽しみ方を見つけていただければ幸いである。

最後に、主人公の２人であるアレクセイ・パジトノフとヘンク・ロジャースのその後について、簡単に補足しておこう。

アレクセイ・パジトノフは、エピローグで語られているとおり、1991年に家族を連れて米国へと移住した。その後、ヘンクとともにテトリスの権利関係を扱う会社「ザ・テトリス・カンパニー」を設立。現在は米シアトルに住み、ゲームデザインを続けるとともに、テトリスの展開についてヘンクを支えている。ただもともと穏やかな性格のためか、隠居と言っては失礼かもしれないが、米国で悠々自適な生活を送っているようだ。

ヘンク・ロジャースはハワイに住み、パジトノフとは対照的に、テトリスやゲーム以外にもさまざまな領域に関心を広げている。そのひとつが、エピローグでも触れられているエネルギー分野で、2007年に立ち上げた非営利団体「ブルー・プラネット・ファウンデーション」を通じて、風力や地熱といった再生可能エネルギーの利用をハワイで進める事業を行なっている。さらには宇宙にまで目を向けており、ハワイに実験施設を設置して、月面基地の設計や火星居住体験をシミュレーションするプロジェクトを支援している。彼がこうした分野での先駆者として認知されるのも、そう遠くないかもしれない。

パジトノフとロジャース、2人の物語がまだまだ続いているように、テトリスをめぐる展開にも終わりはない。本書でも解説されているとおり、テトリスは新たに登場してくるさまざまなプラットフォームに対応しており、スマートフォンなどのモバイル機器でもすでにおなじみの存在だ。また最近流行りの「VR（仮想現実）」についても、すでに取り組みが始まっているそうである。さらにはいくつか映画化の話も出ており、そのひとつでは、テトリスの開発と権利をめぐる物語という、まさに本書で語られたような内容が映像化されるようだ。まるで空から無限に降ってくるテトリミノのように、テトリスの物語も続いていくのだろう。

小林　啓倫

ISBN 978-4-8269-0198-7

テトリス・エフェクト

二〇一七年十月十七日　第一版第一刷発行
二〇一八年一月二十二日　第一版第二刷発行

著　者　ダン・アッカーマン
訳　者　小林啓倫《こばやしあきひと》
発行者　中村幸慈
発行所　株式会社　白揚社

〒101-0062　東京都千代田区神田駿河台1-7
電話03-5281-9772　振替00130-1-25400
装　幀　尾崎文彦（株式会社トンプウ）
印刷・製本　中央精版印刷株式会社